产教融合应用型人才培养系列教材
安徽省计算机水平考试专家组稿审定
全国高等学校（安徽考区）计算机水平考试配套用书

信息技术

（WPS Office 版）

主　审　郑尚志　刘晓川　范生万
主　编　徐祥辉　黄如兵
副主编　孙洪德　司均飞　傅贤举　唐菊琴
编　者　（按姓氏笔画排序）
　　　　万梦时　王琦敏　司均飞　孙洪德　何尚凯
　　　　陈丽菊　徐祥辉　高　亮　唐菊琴　黄如兵
　　　　章宏远　傅贤举

时代出版传媒股份有限公司
安徽科学技术出版社

图书在版编目(CIP)数据

信息技术:WPS Office 版 / 徐祥辉,黄如兵主编.
合肥:安徽科学技术出版社,2025.2. -- ISBN 978-7-
5337-9087-5

Ⅰ.TP317.1

中国国家版本馆 CIP 数据核字第 2024LZ3305 号

信息技术(WPS Office 版)　　　　　　　　　　主编　徐祥辉　黄如兵

出版人:王筱文　　　选题策划:李志成　　　责任编辑:李志成
责任校对:李　春　　　责任印制:梁东兵　　　装帧设计:冯　劲
出版发行:安徽科学技术出版社　　　http://www.ahstp.net
(合肥市政务文化新区翡翠路 1118 号出版传媒广场,邮编:230071)
电话:(0551)63533330
印　　制:合肥华云印务有限责任公司　　电话:(0551)63418899
(如发现印装质量问题,影响阅读,请与印刷厂商联系调换)

开本:889×1194　1/16　　印张:20　　　字数:520 千
版次:2025 年 2 月第 1 版　　印次:2025 年 2 月第 1 次印刷

ISBN 978-7-5337-9087-5　　　　　　　　　　定价:54.90 元

信息技术（WPS Office版）
编委会

前　言

随着信息技术日新月异的发展和变化,信息技术创新产业方兴未艾,数字化、网络化、智能化的浪潮正蓬勃兴起,全球信息化已进入全面渗透、跨界融合、加速创新、引领发展的新阶段。信息技术已经成为经济社会转型发展的主要驱动力,正以前所未有的速度改变着我们的世界。为进一步加强数字中国建设,全面提升全民数字素养,本书主要运用WPS Office软件来作为技能支撑,旨在帮助学生掌握信息技术的实际应用技能,提高信息处理的效率与质量,推进国产自主可控软硬件的普及使用,构筑自立自强的数字技术创新体系和提升学生数字素养技能水平,推动数字技术和实体经济深度融合。

本书紧紧围绕立德树人的根本任务,适应高等职业教育专科各专业院校对信息技术学科核心素养的培养需求,有机融入"课程思政",吸纳信息技术领域的前沿技术,按照"理论够用、实践够重、案例驱动、方便教学"的理念进行编写,促进"教学做一体化"课程教学,提升学生应用信息技术解决问题的综合能力,使学生成为德、智、体、美、劳全面发展的高素质技术技能人才。

本书作为全国高等学校(安徽考区)计算机水平考试配套用书,通过了安徽省计算机水平考试专家组审定,体现了"岗课赛证"最新的教学需要。软件版本采用Windows 10和比较经典的WPS 2019版,更加符合新时代对高等职业教育专科公共基础课"信息技术"课程建设的要求。学生通过本课程的学习,能够增强信息意识、锻炼计算思维能力、拓展数字化创新与发展能力,树立正确的信息社会价值观,增强信息社会责任感,为其职业发展、终身学习和服务新质生产力打牢基础。

本书的编写特色主要体现在以下几个方面:

1.采用项目化和任务驱动的组织编排

采用模块化的组织形式,共包括七个主要项目,分别为计算机基础、WPS文字文稿制作、WPS表格制作、WPS演示文稿制作、信息检索、新一代信息技术以及信息素养与社会责任。以故事描述为切入点,采用了任务驱动的方式,通过实际工作中的任务案例来组织教学内容。这种方式能够激发学生的学习兴趣,提高学生解决问题的能力。

2.紧贴课程标准与考纲

2021年,教育部颁布《高等职业教育专科信息技术课程标准(2021年版)》,明确高等职业教育专科信息技术课程是各专业学生必修或限定选修的公共基础课程。本课程严格遵循教育部颁布的新课标编写,确保教材内容的权威性和时代性。知识点覆盖了全国计算机等级考试和全国计算机水平考试（安徽考区）考试大纲（2023年版）一级、二级计算机基础及 WPS Office 应用考试大纲内容。同时，有机融入了历年信息技术类技能竞赛要求，为学生提供了备考资源，增强了教材的实用性和针对性。

3.注重核心素养的培养

在内容选择上，注重培养学生的信息意识和计算思维，旨在培养学生对信息的敏感度和利用信息解决问题的能力。通过对新一代信息技术的介绍和实践操作，锻炼了学生的协作、创造和逻辑思维能力，学生的职业道德、职业习惯、职业意识和职业行为得到进一步提升，为培养高素质技能人才奠定基础。

4.配套教学资源丰富

本书配备有微课视频、课程导学、教学设计、授课用 PPT、案例素材、习题及答案等数字化教学资源。学习者可以通过扫描书中的二维码观看微课视频，激发学习兴趣和提升学习效率。搭建和制作大规模在线开放课程（MOOC），便于教师搭建自己的"线上线下混合教学"课堂和管理 SPOC 教学，促进教学模式创新和教学质量提升，可以扩大优质教育资源的覆盖面，还能提高学习的灵活性和互动性。

5.实用性与趣味性相结合

教材采用故事描述作为切入点，增加了学习的趣味性。在教材案例中，大量使用了如大学生技能竞赛成绩统计、制作大学生技能竞赛宣传演示文稿等实际工作中的任务。这些案例贴近真实工作场景，能够提高学生的实际操作能力和解决实际问题的能力。

参加本书编写的作者来自安徽工商职业学院、安徽职业技术学院、安徽国际商务职业学院、安徽电子信息职业技术学院、安徽水利水电职业技术学院等多所院校。万梦时、王琦敏、司均飞、孙洪德、何尚凯、陈丽菊、徐祥辉、高亮、唐菊琴、黄如兵、章宏远、傅贤举等多位老师共同承担教材编写工作。

《信息技术（WPS Office 版）》由徐祥辉、黄如兵担任主编，孙洪德、司均飞、傅贤举、唐菊琴担任副主编。

安徽省教育招生考试院计算机水平考试专家组组长郑尚志教授、安徽职业技术学院计算机与信息技术学院院长刘晓川教授、安徽工商职业学院信息工程学院院长范生万教授对全书内容进行审定。安徽图联科技有限公司等企业一线专家为教材的编写提供了丰富的技能训练和综合应用实践案例等实践课程教学资源。

本书的策划和出版得到了众多从事信息技术专业教育的专家学者及一线教师的关心和帮助，在此一并表示感谢。由于编者水平有限，书中难免存在不足之处，欢迎广大读者批评指正。

编　者
2024年12月

目　　录

计算机基础

导·读

计算机发展的每一阶段在技术上都有一次新的突破,在性能上都是一次质的飞跃。从1946年电子计算机诞生至今,计算机硬件和软件不断迭代更新、飞速发展,深刻影响着社会经济的发展,全方位地影响着人们的日常生活、工作、学习等。本项目从计算机的发展史开始,介绍计算机的硬件和软件组成,分析其功能特点,让学生了解其在各个领域的应用情况,同时完成学习Windows操作系统中文件的管理操作任务。

笔记

了解计算机

 **任务导航**

知识目标	1.了解计算机的发展历程和未来发展趋势 2.熟悉计算机的分类、特点和应用领域
能力目标	1.理解不同阶段计算机的特点和应用范围 2.了解计算机在不同领域的应用情况，并能预测未来的发展趋势和应用前景
素养目标	1.培养学生对计算机科学的兴趣和热爱，提升其科学素养和技术素养 2.让学生理解计算机科学对社会发展、科技进步以及日常生活的重要影响，提升他们的社会责任感 3.激发爱国之情，增强"四个自信"
任务重点	1.计算机的起源和发展 2.计算机的应用和未来发展趋势
任务难点	计算机在不同领域的应用和发展趋势

任务描述

　　小徐是信息工程学院 IT 志愿服务队的队长，他始终怀揣着一颗热爱科技、服务他人的心。随着新学期的到来，他深知对于新入学的同学们而言，了解计算机技术的历史、现状和未来发展是至关重要的。因此，他决定借助志愿服务队的力量，精心策划并举办一期名为"计算机的昨天、今天、明天"的讲座。

　　为了确保讲座的顺利进行，小徐进行了周密的准备。他深知讲座内容的深度和广度将直接影响到同学们的参与度和收获。于是，他组织志愿服务队内的骨干成员，进行了多次讨论和修改，最终确定了讲座的大纲和具体内容。让我们来看看他都准备了哪些资料？

▶ 任务实施

一、计算机的诞生与发展

(一)计算机的诞生

1946年2月,世界上第一台电子计算机埃尼阿克(ENIAC)在美国宾夕法尼亚大学研制成功。这台庞然大物由18 000个电子管和1 800个继电器组成,重约30吨,占地170平方米,长达30米,运算速度每秒5 000次,如图1-1所示。ENIAC的诞生,标志着人类进入电子计算机时代。

图1-1　世界上第一台电子计算机ENIAC

(二)计算机的发展历程

根据组成电子计算机的电子元器件,我们把电子计算机的发展分为四个阶段,如表1-1所示。

表1-1　电子计算机发展的四个阶段

类别	起止年代	主要电子元器件	运算速度（次/秒）	特点	代表机型	主要应用
第一代	1946—1957	电子管	几千～几万	造价高,体积大,速度慢,可靠性差	ENIAC、EDVAC	科学计算、军事领域
第二代	1958—1964	晶体管	几万～几十万	体积小,功耗低,速度有所提高	IBM7094、CDC7600	数据处理、事务管理
第三代	1965—1970	中小规模集成电路	几十万～几百万	体积和功耗进一步减小,速度更快	IBM360、PDP-8机	工业控制、企业管理
第四代	1971年至今	大规模和超大规模集成电路	几千万～数十亿	性能大幅度提高,价格大幅度下降	IBM、CORE系列	广泛应用于社会生活的各个领域

笔记

计算机发展的每一阶段在技术上都有一次新的突破，在性能上都是一次质的飞跃。1965年，Intel公司创始人之一的戈登·摩尔预言：当价格不变时，集成电路上可容纳的元器件的数目，每隔18～24个月便会增加一倍，计算性能也将提升一倍。这就是著名的"摩尔定律"。

二、计算机的分类和特点

(一)计算机的分类

计算机的分类方法较多，根据计算机原理、用途和性能等可以有不同的分类方法。目前常用的是按照计算机的性能和规模，将计算机分为巨型机、大型机、中型机、小型机、微型机。

1.巨型机

巨型机又称为超级计算机，是计算机中运算速度最快、存储容量最大、处理能力最强的一类计算机。其通常由成千上万个处理器组成，主要用于战略武器开发、空间技术研究、石油勘探、天气预报等高精尖领域，是一个国家综合国力的重要体现。2013年，我国自行研制的超级计算机"天河二号"以每秒3.39亿亿次持续计算速度成为当年全球最快超级计算机(图1-2)。在2017年新一期全球超级计算机500强榜单中，使用我国自主芯片制造的"神威·太湖之光"以每秒9.3亿亿次的浮点运算速度超过"天河二号"夺得冠军(图1-3)。

图1-2 "天河二号"超级计算机　　图1-3 "神威·太湖之光"超级计算机

2.大型机

大型机，即大型计算机，具有极强的综合处理能力和极大的性能覆盖面，一般用于大型事务处理系统进行大量数据和关键项目的计算，例如银行金融交易及数据处理、人口普查、企业资源规划等。

3.中型机

中型机是指介于大型机和小型机之间的一种计算机。与大型机相比，中型机拥有更灵活的配置和更低的购买成本。与小型机相比，中型机在处理能力和存储容量上有了很大的提升，可以支持更多的用户和更复杂的应用场景。

4.小型机

小型机是指性能和价格介于微型机和大型机之间的一种高性能计算机。相对于大型机而言,小型机的软件系统和硬件系统规模比较小,但价格低、可靠性高、操作灵活方便,便于维护和使用,非常适合于中小企事业单位使用。

5. 微型机

微型机又称为个人计算机(personal computer,PC),是应用最普及、产量最大的机型,其体积小、功耗低、成本低、灵活性大、性价比高,广泛应用于个人用户。常见的台式机、一体机、笔记本电脑、平板电脑,以及超级本等都属于个人计算机的范畴。

此外,按照计算机的用途,还可以将计算机分为通用计算机和专用计算机。通用计算机包括个人计算机、超级计算机等,可以执行多种类型的任务;而专用计算机则是针对特定任务或领域设计的计算机,如网络服务器、工业控制计算机、军用计算机、嵌入式计算机等。

(二)计算机的特点

在人类发展过程中,没有一种机器像计算机这样具有如此强劲的渗透力,可以毫不夸张地说,人类现在已经离不开计算机了。计算机之所以这么重要,与它的强大功能是分不开的。与以往的计算工具相比,它具有以下几个主要特点:

(1)运算速度快。运算速度是计算机的一个重要性能指标。目前世界上最快的计算机每秒可运算万兆次,普通微型计算机也可以达到每秒亿次以上,这是传统计算工具所无法比拟的,极大地提高了人类的工作效率。

(2)计算精度高。计算机的运算精度取决于机器的字长位数,字长越长,精度越高。不同型号计算机的字长分别有8位、16位、32位、64位等。科学技术的发展,尤其是尖端科学技术的发展,需要高精度的计算。

(3)存储容量大,记忆能力强。计算机的存储器类似于人的大脑,可以存储大量的数据信息和程序,随时提供信息查询、处理等服务。目前,计算机的存储容量越来越大,已高达吉(千兆)数量级(10^9)的容量。

(4)具有逻辑判断能力。计算机不仅能进行算术运算,同时也能进行逻辑运算和判断,能够根据不同的条件做出相应的决策。

(5)自动化程度高,通用性强。计算机广泛应用于数值计算、数据处理、工业控制和办公自动化等领域,可以自动执行程序,而且程序一旦被编写完成,就可以反复执行,具有很强的通用性。

(6)支持人机交互。计算机具有多种输入、输出设备,配备适当的软件后,可支持用户方便地进行人机交互。以广泛使用的鼠标为例,用户手握鼠标,只需轻轻单击鼠标,计算机便可随之完成某种操作功能。随着计算机多媒体技术的发展,人机交互设备的种类也越来越多,如手写板、扫描仪、触摸屏等。这些设备使计算机系统以更接近人类感知外部世界的方式输入或输出信息,使计算机更加人性化。

笔记

笔记

三、计算机的应用领域和发展趋势

(一)计算机的应用领域

在当今信息社会中,计算机的应用极其广泛,已遍及经济、政治、军事及社会生活的各个领域。

1.科学计算

科学计算又称为数值计算,是计算机最早的应用领域。同人工计算相比,计算机不仅速度快,而且精度高。利用计算机的高速运算和大容量存储能力,可进行人工难以完成或根本无法完成的各种数值计算。因此,其被广泛应用于气象预测、卫星导航、工程设计等领域。

2.信息处理

信息处理又称为数据处理,为非数值计算,以数据库管理系统为基础,完成数据的采集、存储、加工、分类、排序、检索和发布等一系列工作,帮助管理者提高决策水平,改善运营策略。因此,计算机又得以广泛应用于办公自动化、事务管理、情报分析、企业管理、电子购物等方面。

3.过程控制

过程控制又称为实时控制,是指利用计算机技术对控制对象进行实时数据采集、数据分析,按最优值对控制对象进行自动控制和自动调节,如数控机床和生产流水线的控制等。工厂利用计算机进行实时过程控制,不仅大大提高了控制的自动化水平,而且还能提高控制的时效性和准确性,从而改善劳动条件、提高生产效率及产品合格率。因此,计算机过程控制已在机械、冶金、石油、化工、电力、汽车制造等行业得到广泛的应用。

4.辅助技术

计算机辅助技术主要包括计算机辅助设计、计算机辅助制造、计算机辅助教学等。

(1)计算机辅助设计(computer aided design,CAD):可以帮助设计人员进行工程或产品的设计工作。采用CAD技术能够提高工作的自动化程度,缩短设计周期,并达到最佳的设计效果。目前,CAD技术被广泛应用于机械、电子、航空、船舶、汽车、纺织、服装、化工、建筑等行业。

(2)计算机辅助制造(computer aided manufacturing,CAM):是指用计算机来管理、计划和控制加工设备的操作。采用CAM技术可以提高产品质量、缩短生产周期、提高生产率、降低劳动强度,并改善生产人员的工作条件。计算机辅助设计和计算机辅助制造结合产生了CAD/CAM一体化生产系统,再进一步发展则形成了计算机集成制造系统(computer integrated manufacturing system,CIMS)。CIMS是制造业的未来。

(3)计算机辅助教学(computer aided instruction,CAI):是指利用计算机软件

制作课件来进行教学。形象生动的课件能提高学生的学习兴趣,让师生交互更方便,学生能够轻松地学到所需要的知识。

5.人工智能

人工智能(artificial intelligence,AI)是指用计算机来模拟人的智能,代替人的部分脑力劳动,比如推理、判断、理解、学习等。人工智能既是计算机当前的重要应用领域,也是今后计算机发展的主要方向。应用领域包括机器视觉、指纹识别、人脸识别等。

6.多媒体应用

随着计算机、通信和数字化声像技术的迅速发展,人们已有能力不断改善人机交互界面,把表示和传播信息的载体由单一的文本向图形、图像、音频、视频、动画等多媒体发展。其应用几乎渗透到医疗、教育、商业、政府等人类活动的各个领域。

7.娱乐

利用微型计算机进行各种娱乐活动,如玩游戏、听音乐、看电影等。

(二)计算机的发展趋势

随着计算机越来越广泛地应用于我们的工作、学习、生活中,未来的计算机将实现超高速、超小型、并行处理和智能化,具备感知、思考、判断、学习的能力。

1.巨型化

巨型化是指计算速度更快、存储容量更大、功能更完善、可靠性更高。它的发展集中体现了计算机发展的水平。

2.微型化

微型计算机正在循序向便携机、掌上机发展,便宜的价格、方便的使用、丰富的软件,使其受到用户的青睐。

3.网络化

网络化是指利用通信技术和计算机技术,把分布在不同地点的计算机互联起来,按照网络协议互相通信,以共享软件、硬件和数据资源。

4.智能化

智能化是指计算机具有模拟人的感觉和思维过程的能力。智能计算机具有解决问题和逻辑推理的功能,以及处理知识和管理知识库的功能等。

▶ 知识拓展

我国计算机的发展历程

1958年,以华罗庚为首的中国计算机研究小组研制成功第一台通用数字电子计算机103机,这标志着我国第一台现代电子计算机的诞生。

笔记

1964年11月，中国科学院计算技术研究所研制成功我国第一台晶体管通用电子计算机441-B机。1965年，其又研制成功了我国第一台大型晶体管计算机109乙机，为我国两弹一星工程做出了卓越贡献。

1974年，清华大学等单位联合设计、研制成功采用集成电路的DJS-130小型计算机，运算速度达每秒100万次。

1977年，中国第一台微型计算机DJS-050在安徽合肥诞生，拉开了我国微型计算机事业发展的序幕。

1983年，国防科技大学研制成功"银河-1"号亿次运算巨型计算机，这是我国第1台亿次运算计算机系统，成为我国高速计算机研制的一个重要里程碑。

2001年，中国科学院计算技术研究所研制成功我国第一款通用CPU——"龙芯"芯片。

2009年，国防科技大学研制出"天河一号"计算机。其峰值速度达到每秒1 206.19万亿次，是我国第一台运算速度超过千万亿次的超级计算机。

2013年，国防科技大学研制出"天河二号"超级计算机系统。其以峰值计算速度每秒$5.49×10^{16}$次、持续计算速度每秒$3.39×10^{16}$次双精度浮点运算的优异性能位居榜首，成为2013年全球最快超级计算机。2014年公布的全球超级计算机榜单中，其以比第二名美国的"泰坦"快近一倍的速度连续第四次获得冠军。

2016年6月20日，新一期全球超级计算机500强榜单公布，使用中国自主芯片制造的"神威·太湖之光"取代"天河二号"登上榜首。

中国计算机技术在过去几十年中取得了长足的发展，目前在很多方面都是全球领先的，主要表现在大数据研究和应用、移动终端、物联网、虚拟现实等领域。此外，中国也在培养科学家、软件工程师和硬件工程师方面取得了实质性的进步，为中国社会发展提供了强有力的技术支撑。

任务评价

任务编号：WPS-1-1	实训任务：了解计算机的发展历程		日期：
姓名：	班级：		学号：
一、任务描述 通过查询资料，了解计算机发展各个阶段的特点和应用，关注计算机应用领域和发展趋势，尤其是我国计算机发展的状况。			
二、任务实施 1.通过上网查询资料，了解世界上第一台电子计算机ENIAC的诞生。 2.通过观看纪录片，了解计算机发展的历程以及计算机在各个阶段中的重要发明者和贡献者。 3.通过图书馆或者网络了解我国计算机的发展史，以及我国的超级计算机。 4.了解计算机在各个领域的应用。 5.畅想未来计算机的发展趋势。			

了解计算机的
发展历程

三、任务执行评价

序号	考核指标	所占分值	备注	得分
1	任务完成情况	30	是否在规定时间内完成并按时上交任务单	
2	成果质量	70	按标准完成，或富有创意、合理性评价	
总分				

指导教师：

日期：　　年　　月　　日

熟悉计算机系统

▶ 任务导航

知识目标	1.了解计算机系统的组成 2.理解计算机的工作原理 3.掌握Windows10操作系统的基本操作
能力目标	1.认识计算机的硬件组成，并了解其功能 2.分析计算机基本工作原理 3.熟练使用Windows10操作系统的基本操作和常用软件
素养目标	1.培养良好的逻辑思维和系统分析能力 2.培养团队合作精神和沟通能力
任务重点	1.计算机系统的组成和功能 2.Windows10操作系统中的文件和文件夹的操作
任务难点	Windows10操作系统中的文件和文件夹的操作

笔记

 任务描述

新学期开始，大一新生小刘想购买一台电脑用于日常学习，但是市面上品牌和型号太多，小刘不知道该如何选择，于是求助到IT志愿服务小队，队长小徐很乐意帮忙。为了帮助小刘同学选购一台满意的个人电脑，小徐还真下了不少工夫。他不仅仔细复习了装机必备的相关知识，还查阅了很多的电脑评测文章、技术指南和论坛讨论，努力掌握最新的硬件信息、软件兼容性和性能评测。经过一段时间的精心挑选和比较，小刘终于在小徐的帮助下选购到了一台满意的个人电脑。同时，小刘也对计算机系统有了十分详细的了解，学到了许多计算机系统相关的知识。

▶ **任务实施**

一、计算机的工作原理

计算机之所以能高速、自动地进行各种操作，主要是采用了美籍匈牙利科学家冯·诺依曼（图1-4）提出的"存储程序和过程控制"思想，即事先把程序存储到计算机内，然后计算机在运行时逐一取出指令、分析指令、执行指令，实现计算机自动运行程序，这一思想成为现代计算机的理论基础。因此，计算机系统具有接收和存储信息、按程序快速计算和判断并输出处理结果等功能。

图1-4 "计算机之父"冯·诺依曼

（一）指令与程序

计算机通过执行一段程序代码来完成一个复杂的任务。一段程序代码其实

笔记

就是一系列的基本操作指令。通常,一种基本操作就是由一条指令来完成的。指令就是给计算机发出的一道工作命令,它告诉计算机要做什么操作,一段程序是由若干条指令构成的。指令由操作码和地址码(操作数)组成,其中操作码指明了指令的操作性质及功能,如执行加法还是减法运算;地址码也叫操作数,给出了操作数或操作数的地址。指令执行过程是取出指令、分析指令和执行指令。

(二)计算机工作原理

计算机运行过程中,实际上有两种信息在流动。一种是数据流,包括原始数据和指令,它们在程序运行前已经预先送至主存中,而且都是以二进制形式编码的。运行程序时,数据被送往运算器参与运算,指令被送往控制器。另一种是指令流,即控制信号,它是由控制器根据指令的内容发出的,指挥计算机各部件执行指令规定的各种操作或运算,并对执行流程进行控制。

计算机各部分工作过程如图1-5所示。一般而言,计算机的基本工作原理可以简单概括为输入、存储、处理和输出四个步骤。首先,我们可以利用输入设备(键盘或鼠标等)将数据或指令"输入"到内部存储器。其次,在控制器的控制下,从内部存储器读取数据和指令。然后,分析指令,即把相应的数据送到运算器中进行运算。程序运行过程中,CPU反复向内部存储器存取数据和指令。最后,通过输出设备输出信息,即把处理的结果输出至屏幕、音箱或打印机等输出设备。

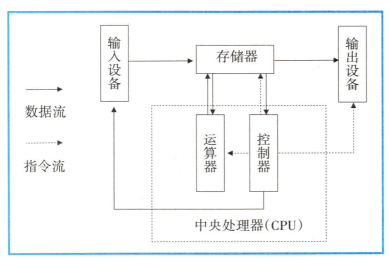

图1-5 计算机工作原理图

二、计算机系统的组成

计算机系统由硬件系统和软件系统两部分组成,如图1-6所示。硬件系统是计算机的物理组件,包括中央处理器、存储器、主板、I/O接口、输入设备和输出设备等。软件系统是计算机程序及有关文档的总称,不仅包含计算机可以识别的代码(程序)文档,还包含与这些代码相关的各种文档。

笔记

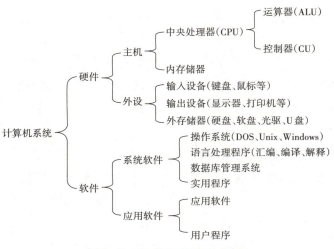

图1-6　计算机系统的组成

(一)计算机硬件系统

计算机硬件系统主要由中央处理器(包含控制器和运算器)、存储器、输入设备、输出设备和其他设备等五大部分组成,各部分之间用总线相连。

1.中央处理器

中央处理器(central processing unit,CPU)主要由控制器和运算器组成。虽然只有火柴盒大小,但它却是一台计算机的运算核心和控制核心,可以说是计算机的心脏,如图1-7所示。

图1-7　中央处理器

控制器是计算机的指挥中心,它负责从存储器中连续不断地读取存放的程序指令、分析指令,并根据指令的要求向其他部件发出相应的控制信号从而执行指令,保证各个部件能够协调一致地工作。CPU同一时刻只能运行一条指令,即执行一个基本操作。每一条指令一般由操作码和操作数组成,操作码指出执行什么操作,操作数指出需要操作的数据或数据的地址。

运算器主要用来进行逻辑运算和算术运算。不同型号的CPU,其内部结构和硬件配置不同,因而计算机性能也不同。通常,衡量CPU性能的主要技术指标有字长、工作频率、缓存容量等。

2. 存储器

笔记

存储器用来存放程序、数据和文件,分为内存储器和外存储器两类。其中,内存储器容量较小,速度较快,用于暂时存放程序和数据,简称内存,又称主存;外存储器容量较大,速度较慢,用于永久保存程序和数据。

1)内存储器

计算机的内存储器从使用功能上分为随机存储器(random access memory,RAM)、只读存储器(read only memory,ROM)和高速缓冲存储器(cache,简称"缓存")3种。

(1)随机存储器:是计算机工作的存储区,一切要执行的程序和数据都要先装入该存储器内。随机存储器有两个特点:一是既可以读出,也可以写入,读出时并不损坏原来存储的内容,只有写入时才修改原来所存储的内容;二是易失性,即断电后,存储内容立即消失。我们常说的内存条就是随机存储器,如图1-8所示。

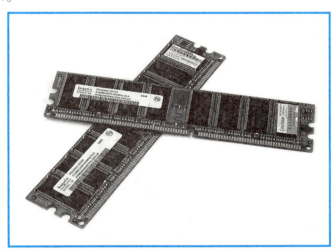

图1-8　随机存储器

(2)只读存储器:特点是只能读出原有的内容,不能由用户再写入新内容。ROM中的数据是由设计者和制造商事先编制好固化在里面的一些程序,使用者不能随意更改。它一般用来存放专用的固定程序和数据,不会因断电而丢失。ROM中的程序主要用于检查计算机系统的配置情况并提供最基本的输入、输出控制程序,如存储BIOS参数的CMOS芯片。

(3)高速缓冲存储器:是位于CPU与内存间的一种容量较小但读写速度很高的存储器。缓存主要是为了解决CPU运算速度与内存读写速度不匹配的矛盾。在CPU中加入缓存是一种高效的解决方案,这样整个内存储器(缓存＋内存)就变成了既有缓存的高速度,又有内存的大容量的存储系统了。

2)外存储器

外存储器属于外部设备的范畴,它们的共同特点是容量大、速度慢,具有永

笔记

久性存储功能。常用的外存储器有磁盘存储器（硬盘）、光盘、可移动存储器等，如图1-9所示。

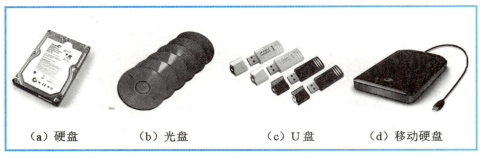

（a）硬盘 （b）光盘 （c）U盘 （d）移动硬盘

图1-9 外存储器

（1）硬盘。硬盘属于计算机硬件中的存储设备，是由若干片硬盘片组成的盘片组，一般被固定在机箱内。硬盘是一种主要的计算机存储媒介，由一个或者多个铝制或者玻璃制的盘片组成。这些盘片外覆盖有铁磁性材料。其特点是存储容量大、工作速度较快。绝大多数硬盘都是固定硬盘，被永久性地密封固定在硬盘驱动器中。

（2）光盘。光盘是一种利用激光将信息写入和读出的高密度存储媒体。光盘的特点是存储密度高、容量大、成本低廉、便于携带、保存时间长。常见的光盘类型有：只读型光盘CD-ROM、一次性可写入光盘CD-R（需要光盘刻录机完成数据的写入）、可重复刻录的光盘CD-RW。

（3）可移动存储器。目前，比较常见的可移动存储器有U盘和移动硬盘两种。可移动存储器的特点是体积小、重量轻，特别适合随身携带。

计算机内、外存储器的容量都是用字节（B）来计算和表示的。除B外，还常用KB（千字节）、MB（兆字节）、GB（吉字节）作为存储容量的单位。存储数据的最小单位为位（bit）。它们之间的换算关系如下。

1 B=8 bit。

1 B=1个英文字符，1个汉字占2个字节。

1 KB=1 024 B，大约是半页至一页A4纸的文字量。

1 MB=1 024 KB=10 485 76B，大约是一本600页的书的文字量。

1 GB=1 024 MB=10 737 418 24 B，大约是1 000本书的文字量。

3.输入设备

输入设备是将系统文件、用户程序及文档、运行程序所需的数据等信息输入到计算机的存储设备中以备使用的设备。常用的输入设备有键盘、鼠标、扫描仪、话筒等。

（1）键盘。键盘（keyboard）是计算机最常用也是最主要的输入设备，通过键盘，可以将英文字母、数字、标点符号等输入计算机，从而向计算机发出命令、输入数据等。键盘的接口有PS/2和USB等类型。此外，各种人体工学键盘、无线键盘、多媒体键盘等也极大地满足了人们多方面的需要。

（2）鼠标。利用鼠标能够方便地控制屏幕上的鼠标箭头准确地定位在指定位置，通过按键完成各种操作。鼠标主要分为机械式鼠标、光电式鼠标和光机式鼠标，接口类型有串行、PS/2、USB和无线4种。鼠标的基本操作包括移动、单击、双击、拖动。

（3）扫描仪。扫描仪是一种光电一体化的高科技产品，如图1-10所示。它是将原稿经过图像扫描、转换、编码以形成数字图像并输入计算机的一种输入设备。扫描仪按其处理的颜色分为黑白扫描仪和彩色扫描仪2种，按其扫描方式分为手持式、台式、平板式和滚筒式4种。

图1-10 扫描仪

此外，数码相机、话筒、条形码阅读器、写字板等也是日常生活中常见的输入设备。

4.输出设备

输出设备用于输出计算机处理过的结果、用户文档、程序及数据等信息。常用的输出设备有显示器、打印机、绘图仪等。

（1）显示器。显示器是计算机的主要输出设备，用于将系统信息、计算机处理结果、用户程序及文档等信息以可视化的形式呈现给用户，是人机对话的一个重要工具。显示器按结构分为两大类：CRT显示器和LCD显示器，如图1-11所示。CRT显示器是一种使用阴极射线管的显示器，其工作原理基本上和传统电视机相同，只是数据接收和控制方式不同。LCD显示器又称为液晶显示器，具有体积小、重量轻、只需要低压直流电源便可工作等特点。显示器的主要指标有显示器的屏幕大小、显示分辨率等。屏幕越大，显示的信息越多；显示分辨率越高，显示的图像就越清晰。显示器与主机相连必须配置适当的显示适配器，即显卡。

图1-11　CRT 显示器（左）和 LCD 显示器（右）

（2）打印机。打印机是指能把程序、数据、字符、图形打印在纸上的设备，分为针式打印机、激光打印机、喷墨打印机3种，如图1-12所示。针式打印机是一种击打式打印机，主要应用于银行、税务、证券、邮电、商业等领域；激光打印机是激光技术与复印技术相结合的产物，它是一种高质量、高速度、低噪声、价格适中的输出设备，分为黑白和彩色两种；喷墨打印机是一种非击打式输出设备，它的优点是能输出彩色图像、经济且噪声低、打印效果好，在彩色图像输出中占绝对优势。打印机的主要性能指标有打印精度、打印速度、色彩数目和打印成本。

图1-12　针式打印机（左）、激光打印机（中）、喷墨打印机（右）

（3）绘图仪。绘图仪是指能按照人们要求自动绘制图形的设备。其主要可绘制各种管理图表和统计图、大地测量图、建筑设计图、电路布线图、各种机械图与计算机辅助设计图等。绘图仪一般是由驱动电机、插补器、控制电路、绘图台、笔架、机械传动等部分组成的。绘图仪的种类很多，按结构和工作原理可以分为滚筒式和平台式两大类。绘图仪的性能指标主要有绘图笔数、图纸尺寸、分辨率、接口形式及绘图语言等。

5.其他设备

计算机的硬件系统除上述四大核心部件外，还有一些其他的组成部分，这些

笔记

部分虽然不如四大核心部件那样直接参与数据处理和计算,但在计算机的整体运作中也起着至关重要的作用。

(1)主板(motherboard)。主板是计算机中连接各个部件的纽带,如图1-13所示。它提供了各种接口和插槽,使得CPU、内存、显卡、硬盘等部件能够相互连接和通信。主板的质量和性能直接影响到计算机的稳定性和扩展性。

图1-13 主板

(2)电源(power supply)。电源是计算机的心脏,它为计算机提供稳定的电力供应。一个好的电源不仅能够保证计算机的稳定运行,还能够延长计算机的寿命。

(3)扩展卡(expansion card)。扩展卡是计算机中用于扩展功能的部件。它们可以插入主板的扩展槽中,为计算机增加新的功能或接口。常见的扩展卡包括显卡、声卡、网卡、RAID卡等。

(4)总线。总线是计算机各种功能部件之间传送信息的公共通信干线,它是由导线组成的传输线束。根据计算机所传输的信息种类,总线可以分为数据总线、地址总线和控制总线,分别用来传输数据、数据地址和控制信号。这些总线是计算机内部结构的一部分,是CPU、内存、输入设备、输出设备之间传递信息的公用通道。

总之,这些部件共同协作,构成了完整的计算机系统,为用户提供了丰富的功能和良好的性能。

(二)计算机软件系统

一个完整的计算机系统是硬件和软件的有机结合。如果将硬件比作计算机系统的躯体,那么软件就是计算机系统的灵魂。

计算机软件(computer software)是指能指挥计算机工作的程序与程序运行时所需要的数据,以及与这些程序和数据有关的文字说明和图表资料。其中,文字说明和图表资料又称为文档。软件是用户与硬件之间的接口界面,用户主要

笔记

是通过软件与计算机进行交流的。程序是对计算任务的处理对象和处理规则的描述，文档是为了便于用户了解程序所需的阐明性资料。

软件内容丰富、种类繁多，通常根据软件的用途可将其分为系统软件和应用软件。

1. 系统软件

系统软件是指控制计算机的运行，管理计算机的各种资源，为计算机的使用提供支持和帮助的软件，可分为操作系统、语言处理程序、数据库管理系统等，其中操作系统是最基本的软件。

1）操作系统（operating system，OS）

操作系统是管理计算机硬件与软件资源的程序，同时也是计算机系统的内核与基石。它的职责包括对硬件的直接监管、对各种计算资源（如内存、处理时间等）的管理以及提供诸如作业管理之类的面向应用程序的服务等。操作系统是对计算机硬件的第一级扩充，是对硬件的接口、对其他软件的接口、对用户的接口以及对网络的接口。目前，常用的操作系统有 Windows7、Windows10、Linux、Unix 等。

2）语言处理程序

由于计算机只认识机器语言，因此使用其他语言编写的程序都必须先经过语言处理（也称翻译）程序的翻译，才能使计算机接受并执行。不同的语言有不同的翻译程序。程序设计语言就是用户用来编写程序的语言，它是人与计算机之间交换信息的工具。程序设计语言是软件系统的重要组成部分，一般可分为机器语言、汇编语言和高级语言3类。

（1）机器语言是一种用二进制代码"0"和"1"形式表示的、能被计算机直接识别和执行的语言。

（2）汇编语言是一种使用助记符表示的面向机器的程序设计语言。每条汇编语言的指令对应一条机器语言的代码，不同型号的计算机系统一般有不同的汇编语言。由于计算机硬件只能识别机器指令，用助记符表示的汇编指令是不能被执行的，因此要执行用汇编语言编写的程序，必须先用一个程序将汇编语言翻译成机器语言程序。

（3）高级语言是一种比较接近自然语言（英语）和数学表达式的计算机程序设计语言，其与具体的计算机硬件无关，易于被人们接受和掌握。常用的高级语言有 C 语言、Visual Basic（VB）、Java 等。

3）数据库管理系统

数据处理是计算机应用的重要方面。为了有效地利用、保存和管理大量数据，20世纪60年代末人们开发出了数据库系统（database system，DBS）。一个完整的数据库系统是由数据库（DB）、数据库管理系统（database management system，DBMS）和用户应用程序3部分组成。其中，数据库管理系统按照其管理数据库的组织方式分为3大类:关系型数据库、网络型数据库和层次型数据库。目前,常用的数据库系统有Access、SQLServer、MySQL、Orcale等。

2. 应用软件

计算机之所以能迅速普及,除因为其硬件性能不断提高、价格不断降低外,大量实用的应用软件的出现满足了各类用户的需求也是重要原因之一。除系统软件外的所有软件都称为应用软件,它们是由计算机生产厂家或软件公司为支持某一应用领域解决某个实际问题而专门研制的应用程序。常见的应用软件如表1-2所示。

表1-2 常见的应用软件

类别	功能	举例
文字处理软件	文本编辑、排版等	Microsoft Office、WPS等
辅助设计软件	制图、设计仿真等	AutoCAD、Photoshop、Fireworks等
媒体播放软件	播放各种数字音频和视频文件	暴风影音、RealPlayer、Windows Media Player等
下载管理软件	从网络下载文件、程序等	迅雷、腾讯软件管家等
杀毒软件	查杀网络病毒等	360、瑞星、金山毒霸、卡巴斯基等
信息检索软件	在互联网中查找信息	百度、Google等
游戏软件	游戏、娱乐、教育	棋牌类游戏、角色扮演类游戏等
网络聊天软件	网络交流、聊天	QQ、微信等

三、计算机中的数制和信息表示

(一)计算机中的数制

数制是用一组固定的数字或字母和一套统一的规则来表示数目的方法。计算机中常用的数制有二进制、八进制、十进制和十六进制,如表1-3所示。

表1-3 常用进位计数制表

数制	基数	数字符号	表示方式	举例
二进制	2	0、1	在数字后加B	1011B
八进制	8	0、1、2、3、4、5、6、7	在数字后加O	126O
十进制	10	0、1、2、3、4、5、6、7、8、9	在数字后加D或不加字母	512D或512
十六进制	16	0-9、A、B、C、D、E、F	在数字后加H	A804H

1. 非十进制数与十进制数之间的转换

非十进制数转换为十进制数:其规则为按权展开求和,也就是将每位的系数与相应的位权相乘,然后把每位乘积相加,得到的和就是对应的十进制数。

【例1】试将$(110011)_2$转换为十进制数。

解:$(110011)_2=1\times2^5+1\times2^4+0\times2^3+0\times2^2+1\times2^1+1\times2^0=32+16+0+0+2+1=(51)_{10}$

笔记

十进制整数转换为非十进制整数:其规则为先将十进制数除以基数,取出余数,然后将商不断除以基数,取出每次的余数,直到商为0,最后,按"从下到上的顺序"读出余数,该余数即是所要得到的非十进制数。

【例2】试将$(51)_{10}$转换为二进制数。

解:

```
2 | 51      余数
2 | 25      1
2 | 12      1
2 | 6       0
2 | 3       0
2 | 1       1
    0       1
```

因此,$(51)_{10}=(110011)_2$。

2.二进制数与八进制数、十六进制数之间的转换

见表1-4。

表1-4　二进制数与八进制数、十六进制数之间的转换表

转换	转换方法	示例
二进制数转八进制数	将二进制数由小数点开始,整数部分向左、小数部分向右,每三位分成一组,不够三位补零,则每组二进制数便对应一位八进制数	$(011\vert001\vert100\vert.010)_2=(314.2)_8$
八进制数转二进制数	将每位八进制数用三位二进制数表示	$(256.15)_8=(010\vert101\vert110\vert.001\vert101)_2$
二进制数转十六进制数	将二进制数由小数点开始,整数部分向左、小数部分向右,每四位分成一组,不够四位补零,则每组二进制数便对应一位十六进制数	$(0001\vert1010\vert0111\vert.1100)_2=(1A7.C)_{16}$
十六进制数转二进制数	将每位十六进制数用四位二进制数表示	$(2D.8)_{16}=(0010\vert1101\vert.1000)_2$

（二）计算机中的信息表示

在计算机中,任何信息的存储和处理都是以数据形式实现的。计算机内部数据分为数值型和非数值型。数值型数据主要用来表示数量的多少,非数值型数据主要用来表示文字声音、图形、图像等信息。通常,称数值型数据为数值数据信息,而非数值型数据为非数值数据信息。

非数值数据信息都是以二进制编码来表示的。所谓二进制编码是指用若干位0、1两个数码,按约定的规则表示某个信息,如字母、符号、汉字等。最常用的编码有ASCII、国标码等,其中ASCII为西文字符编码,国标码为中文字符编码。

美国标准信息交换码（American standard code for information interchange,

ASCII)由7位二进制数组合而成,可以表示2^7即128种国际上最通用的西文字符,包含52个英文大小写字母、10个数字、32个标点符和运算符,以及34个控制符,如表1-5所示。每个ASCII在计算机内存储时占用1个字节空间,即1个存储单元,其最高位为0。

笔记

表1-5 ASCII码编码表

	000	001	010	011	100	101	110	111
0000	NUL	DLE	SP	0	@	P	^	p
0001	SOM	DC1	!	1	A	Q	a	q
0010	STX	DC2	"	2	B	R	b	r
0011	ETX	DC3	#	3	C	S	c	s
0100	EOT	DC4	$	4	D	T	d	t
0101	ENQ	NAK	%	5	E	U	e	u
0110	ACK	SYN	&	6	F	V	f	v
0111	BEL	ETB	'	7	G	W	g	w
1000	BS	CAN	(	8	H	X	h	x
1001	HT	EM	)	9	I	Y	i	y
1010	LF	SUB	*	:	J	Z	j	z
1011	VT	ESC	+	;	K	[	k	{
1100	FF	FS	,	<	L	\	l		
1101	CR	GS	–	=	M	]	m	}
1110	SO	RS	.	>	N	↑	n	~
1111	SI	US	/	?	O	↓	o	DEL

ASCII码编码表查询方式:先查列,再查行,然后将列和行对应的编码合在一起,即是相应字符的ASCII码。因此,字母和数字的ASCII码值大小规律是:数字<大写字母<小写字母。

四、Windows 10操作系统

(一)认识Windows 10操作系统

操作系统是人与计算机之间的接口,是计算机的灵魂,它管理和控制计算机硬件与软件资源,并与其他软件进行交互,从而使得计算机系统的所有资源最大限度地发挥作用。操作系统提供各种形式的用户界面,使用户有一个好的工作环境,为其他软件的开发提供必要的服务和相应的接口等。根据运行的环境,操作系统可以分为桌面操作系统、手机操作系统、服务器操作系统、嵌入式操作系统等。操作系统主要包括以下几个方面的功能:

(1)进程管理:其工作主要是进程调度,在单用户单任务的情况下,处理器仅为一个用户的一个任务所独占,进程管理的工作十分简单。但在多道程序或多用户的情况下,组织多个作业或任务时,就要解决处理器的调度、分配和回收等问题。

(2)存储管理：包括存储分配、存储共享、存储保护、存储扩张等功能。

(3)设备管理：包括设备分配、设备传输控制、设备独立性等功能。

(4)文件管理：包括文件存储空间管理、目录管理、文件操作管理、文件保护等功能。

(5)作业管理：负责处理用户提交的任何要求。

Windows 10 操作系统是一款多用户、多任务操作系统，就是在一台计算机上可以建立多个用户，同一时间可以运行多个应用程序。

1.Windows 10 的启动与关闭

1）Windows 10 的启动

启动计算机时按照先外设后主机的顺序，即在接通电源后先依次打开显示器等外设电源开关，然后打开主机电源开关。开启计算机后，Windows 10 被载入计算机内存，系统启动完成后进入 Windows 10 欢迎界面。如果只有一个账户且没有设置密码，则直接进入 Windows 10 系统；如果系统中存在多个账户，则须选择需要的账户，当选择的账户设置了密码时，必须输入正确的密码才能进入系统。

2）Windows 10 的关闭

关闭计算机时，首先要将计算机中的文件和数据保存，关闭所有打开的应用程序。单击"开始"菜单中的"电源"按钮，从菜单中选择"关机"命令，如图 1-14 所示；或者右击"开始"按钮，在弹出的快捷菜单中选择"关机或注销"，从级联菜单中选择"关机"命令，如图 1-15 所示。

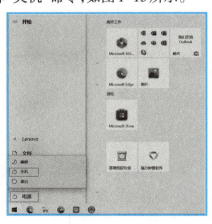

图 1-14 "电源"菜单 　　图 1-15 "关机或注销"级联菜单

需要重新启动计算机时，单击"开始"菜单中的"电源"按钮，从菜单中选择"重启"命令，计算机将会关闭正在运行的程序并保存个人设置，重新启动 Windows 10，但不会自动关闭计算机电源。当计算机出现"死机"情况时，可以长按计算机电源开关直至电源关闭，使用这种强制关闭计算机的方法再次启动计算机时，进入操作系统之前系统会对硬盘进行扫描检测。检测会有一个提示和等待的时间，按任意键可以跳过检测，直接启动系统。

2.Windows 10桌面的使用

1）Windows 10桌面的组成

当开机完成系统加载后即进入Windows 10的桌面。桌面是用户与计算机交互最为频繁的场所之一。桌面由桌面背景、桌面图标、任务栏三部分组成,如图1-16所示。

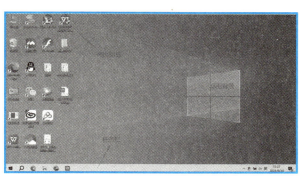

图1-16　Windows10的桌面

桌面背景是Windows 10的默认背景图片,用户可以根据自己的喜好更改设置。

桌面图标由反映对象类型的图片和相关文字说明组成,双击这些图标可以打开并运行相应的应用程序或者文件。

任务栏位于桌面的底部,主要用来管理当前正在运行的任务,由"开始"按钮、搜索Windows按钮、快速启动按钮、任务栏按钮区、语言栏、通知区域等组成。每一个运行的任务都会占据任务栏上的一个区域。单击任务栏上的某个应用程序按钮,可以将其显示为当前程序窗口。通过鼠标拖动任务栏可以将其移动到桌面四个边缘的任一位置。

2）桌面图标的设置

Windows 10安装完成后,桌面默认图标只有一个回收站。如果想要将其他图标如"此电脑""控制面板"等图标显示出来,可进行如下操作:在桌面空白处右击鼠标,从弹出的快捷菜单中选择"个性化"选项,打开"设置"窗口,单击左侧的"主题",在右侧的列表中选择"桌面图标设置"选项,如图1-17所示,打开桌面图标设置对话框。

图1-17
"设置"窗口

笔记

勾选"桌面图标"栏中的"计算机""回收站""控制面板"复选框,如图 1-18 所示,可将相应的图标添加到桌面上。

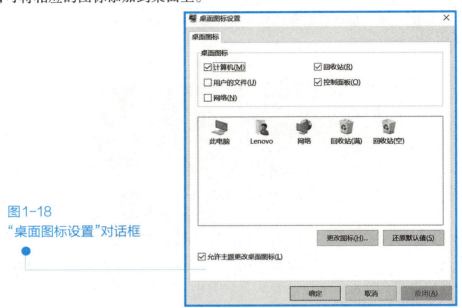

图 1-18
"桌面图标设置"对话框

"此电脑"。双击打开"此电脑"窗口,可以浏览用户电脑中基本硬件资源,并可复制、格式化磁盘。右击"此电脑"图标,从弹出的快捷菜单中选择"属性"命令,可打开"系统"窗口,如图 1-19 所示。此窗口中可以查看计算机的基本信息。

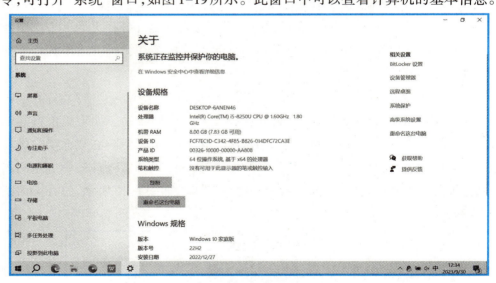

图 1-19 "系统"窗口

"回收站"。它是微软 Windows 操作系统里的一个系统文件夹,用来存放用户临时删除的文档资料。存放在"回收站"里的文件可以恢复。双击"回收站"图标可打开"回收站"窗口,右击窗口中的文件,可对文件进行恢复、删除等操作。右击"回收站"图标,选择快捷菜单中的"属性"命令,可打开"回收站属性"对话框,如图1-20所示,在此对话框中可设置相应磁盘中回收站的大小。

笔记

图1-20
"回收站属性"对话框

3.Windows 10窗口的使用

1)Windows 10窗口的组成

Windows 10运行的程序都是以窗口的形式表示的。双击Windows 10桌面上的图标就可以打开该对象对应的窗口,如双击桌面上的"此电脑"图标,即可打开"此电脑"窗口,如图1-21所示。

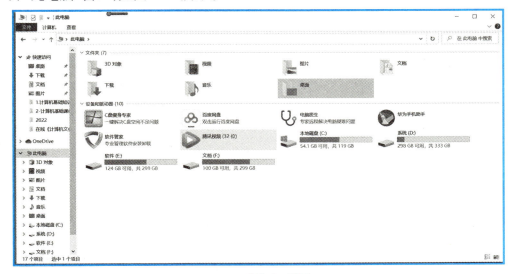

图1-21　"此电脑"窗口

Windows 10的窗口主要由标题栏、菜单选项卡、地址栏、搜索框、前进和后退按钮、导航窗格、文件窗格、列表详细显示按钮、缩略图显示按钮组成,如图1-22所示。

笔记

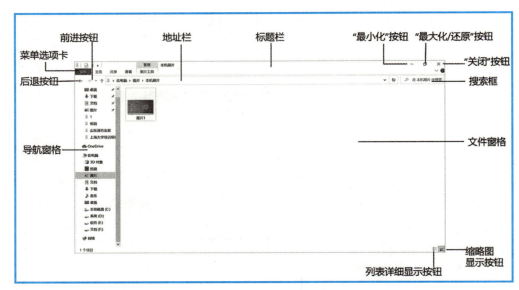

图1-22　Windows 10窗口的组成

（1）标题栏：窗口顶部包含窗口名称的水平栏。在许多窗口中，标题栏也包含程序图标、"最小化"、"最大化"和"关闭"按钮。双击程序图标可快速关闭窗口。

（2）菜单选项卡：位于标题栏下方，在Windows 10中菜单栏以选项卡的形式出现。单击不同菜单的选项卡，可显示各类不同功能的命令或工具按钮。

（3）地址栏：显示了当前访问位置的完整路径，其中每个文件夹都显示为一个按钮，单击某个按钮即可快速地跳转到相应的文件夹中。

（4）搜索框：用于在当前位置进行搜索，在其中输入搜索文字时，在文件内部或文件名称中包含所输入的关键字的文件都会被显示出来。

（5）前进和后退按钮：用于快速访问上一个或下一个浏览过的位置。

（6）导航窗格：以树形结构显示了一些常见的位置，同时该窗格中还根据不同位置的类型显示了多个节点，每个子节点可以展开或合并。

（7）文件窗格：位于窗口的中间，也是主要的部分，这里显示当前的工作状态，所有需要操作的步骤都可以在工作区域进行，并且显示计算机储存的文件。

（8）列表详细显示按钮：在窗口中显示每一项的相关信息。

（9）缩略图显示按钮：使用大缩略图显示项。

2）Windows 10窗口的操作

（1）最小化、最大化和还原窗口：通过窗口标题栏上的"最小化"按钮、"最大化／还原"按钮可以实现。另外，双击标题栏可以使窗口在最大化和还原两种状态间进行切换；单击任务栏按钮可以使窗口在最小化和最大化（还原状态）之间进行切换。

（2）移动窗口：窗口的移动必须在窗口还原的状态下进行。将鼠标指针移到窗口的标题栏上按住鼠标左键并进行拖动，移动到想要的位置松开鼠标即可。

（3）调整窗口大小：把鼠标指针移到窗口的四个角或四条边上时，鼠标指针变成双向箭头,此时按住鼠标左键拖动,即可调整窗口的大小。

(4)更改窗口的排列方式:当有多个窗口打开时,鼠标右键单击任务栏的空白区域,从弹出的快捷菜单中执行"层叠窗口"或"并排显示窗口"命令,可以改变窗口的排列方式。要将窗口恢复到原来的状态时,再次右击任务栏空白处,从弹出的快捷菜单中选择"取消层叠"或"取消并排显示"命令即可。

(5)切换窗口:在"任务栏"中单击应用程序名或单击桌面上的应用程序窗口的任一部分可实现已打开窗口之间的切换。使用"Alt+Tab"组合键可以切换上一次查看的窗口,按住"Alt"键并复按"Tab"键,可在所有打开窗口的缩略图和桌面之间循环切换。切换窗口如图1-23所示。

图1-23　切换窗口

(6)关闭窗口:就是停止程序的运行。关闭窗口的方法有:①单击标题栏上的"关闭"按钮;②按"Alt+F4"组合键;③按"Ctrl+W"组合键;④右击任务栏上的窗口按钮,从弹出的快捷菜单中执行"关闭"命令;⑤单击菜单栏上的"文件"按钮,从下拉列表中执行"关闭"或"退出"命令。

3)对话框的操作

对话框主要用于提供用户和系统之间的信息对话,是一类特殊的窗口。对话框的外形与窗口类似,有标题栏,但没有菜单栏和工具栏;对话框的大小固定,不能改变,但可以进行移动或关闭操作。

出现以下几种情况可以弹出对话框:①单击带有省略号(……)的菜单命令;②按相应的组合键,如"Ctrl+ O",打开对话框;③执行程序时,系统出现对话框,提示操作或警告信息;④选择帮助信息。

对话框是某个程序的固有组成部分,对话框的形态不一,但组成对话框的元素一般包括以下几种:

(1)标题栏:位于对话框的最上方,标明了对话框的名称,右侧有关闭按钮。

(2)文本框:供用户输入信息或对输入的内容进行修改、删除操作。

(3)命令按钮:对话框中呈圆角矩形且带有文字的按钮,通常包含"确定""应用""取消"等。

(4)下拉列表框:列出多个选项,用户可以从中选取但通常不能更改。

(5)单选按钮或复选框:单选按钮是一组互斥的选项,其后有相应的文字说明。复选框可以任意选择,其后也有相应的文字说明,选中后,其复选框中会出现"√"符号,再次单击可撤销选中。

笔记

（二）管理文件与文件夹

1.文件和文件夹的基本概念

文件是操作系统用来存储和管理数据的基本单位,程序和数据都是以文件的形式存放在计算机存储器上的。每个文件都拥有文件名,计算机对文件是按名存取的。计算机中文件数量庞大,一般在文件的实际使用和管理中,需将文件按不同类型和特性存放在不同文件夹中。文件一般由文件名和扩展名组成,中间以"."分隔,文件名表示文件的名称,扩展名表示文件的类型。相同类型文件的扩展名和图标是一样的,它们是区分文件类型的标志。如"我的祖国.mp3"表示文件名为"我的祖国"、扩展名为".mp3"的音频文件,其中文件名可重新命名,扩展名则不能随意更改,否则可能造成文件无法正常使用。常用的文件类型对应的扩展名如表1-6所示。

表1-6　Windows 10中常见的文件扩展名

扩展名	说　明	扩展名	说　明
.exe	可执行文件	.sys	系统文件
.txt	文本文件	.wav .mp3	音频文件
.bmp .jpg	图像文件	.docx	Word文档

文件夹用于存放相互关联的文件或文件夹,即文件夹中既可以包含文件,也可以包含其他文件夹。文件夹中包含的文件夹称为子文件夹。操作系统对文件和文件夹的管理是以树形结构来进行的。

2.文件和文件夹的常用操作

文件和文件夹的操作遵循一个基本原则:"先选定,后操作"。

1)选定文件或文件夹

（1）选定单个对象:用鼠标左键单击要选定的文件或文件夹,该对象图标背景变为蓝色,表示该对象已被选定。

（2）选定多个连续对象:在对象所处的窗口位置按住鼠标左键不放,拖动鼠标,出现一个矩形框,释放鼠标将会选定矩形框内的所有对象。也可以用鼠标左键单击第一个对象,按住"Shift"键不放,再用鼠标左键单击最后一个对象,这样在第一个和最后一个对象之间的所有对象都被选中。

（3）选定多个不连续对象:先选中一个对象,然后按住"Ctrl"键不放,依次用鼠标左键单击其他对象,即可实现对多个对象的不连续选择。

（4）选定全部对象:单击"主页"选项卡下的"选择"命令组中的"全部选择"命令。也可在对象所在的窗口中,按组合键"Ctrl+A",实现对当前窗口内所有对象的选定。

2)更改文件或文件夹的名称

鼠标指向相应对象,单击鼠标右键,在弹出的快捷菜单中选择"重命名"命令,在图标下方文字区域内输入新的名称,按回车键结束,即可实现对选定对象的重命名。在 Windows 10 操作系统中,文件和文件夹的命名需要遵循以下规则:

（1）最多可使用256个英文字符,可以包含字母、汉字、数字和部分符号。

（2）不能有? \ / * " " < > | :等符号。

（3）文件名不区分字母的大小写。

（4）同一源目标处不能有相同名称的文件或文件夹。

3）创建文件或文件夹

文件的创建:在窗口空白处单击鼠标右键,从弹出的快捷菜单中选择"新建"命令,在子菜单中,用户可以创建压缩文件、文本文件、Word 文档、Excel 工作簿等多种类型文件。

文件夹的创建:在窗口空白处单击鼠标右键,从弹出的快捷菜单中选择"新建"菜单中的"文件夹"命令。也可以在窗口中,选择"主页",在"新建"组中单击"新建文件夹"命令。

4）复制和移动文件或文件夹

计算机在使用过程中经常需要将某些文件或文件夹从一个位置移动到另一个位置,或者将重要的资料备份在多处以防数据丢失或损坏,这就需要对文件或文件夹进行复制。复制和移动的方式有多种:

（1）通过快捷菜单:用鼠标右键单击对象,在弹出的快捷菜单中选择"剪切"或"复制"命令,打开目标窗口,在目标窗口空白处单击鼠标右键,在快捷菜单中选择"粘贴"命令,即可实现对象的移动或复制。

（2）通过快捷键:选中对象后,按组合键"Ctrl+X"（"Ctrl+C"）,打开目标窗口,在目标窗口空白处按组合键"Ctrl+V",即可实现对象的移动（复制）。

（3）通过鼠标拖曳方式:选中对象后,用鼠标右键将对象拖曳至目标窗口,松开鼠标右键,在弹出的快捷菜单中选择"移动到当前位置"（"复制到当前位置"）命令即可实现对象的移动（复制）。

5）删除文件或文件夹

计算机中可能存在很多无用的垃圾文件或文件夹,需要及时删除,否则过多的垃圾会占用存储空间,影响计算机运行速度。

（1）暂时删除:光标指向需要删除的对象,单击鼠标右键,在弹出的快捷菜单中选择"删除"命令,即可将对象移入"回收站";或选定对象后,按"Del"键也可以将其移入回收站。

（2）还原:在 Windows 系统中,通常硬盘上被删除的文件或文件夹只是暂存在计算机中一个被叫作"回收站"的存储空间里,其中的数据是可以被还原的。打开回收站,在其窗口中选中需要还原的文件或文件夹,单击鼠标右键,并在弹出的快捷菜单中选择"还原"命令,该文件或文件夹就被恢复到原来位置了。

（3）永久删除:如果需要将文件或文件夹从计算机中彻底移除,即永久删除,

笔记

笔记

就在回收站中选中要彻底删除的文件或文件夹，单击鼠标右键，在弹出的快捷菜单中选择"删除"命令；也可以在用"暂时删除"的方法删除对象的同时，按下"Shift"键，即可将对象彻底删除而不经过回收站。

6）查找文件或文件夹

在日常办公的过程中会产生很多文件或文件夹，如果忘记了文件或文件夹的具体位置，可以借助搜索功能，在搜索框中输入关键字即可通过操作系统在电脑中查找该文件或文件夹。双击桌面"此电脑"，在"此电脑"窗口右上角的搜索框中输入需要查找的文件或文件夹名称，窗口下方则会显示在本机中搜索到的所有文件或文件夹，如图1-24所示。

Windows 10操作系统还支持网络搜索功能，可以按文档、应用、网页分别进行搜索。单击任务栏上的"搜索"按钮，在弹出窗口中选择相应的分类，并在下方的文本框内输入需要查找的内容，即可看到相关搜索结果，如图1-25所示。

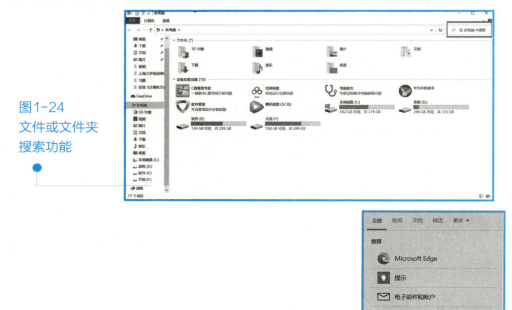

图1-24
文件或文件夹
搜索功能

图1-25
网络搜索功能

需要搜索某一类文件或文件夹对象时，还可以使用通配符号"?"和"*"。"?"代表任意一个字符，"*"代表任意多个字符。如搜索扩展名为".pptx"的所有文件，可在搜索框中输入"*.pptx"，如搜索以"A"开始的两个字符的任意文件时，可在搜索框中输入"A?.*"。

7）设置文件属性

文件的信息由文件数据（文件本身存储的数据）和文件属性（有关文件本身的属性信息）两部分组成，能将文件分为不同类型，以便存放和传输。常见的文件属性有系统属性、隐藏属性、只读属性和归档属性。

（1）系统属性：文件的系统属性是指系统文件，它将被隐藏起来。一般情况下，系统文件不能被查看，也不能被删除，这是操作系统对重要文件的一种保护属性，以防止这些文件被意外损坏。

（2）隐藏属性：在查看磁盘文件时，系统一般不会显示具有隐藏属性的文件。一般情况下，具有隐藏属性的文件不能被删除、复制和更名。

（3）只读属性：对于具有只读属性的文件，可以查看文件，能被应用，也能被复制，但不能被修改和删除。如果将可执行文件设置为只读文件，不会影响它的正常执行，但可以避免意外的删除和修改。

（4）归档属性：一个文件被创建之后，系统会自动将其设置成归档属性，这个属性常用于文件的备份。

要设置文件的属性，可先用鼠标指向对应的文件，单击鼠标右键，在弹出的快捷菜单中选择"属性"命令，即可打开文件属性对话框，如图1-26所示。在对话框中可以通过勾选"只读""隐藏"前的复选框，设置文件或文件夹的相关属性。当需要设置"存档"属性时，单击"高级"按钮，打开"高级属性"对话框，如图1-27所示。选中"可以存档文件"复选框，即可完成文件或文件夹"存档"属性的设置。

图1-26
"属性"对话框

笔记

图1-27
"高级属性"对话框

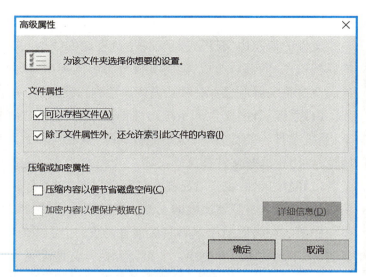

当文件属性被设置为"隐藏"后，文件就被隐藏起来了。如果想要看到此文件，可以通过"此电脑"窗口，在"查看"选项卡里的"显示／隐藏"组中选中"隐藏的项目"复选框即可。

8）快捷方式

快捷方式是系统提供的一种对常用程序和文档的访问捷径，一般在图标左下角显示有标志。快捷方式是外存中的原文件或外设的一个映像文件，通过访问快捷方式可访问它所对应的原文件或外设。快捷方式是一个扩展名为".lnk"的链接文件，一般用于对计算机资源的链接，常放置于桌面上，当不需要使用时，可将快捷方式直接删除而不影响原文件。

9）文件的路径

计算机中，将寻找文件所历经的文件夹线路称为路径。路径分为绝对路径和相对路径两种。

（1）绝对路径：是指从根文件夹开始的路径，以反斜杆"\"作为开始。例如："C:\program file\tencent\qq.exe"。

（2）相对路径：是指从当前文件夹开始的路径。例如：当前文件夹为program file，那么"\tencent\qq.exe"就为相对路径。

（三）个性化设置 Windows 10 操作系统

1.Windows 10 主题的个性化设置

主题是用于个性化设置电脑的图片、颜色、声音的组合。Windows 10主题设置包含了壁纸、背景颜色、声音和鼠标光标的设置。右击桌面空白处，从弹出的快捷菜单中选择"个性化"选项，打开"设置"窗口，选择"主题"选项，打开"主题"窗格，窗格中列出了已有的主题，如图1-28所示。

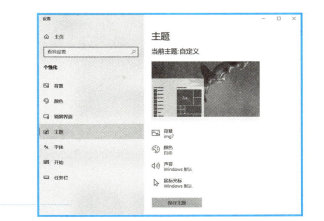

图1-28
"主题"窗格

笔记

1)设置桌面背景

在"主题"窗格中单击"背景"链接,打开"背景"窗格。单击"背景"下方的下拉按钮,从下拉列表中选择"图片"选项,如图1-29所示。可以从"选择图片"列表中选择图片,修改桌面壁纸。如果对列表中的图片不满意,可单击"浏览"按钮,在"打开"对话框中选择满意的图片作为桌面壁纸。需要系统定时更改背景图片时,可选择"幻灯放映"选项,为幻灯片选择包含图片的文件夹作为相册,设置"更改图片的频率"即可。

图1-29
"背景"窗格

2)设置窗口颜色

在"主题"窗格中单击"颜色"链接,打开"颜色"窗格。从"选择颜色"的列表中选择一种颜色,就可以更改窗口颜色,如图1-30所示。

笔记

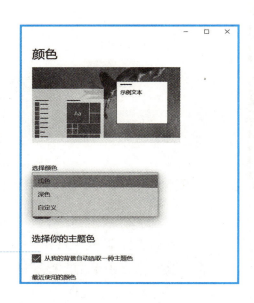

图1-30
"颜色"窗格

3）设置 Windows 声音

在"主题"窗格中单击"声音"链接，打开"声音"对话框，如图1-31所示。从"声音方案"下拉列表中选择 Windows 声音方案，从"程序事件"列表框中选择新声音的事件，然后从"声音"下拉列表中选择合适的声音，即可完成 Windows 声音的设置。

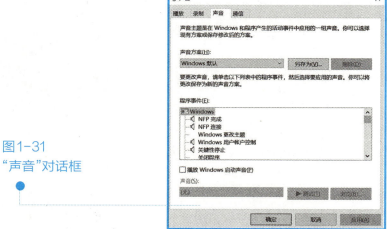

图1-31
"声音"对话框

4）设置鼠标光标

在"主题"窗格中单击"鼠标光标"链接，打开"鼠标属性"对话框，切换到"指针"选项卡，单击"方案"下拉按钮，从下拉列表中选择合适的方案选项，如图1-32所示，即可设置鼠标指针。切换到"鼠标键"选项卡，可以设置鼠标键配置、鼠标的双击速度等；切换到"指针选项"选项卡，可以设置鼠标的移动速度、可见性等。更改鼠标指针后，如果要恢复系统的默认值，在"鼠标属性"对话框的"指针"选项卡中单击"使用默认值"按钮即可。

图1-32
"鼠标属性"对话框

5)更改桌面图标

在"主题"窗格中单击"桌面图标设置"链接,打开"桌面图标设置"对话框,选择"此电脑"图标,单击"更改图标"按钮,如图1-33所示。打开"更改图标"对话框,在"从以下列表中选择一个图标"列表框中选择一个图标,如图1-34所示。单击"确定"按钮,可完成"此电脑"图标的修改。修改图标后,如需要恢复Windows默认的图标,可选中要恢复的图标,单击"桌面图标设置"对话框中的"还原默认值"按钮即可。

图1-33　"桌面图标设置"对话框　　图1-34　"更改图标"对话框

2.Windows 10控制面板的使用

控制面板是Windows图形用户界面的一部分,Windows把所有的系统环境设置功能都统一到了控制面板中,其中包含许多独立的工具,可以用来调整系统环境的参数值和属性。控制面板是整个计算机系统的统一控制中心,它使用户可以对系统进行个性化的设置。双击桌面"控制面板"图标,即可打开"控制面板"窗口,如图1-35所示。

笔记

图1-35 "控制面板"窗口

Windows 10系统的控制面板默认以"类别"的形式来显示功能菜单,分为系统和安全、网络和Internet、硬件和声音、程序、用户账户、外观和个性化、时钟和区域、轻松使用等8个类别,每个类别下都会显示该类的具体功能选项。

（1）系统和安全:用于查看并更改系统和安全状态、备份并还原文件和系统设置、更新计算机、查看RAM和处理器速度、检查防火墙等。

（2）网络和Internet:用于检查网络状态并更改网络设置、设置共享文件和计算机的首选项、配置Internet显示和连接等。

（3）硬件和声音:用于添加或删除打印机和其他硬件、更改系统声音、更新设备驱动程序等。

（4）程序:用于卸载程序或Windows功能、卸载小工具、从网络下载或通过联机获取新程序等。

（5）用户账户:用于更改用户账户设置和密码。

（6）外观和个性化:用于更改桌面项目的外观、应用主题、屏幕保护程序,或自定义开始菜单和任务栏。

（7）时钟和区域:用于更改计算机的时间、日期、时区等,以及货币、日期、时间显示的方式。

（8）轻松使用:可以根据视觉、听觉和移动能力的需要调整计算机设置,并通过声音命令使用语音识别控制计算机。

除了"类别",Windows 10控制面板还提供了"大图标"和"小图标"的查看方式,只需单击控制面板右上角"查看方式"旁边的小箭头,从中选择自己喜欢的形式即可。

3.Windows 10附件的使用

Windows 10的附件中提供了一系列的实用工具程序,如计算器、记事本、画图、截图工具、媒体播放器等。

1）计算器

计算器是 Windows 10 附件中的实用应用程序,计算器有"标准""科学""程序员""绘图"和"日期计算"五种。执行"开始"→"Windows 附件"→"计算器"命令,打开"计算器"窗口,计算器默认的显示方式为"标准"计算器,如图 1-36 所示。选择"查看"菜单下的"程序员"命令,可以将计算器转换为"程序员"计算器窗口,如图 1-37 所示。在"程序员"计算器窗口中,不仅可以进行算术和逻辑运算,还可以实现不同数制之间的转换。

图1-36　"标准"计算器　　图1-37　"程序员"计算器

2）记事本

记事本是 Windows 10 附件中提供的文本文件(扩展名为 .txt)编辑器,它运行速度快、占用空间小、使用方便,能被 Windows 10 的大部分应用程序调用,但它只能处理纯文本文件。执行"开始"→"Windows 附件"→"记事本"命令,即可打开"记事本"窗口,如图 1-38 所示。文本输入之后,通过"格式"菜单的"字体"命令,可以设置文本的字体、字号、字形等格式;通过"文件"菜单,可以对文件进行保存、页面设置、打印等操作。

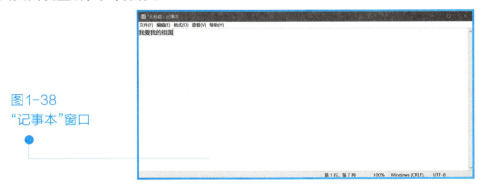

图1-38
"记事本"窗口

3）画图

画图是 Windows 10 附件中的一种位图程序,使用画图程序可以绘制简单的

图形,还可以对已有的图形文件进行简单的修改、添加文字说明等操作。执行
"开始"→"Windows 附件"→"画图"命令,打开"画图"窗口,如图 1-39 所示。在
"画图"窗口的"主页"选项卡中,有"剪贴板""图像""工具""形状""颜色"等多个
功能组,可以实现对图像的编辑操作;在"画图"窗口的"查看"选项卡中,有"缩
放""显示或隐藏""显示"三个组,用于实现图像的缩放、显示(或隐藏)标尺、显示
(或隐藏)网格线、显示(或隐藏)状态栏等操作。

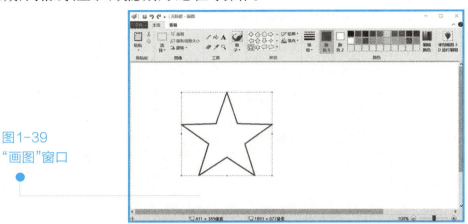

图 1-39
"画图"窗口

4)截图工具

在计算机使用的过程中,时常会使用截图操作,按键盘上的"Win+W"组合
键可以完成整个屏幕的截图。Windows 10 附件中的截图工具比较灵活,具有简
单的图片编辑功能,方便对截取内容进行处理。执行"开始"→"Windows 附件"
→"截图工具"命令,打开"截图工具"窗口,如图 1-40 所示。单击"新建"按钮,其
下拉列表中列出了截图的选项,用户可以根据需要选择合适的选项。屏幕图像
截取成功后,利用工具栏中的"笔"或"荧光笔"可以为图片添加标注,"橡皮擦"可
以擦除无用的标注。单击"保存截图"按钮,可以将截图保存到硬盘中。

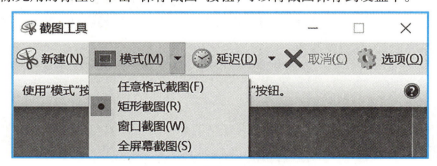

图 1-40 "截图工具"窗口

知识拓展

笔记

一、我国计算产业自主可控生态成型

计算产业生态包括CPU、整机设备、固件（BIOS）、操作系统、外设驱动、应用软件（通用软件和行业应用软件）等。在行业信息化领域，终端设备包括但不限于台式机、一体机、笔记本及专用终端，也包括云桌面瘦终端等设备。2017年，国家实施"振芯铸魂"计划，掀起计算产业国产化大潮。

生态构建是自主可控落地的关键。2018年以来，美国推行"科技霸权主义"，对我国IT企业实施打压限制，中兴、华为事件敲响行业警钟。"振兴铸魂"行动掀起的国产化替代浪潮开始松动Wintel联盟在国内的地位。国产CPU方面，已发展出龙芯、飞腾、鲲鹏、申威、海光和兆芯等多个体系；与之对应的，国产操作系统完成从"可用"向"好用"的过渡，基于Linux内核的二次开发，包括中标麒麟、天津麒麟、深度、普华等。由于IT产业存在产业链上下游的适配问题，行业内木桶效应显著，这要求各环节的对核心技术的掌握需整体推进，加速形成一个完整的正反馈国产化生态系统。

2019年12月29日，《PK体系标准（2019年版）》及《PKS安全体系》发布，宣告国内首个计算机软硬件基础体系标准正式落地。"PK体系"是飞腾"Phytium处理器"和麒麟"Kylin操作系统"的结合，具有完全自主知识产权，从2011年发展至今，已经成功应用于政府信息化、电力、金融、能源等多个行业领域。《PK体系标准》的推出，实现了上下游厂商技术服务以及体系内用户的标准化，同时也解决了体系内部产品与第三方接入产品之间接口、参数、版本等的适配问题。PK体系生态如图1-41所示。

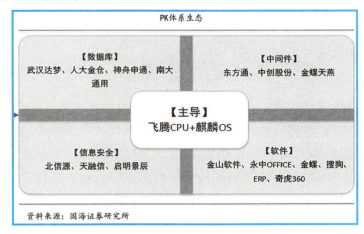

图1-41 PK体系生态示意图

"PK体系"对标Windows+Intel体系，是计算机基础体系的中国架构，将逐渐形成上下游协调发展的良性生态链。

二、常见的国产计算机操作系统

国产计算机操作系统是指由我国自主研发、具有自主知识产权的计算机操作系统。近年来，国产计算机操作系统发展迅速，常见的有以下几种。

（一）银河麒麟

由多家公司合作研制，是闭源服务器操作系统。基于 Linux 内核，具有高性能、高可靠、高安全等特点，达到国内最高安全等级。全面支持飞腾、鲲鹏、龙芯等国产主流 CPU 平台，形成了桌面、服务器、智能终端、嵌入式、云操作系统等产品线。其 V10 版本采用全新界面风格和交互设计，操作简便，注重移动设备多屏协同。

（二）统信 UOS

由统信软件公司推出，面向个人、企业和服务器。采用全新 UI 设计，界面美观，操作简便。支持龙芯、兆芯等多种国产 CPU 平台，与众多主流硬件厂商适配，还提供丰富开发者工具和平台。针对不同用户群体，有专业版、教育版等不同版本，专业版同源异构支持全 CPU 架构，教育版可推动教育数字化发展。

（三）华为欧拉

由华为创建的面向服务器的 Linux 发行版开源社区，主要应用于服务器、云计算、边缘计算、嵌入式等领域。支持 x86、ARM、SW64、RISC-V 等多处理器架构，具有高稳定性、安全性和兼容性，通过开放社区与全球开发者共同构建软件生态体系。

（四）中标麒麟

由中标软件公司开发，以安全性和稳定性优势广泛应用于政府、军队及关键基础设施领域。基于强化的 Linux 内核，有通用版、桌面版、高级版和安全版等多个版本，可支持龙芯、申威、飞腾等多种国产 CPU 平台。

（五）红旗 Linux

中国成熟的 Linux 发行版，拥有完善教育及认证系统。推出 AsianuxServer，广泛应用于服务器、桌面等领域。深耕自主化国产操作系统领域二十余年，支持多种 CPU 指令集架构和国产自主 CPU 品牌。

（六）中科方德

提供国产服务器操作系统，支持国产 CPU 平台，重点服务于电子政务、国防军工、金融、教育、医疗等领域。适配海光、兆芯、飞腾、龙芯、申威、鲲鹏等国产CPU，支持 x86、ARM、MIPS 等主流架构及多种形态整机和常见外设。

常见的国产计算机操作系统

▶ **任务评价**

任务编号:WPS-1-2	实训任务:熟悉计算机系统		日期:	
姓名:	班级:		学号:	

一、任务描述

通过查询资料和动手操作,了解计算机的基本组成和各部分的功能,包括硬件、软件、操作系统等,掌握计算机的基本操作以及文件和文件夹的使用方法。

二、任务实施

1. 上网查找介绍计算机工作原理的相关视频资料,了解计算机工作原理和冯·诺伊曼思想。
2. 观察并动手拆卸电脑主机,了解微型计算机硬件组成及其功能。
3. 熟悉Windows 10操作系统,掌握计算机的基本操作,如启动、关机、键盘和鼠标使用。
4. 完成个性化主题操作任务:为Windows 10桌面环境定制一个宁静而充满生机的海洋主题。这个主题应该包括定制的壁纸、颜色方案、图标以及可能的声音效果,以营造一个沉浸式的海洋氛围。
5. 学会对文件和文件夹进行新建、重命名、移动、复制、删除等操作。

三、任务执行评价

序号	考核指标	所占分值	备注	得分
1	任务完成情况	30	是否在规定时间内完成并按时上交任务单	
2	成果质量	70	按标准完成,或富有创意、合理性评价	
总分				

指导教师:

日期: 年 月 日

项目小结

　　本项目内容主要涵盖了计算机的发展历程、计算机的特点和应用、计算机的工作原理、计算机系统的组成以及Windows 10操作系统的基本功能和使用方法。通过本项目的学习,读者对计算机和Windows 10操作系统有了基本的认识和了解。这为后续学习计算机科学相关课程提供了必要的基础,并为读者更好地应用计算机技术和操作系统提供了指导。

熟悉计算机系统

项目评价

一、选择题

1. 华为P40手机中使用的麒麟9000处理器主要应用（　　）技术制造。

    A.电子管   B.晶体管

    C.集成电路   D.超大规模集成电路

2. "长征"系列火箭利用计算机进行飞行状态调整属于（　　）。

    A.科学计算   B.数据处理

    C.计算机辅助设计   D.实时控制

3. 计算机按照其用途可以分为（　　）。

    A.巨型机、大型机、小型机、微型机

    B.通用计算机、专用计算机

    C.服务器、工作站、台式机、笔记本

    D.嵌入式计算机、移动计算机

4. 在计算机中,字符通常使用（　　）编码来表示。

    A.ASCII   B.MP3

    C.JPEG   D.WAV

5. 下列不是计算机中数据的存储单位的是（　　）。

    A.位（bit）   B.字节（Byte）

    C.赫兹（Hz）   D.千字节（KB）

6. 多媒体技术是指（　　）。

    A.将文字、图像、声音等信息综合处理的技术

    B.专门处理声音的技术

    C.专门处理图像的技术

    D.将计算机与通信技术结合的技术

7. 计算机硬件系统中最核心的部件是（　　）。

    A.主板   B.中央处理器（CPU）

    C.内存   D.硬盘

8. 下列关于操作系统的描述,错误的是（　　）。

    A.操作系统是计算机系统的基础软件

    B.操作系统负责管理计算机的软硬件资源

    C.操作系统是应用软件的一种

    D.操作系统提供了用户与计算机之间的接口

9. 在Windows操作系统中,用于存储文件的基本单位是（　　）。

    A.文件夹   B.磁盘   C.驱动器   D.磁盘分区

10.多媒体技术中,用于存储和播放音频的常用文件格式是( )。

A.JPEG B.MP3

C.GIF D.PNG

11.在计算机系统中,指挥、协调计算机工作的是( )。

A.显示器 B.CPU

C.内存 D.打印机

12.利用计算机来模仿人的高级思维活动称为( )。

A.数据处理 B.自动控制

C.计算机辅助系统 D.人工智能

13.一台微型计算机要与局域网连接,必需安装的硬件是( )。

A.集线器 B.网关

C.网卡 D.路由器

14.计算机系统由( )两大部分组成。

A.系统软件和应用软件 B.主机和外部设备

C.硬件系统和软件系统 D.主机和输入/出设备

15.互联网上常用的浏览软件是( )。

A.Word B.Excel

C.IE D.Access

16.增强现实通过电脑技术,将真实的环境和虚拟的物体实时地叠加到了同一个画面或空间同时存在。谷歌眼镜就是其中一个例子,这属于物联网在智能生活中应用的( )方面。

A.智能交通 B.智能家居

C.智能穿戴 D.智能教学

17.计算机中的数据以( )形式进行存储和处理。

A.模拟信号 B.十六进制

C.二进制 D.十进制

18.在Windows操作系统中,文件和文件夹的管理主要依赖( )。

A.控制面板 B.资源管理器

C.任务栏 D.回收站

19.十进制数91转换成二进制数是( )。

A.1011011 B.10101101

C.10110101 D.1001101

20.现在我们经常听到关于IT行业的各种信息,那么这里所提到的"IT"指的是( )。

A.信息 B.信息技术

C.通信技术 D.感测技术

笔记

二、操作题

1.定制个性化桌面：

（1）设置桌面背景：选择一张你喜欢的图片作为桌面背景，并设置合适的显示方式（平铺、居中、拉伸等）。

（2）设置主题和字体：选择一个适合你的主题，并调整窗口颜色、字体大小等。

（3）将"控制面板"固定到任务栏然后再取消。

（4）将"计算器"固定到"开始"屏幕。

2.打开素材文件夹，并进行如下操作：

（1）在 Local 文件夹中新建 And 文件夹；

（2）将 Mirror 文件夹中的 Day 文件夹移动到 And 文件夹中；

（3）删除 Cell 文件夹中的 Sleep.mp3 文件；

（4）删除 MOOC 文件夹中的 Engines 文件夹；

（5）在 Cell 文件夹中新建文本文档"春天.txt"，并将文本内容设为"黄灿灿的万亩油菜花"。

项目二

WPS 文字文稿制作

导读

　　WPS Office(简称"WPS")是由金山软件股份有限公司自主研发的一款具有完全自主知识产权的国产办公软件套装。WPS文字是WPS Office中的套装软件之一,它可以方便地对文字、图形、图像和数据进行处理,是最常用的一种文档处理软件。用它既能够制作各种简单的办公商务和个人文档,又能满足专业人员的需求制作版式复杂的文档。本项目将通过六个任务详细介绍WPS文字的使用办法。

笔记

认识 WPS Office

▶ 任务导航

知识目标	1. 了解 WPS Office 软件 2. 了解 WPS 操作界面的使用和功能
能力目标	1. 熟悉 WPS 操作界面的使用和功能设置 2. 能够在 WPS 中进行文档、文档标签和工作窗口的管理
素养目标	1. 培养细心、耐心的品质，提高对 WPS 办公软件的认识 2. 增强对 WPS 办公软件的熟练使用
任务重点	1. WPS 操作界面的使用 2. WPS 中的文档、文档标签和工作窗口的管理
任务难点	WPS 中的文档、文档标签和工作窗口的管理

▶ 任务描述

　　小徐同学是一名刚刚进入大学校园的新生，她通过自己的努力加入学生会，需要经常进行一些文字、表格、演示文稿的制作。老师和学长都建议她使用 WPS Office 办公软件。小徐需要全面了解 WPS 一站式融合办公的基本概念，了解 WPS Office 套件和金山文档的区别和联系，并熟悉界面和文件操作。

▶ 任务实施

一、WPS Office 软件简介

　　WPS Office（简称"WPS"）是由金山软件股份有限公司自主研发的一款具有 30 多年历史、具有完全自主知识产权的国产办公软件套装，可以实现办公软件最常用的文字、表格、演示及 PDF 阅读等多种功能。同时，WPS 还具有内存占用低、运行速度快、云功能多、强大插件平台支持、免费提供海量在线存储空间及文档模板的优点。

WPS Office 个人版对个人用户永久免费，包含 WPS 文字、WPS 表格、WPS 演示三大功能模块，以及 PDF 阅读功能。与 Microsoft Office 中的 Word、Excel、PowerPoint 对应，应用 XML 数据交换技术。无障碍兼容 DOCX、XLSX、PPTX、PDF 等文件格式，可以直接保存和打开微软的 Word、Excel 和 PowertPoint 文件，也可以用 Microsoft Office 轻松编辑 WPS 系列文档。

WPS Office 的设计充分适配了各种操作系统的交互规范和设备的交互习惯，确保用户在不同设备、不同屏幕尺寸、不同操作方式下也能获得一致的文档处理体验。WPS Office 支持桌面和移动办公，WPS 移动版已覆盖50多个国家和地区。

WPS Officc 在保证功能完整性的同时，依然保持较同类软件体积小、下载安装快速便捷的优点，且拥有大量的精美模板、在线图片素材、在线字体等资源，为用户轻松打造优秀的文档。秉承着跨设备多系统的一站式融合办公理念，WPS Office 中集成了大量适应新时代办公需要的云服务。内部无缝集成的 WPS 云文档服务，为用户提供了跨笔记本电脑和手机等设备的文档同步和备份功能，方便用户在不同的平台和设备中快速访问同一文档。同时，用户还可以追溯同一文档的不同历史版本，以私有、公共等群主模式协同工作、云端同步数据的方式，满足不同协同办公的需求，使团队合作办公更高效、轻松。另外，新增的在线多人文档编辑和会议服务，也是在线远程办公的协作利器。

2020 年 12 月，教育部考试中心宣布 WPS Office 作为全国计算机等级考试（National Computer Rank Examination，NCRE）的二级考试科目之一，于 2021 年在全国实施。

目前，WPS Office 已完整覆盖了桌面和移动两大终端领域，支持 Windows、Linux、MacOS、Android 和 iOS 操作系统，用户只需通过浏览器访问网站(www.wps.cn)，下载并安装相应版本即可。本项目将以 Windows 端的 WPS Office 为主要讲解对象。

二、熟悉 WPS Office 操作界面

WPS Office 办公软件将文字、表格、PDF、脑图等内容合而为一，通过一个软件+一个账号就可以操作所有文档内容。WPS Office 文档操作入口多元化，可实现多人实时讨论、共同编辑及分享，做到云端协作 Office 与传统 Office 无缝衔接。

WPS Office 操作界面从"WPS Office 首页"开始。WPS Office 首页是为用户准备的工作起始页。用户可以从首页开始和延续各类工作任务，如新建文档、访问最近使用过的文档以及查看日程等，如图 2-1 所示。

笔记

熟悉 WPS Office
操作界面

笔记

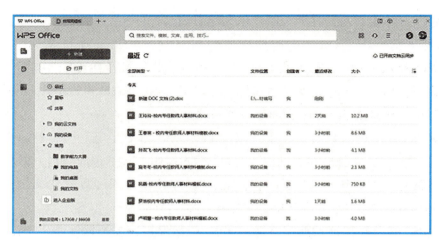

图2-1　WPS首页

　　WPS Office 提供了多个新建文档的入口，单击"新建"按钮，进入"新建"界面，如图 2-2、图 2-3 所示。WPS 的新建界面以标签页的形式，可以创建多种办公文档类型。

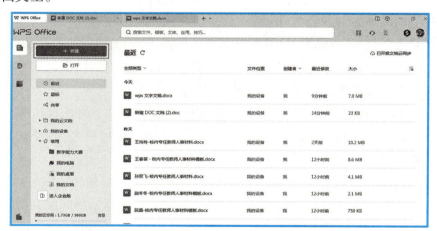

图2-2　"新建"入口

图2-3　"新建"界面

笔记

使用工作窗口组织和管理标签。

1.工作窗口

WPS Office的每个窗口都有独立的标签列表,是一个独立的工作环境,称为工作窗口。当打开文档标签太多时,用户可以通过工作窗口进行管理。例如,把从属于同一任务的文档标签放在一个窗口中,以避免其他不相关文档的干扰。

2.创建工作窗口

在首次启动WPS Office时,会自动生成一个默认工作窗口。通过以下操作,可以创建更多的工作窗口:使用右键快捷菜单中的"转移至工作区窗口"命令;在想要移动的标签上右击,在弹出的快捷菜单中选择"转移至工作区窗口"—"新工作区窗口"命令或其中列出的任意一个已有工作窗口,拖动标签创建工作窗口;利用鼠标左键按住已打开的文档标签,然后向标签栏下方拖动,即可将该标签从原工作窗口拆分,生成一个新的工作窗口。

制作大学生职业规划大赛宣传文档

▶ 任务导航

知识目标	1.熟悉WPS文字工作界面 2.掌握WPS文字的基本操作方法与技巧 3.掌握WPS文字格式化方法
能力目标	1.了解WPS文字的操作界面、应用场景,熟悉相关工具的功能和操作流程 2.掌握创建、打开、保存、退出等基本操作 3.熟悉不同方式的新建文档
素养目标	1.提高个人职业规划能力 2.提升职业荣誉感与爱岗敬业意识
任务重点	1.WPS文字的基本操作方法 2.WPS文字设置字体、段落格式
任务难点	WPS文字设置字体、段落格式

笔记

▶ 任务描述

为进一步增强大学生的职业规划意识,培养大学生的社会责任感和创新精神,引导大学生树立正确的成才观、就业观,为加快建设现代化美好安徽贡献力量,经研究,某学院决定举办第十六届大学生职业规划大赛。校宣传部将对大赛进行文档介绍,小张接到制作文档任务后,根据主题对文档的内容进行了梳理,并根据需求收集整理了相关的文案、图片等素材,完成准备工作后便使用WPS软件开始文字文档的基础编辑。在本任务中,小张将通过制作文档来认识WPS文字的操作界面。

▶ 预备知识

在编辑通知文件时,需要储备以下知识:

(1)文字输入与排版:需要了解如何在WPS中输入文字,并进行基本的排版操作,如设置字体、字号、颜色、加粗、斜体等。

(2)段落调整:需要知道如何调整段落的对齐方式、行距和段距,以及如何添加缩进,这些都有助于提升文档的可读性。

(3)插入标题和编号:对于通知文件,通常需要插入标题和编号,以便清晰地展示内容结构。

(4)制作页眉和页脚:了解如何在页眉和页脚中插入公司标志、文件名、日期等信息,这些元素通常在正式的通知文件中是必要的。

(5)插入图表和图片:如果通知中需要包含图表或图片,需要知道如何在WPS中插入和编辑这些元素。

(6)表格制作:有时候,通知中需要用表格来列出具体的时间、地点等信息,因此需要了解如何在WPS中创建和编辑表格。

(7)插入链接和超链接:如果通知中的某些内容需要链接到其他文档或网页,需要知道如何在WPS中插入链接和超链接。

(8)文档保存和导出:需要了解如何保存文档,并且如果需要将通知发送给其他人,还需要知道如何将文档导出为PDF或其他格式。

(9)协作和分享:如果通知是由一个团队共同来编辑的,还需要了解如何使用WPS的协作和分享功能,以便多人共同编辑同一个文档。

▶ 任务实施

一、创建文档

首先熟悉 WPS 文字的工作页面。启动 WPS Office，用鼠标双击桌面上的 WPS Office 快捷图标 ，或如图 2-4 所示单击"开始"菜单，选择"所有程序"→"WPS Office"→"WPS Office"命令来启动，新建空白文档。软件启动完成后，在主界面中单击"新建"按钮进入"新建"页面，在窗口中选择要新建的程序类型"文字"，选择后点击下方"+"按钮，如图 2-5 所示。或者在桌面右击，选择弹出的菜单中的"新建"，然后再选择要创建的文档类型，如图 2-6 所示。

图 2-4
打开 WPS 软件

图 2-5
新建文档

笔记

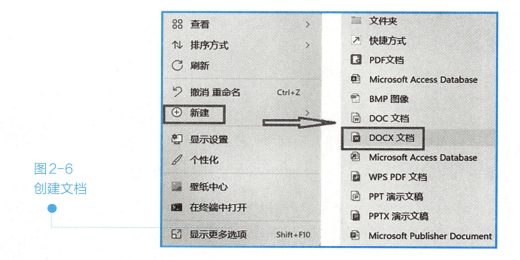

图 2-6
创建文档

二、输入文本内容

　　如图 2-7 所示，WPS 文字的文稿工作界面由快速访问工具栏、标题栏、功能区选项卡、文档编辑区、状态栏等组成。

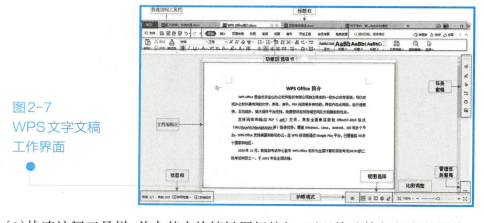

图 2-7
WPS 文字文稿
工作界面

　　（1）快速访问工具栏：单击其中快捷键图标按钮，可以快速执行相应的操作。

　　（2）标题栏：用于显示当前文字文稿的名称。

　　（3）功能区选项卡：按功能分为"开始""插入""页面布局"等功能区选项卡。选项卡命令组：每个选项卡下有许多自动适应窗口大小的按功能划分的组，称为选项卡命令组。某些命令组的右下角还有一个对话框启动器 ，单击它将打开相关的对话框或任务窗格，可进行更详细的设置。

　　（4）文档编辑区：文字文稿的编辑区域。

　　（5）状态栏：位于窗口下方，用于显示当前文档的页数、字数、使用语言、输入状态、视图切换方式和缩放标尺等信息，可通过右键快捷菜单显示或隐藏相应的状态信息。其中，视图按钮 用于切换文档的视图方式；缩放标尺 用于调整当前文档的显示比例。

如图2-8所示,在新建的WPS文字文档中找到"编辑区",然后在编辑区域完成文字输入。

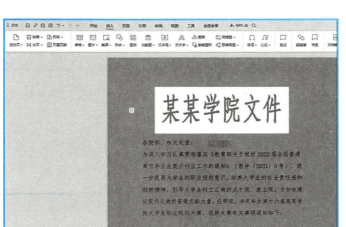

图2-8
编辑内容

三、编辑文本

为了使WPS文字文档中的文字更加整洁和美观,需要对文档进行设置。首先选择编辑文本,可以通过拖动鼠标或者使用键盘来选择文本,如果想要选择整个文本可以使用Ctrl+A组合键。选择了要编辑的文本,接下来就可以开始编辑了。例如,可使用"剪切""粘贴"来移动文本内容,还可以使用"加粗""下划线"等格式来调整文本格式,如图2-9所示。

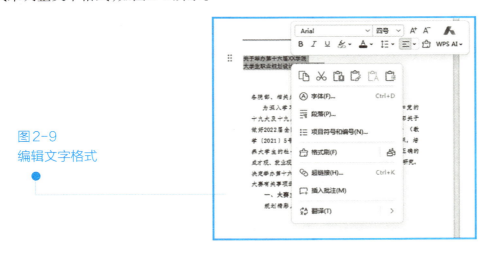

图2-9
编辑文字格式

四、设置字体、段落格式

步骤1:设置文档内部字体格式

使用鼠标拖曳的方法选择除标题外的所有文字内容,选择"开始"选项卡,在其功能区设置字体(华文仿宋)、字号(四号),如图2-10所示。

设置字体、段落
格式

笔记

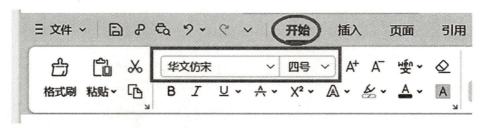

图2-10　设置文档字体格式

步骤2：设置文档标题格式

选择"某某学院文件"，选择"开始"选项卡，在其功能区设置字体"仿宋"、字号"初号"、字体颜色"红色"，设置加粗字体，设置"居中对齐"，如图2-11所示。

图2-11
设置字体颜色

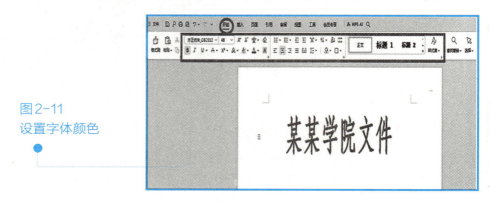

步骤3：设置段落格式和对齐方式

选择操作对象，右击，在弹出的快捷菜单中选择"段落"命令，打开"段落"对话框或者点击段落工具组中的弹出对话框按钮，在"缩进和间距"选项卡"常规"栏中，将对齐方式设定为"左对齐"，在"间距"栏中设置"段前""段后"为"12磅"。

然后对正文段落内部格式进行设置，在"段落"对话框中，将"特殊格式"设置为"首行缩进"，将"度量值"设置为2个字符，行距设置为"1.5倍行距"，如图2-12所示。

图2-12
设置段落格式

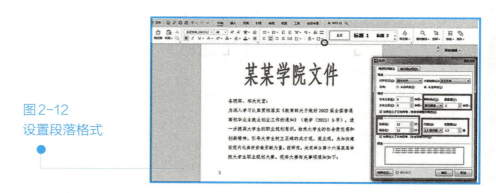

五、设置文档背景

在WPS文字编辑中，可以为文档设置背景颜色，选择"页面"选项卡，单击

"背景"下拉按钮,在弹出的"页面背景"下拉菜单各颜色组中可以实现对页面背景颜色的设置,如图2-13所示。

通过编辑排版可以得到格式规范、内容清晰的"某某学院大学生职业规划大赛"文档。

笔记

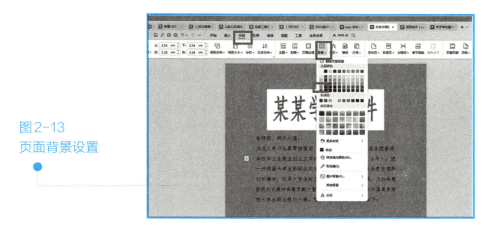

图2-13
页面背景设置

六、设置页眉和页脚

为了让文档更清晰,进一步方便阅读,需要在页眉设置文档的主题,在页脚设置文档的页码。

按照常规设置,封面及目录不设置页眉、页脚。光标置于第3页,在"插入"选项卡中单击"页眉页脚"按钮,也可以直接双击第3页页眉处,进行页眉设置。

在页眉编辑区输入文字"某某学院大学生职业规划大赛",选中输入的文字,字体设为"宋体",字号设为"小四",居中对齐。

单击"页眉页脚"选项卡中的"页眉页脚切换"按钮,再单击"页码"下拉按钮,在弹出的下拉菜单中选择"页码"命令,如图2-14所示,在打开的"页码"对话框中,样式选择"1,2,3…",位置选择"顶端居中",页码编号选择"续前节",应用范围选择"本页及之后",如图2-15所示。完成页眉、页脚设置。

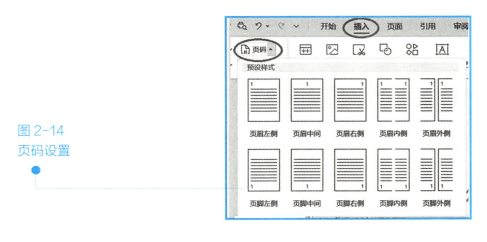

图2-14
页码设置

笔记

图2-15
页码编号

七、保存文档

单击快速访问工具栏中的"保存"按钮，保存时需要设置保存路径、保存名称和保存类型。点击"文件"选项卡中的"保存"，会弹出"另存为"对话框，如图2-16所示。

（1）系统默认文字文稿存放位置为"WPS网盘"。如果要放到桌面，可以点击"我的桌面"，选择需要存放的位置。

（2）为了便于其他文字处理软件交换文件，存放的文件类型通常选择"Microsoft Word 文件（*.docx）"。

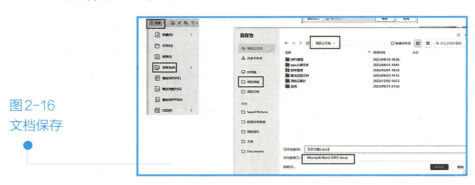

图2-16
文档保存

WPS Office 文档还可以设置自动保存的时间及路径。

选择"文件"选项卡中"选项"命令，打开"选项"对话框，在左下角选择"备份中心"选项卡，在打开的窗口中单击"本地备份设置"超链接，在打开的"本地备份设置"对话框中选中"定时备份"单选项，在"时间间隔"中输入时间，或选中"增量备份"单选框，如图2-17所示。

图2-17
"选项"对话框

▶ 知识拓展

一、格式刷

"格式刷"按钮位于"开始"选项卡,用它"刷"格式,可以快速将指定段落或文本的格式沿用到其他段落或文本上。

将文字块A的格式应用到文字块B的步骤如下:

（1）选定文字块A。

（2）单击"格式刷"按钮,此时,"格式刷"按钮底纹变为灰色。

（3）将鼠标指向文字块B的起始位置,按下鼠标左键不松手,拖动鼠标到文字块B的结束位置,松开鼠标,这时文字块B的格式已变为文字块A的格式,如图2-18所示。

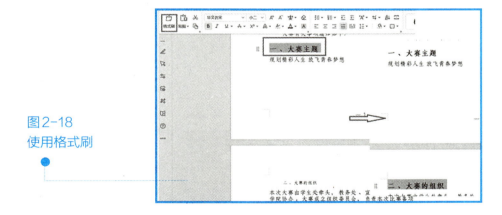

图2-18
使用格式刷

二、标尺

使用标尺,可以快速设置页边距、制表位、首行缩进、悬挂缩进及左缩进等。勾选"视图"选项卡中的"标尺"复选框,可显示标尺。水平标尺位于工具栏的下

笔记

方,标尺从文档左边距开始度量,而不是从边界开始度量。标尺上面的"首行缩进"滑块、"悬挂缩进"滑块和"右缩进"滑块,其作用与"段落"对话框中的缩进功能相同,可通过调整相应的滑块快速调整段落,如图2-19所示。

图2-19　标尺

▶ 任务评价

任务编号:WPS-2-1	实训任务:制作大赛通知文件	日期:
姓名:	班级:	学号:

一、任务描述

打开素材"第十六届大学生职业规划大赛"WPS 文字文档,并另存为"第十六届大学生职业规划大赛通知文件"WPS 文字文档。完成后的效果如【任务样张2.1】。

二、【任务样张2.1】

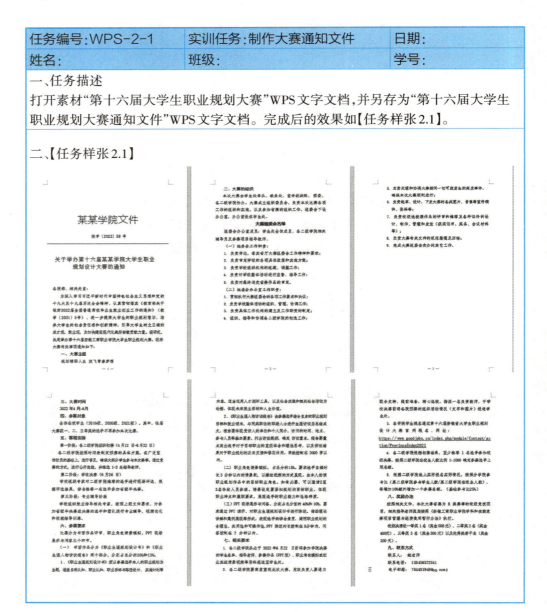

制作大赛通知文件

三、任务实施

1.查找与替换:利用"替换"命令,将通知中的"第十五届"替换成"第十六届"。

2.标题:黑体、三号、加粗、居中对齐、段前1行、段后0.5行、单倍行距。

3.正文:仿宋、小四,除最后两行外,左对齐、首行缩进2字符,单倍行距,段后0.5行。

4.正文小标题:黑体、四号、加编号"一""二""三""四"。

5.在"三"小标题下的段落添加编号"(一)""(二)""(三)"。

6.在"四"小标题下的段落添加编号"1""2""3"。

7.给文档编辑页码、页脚和页眉。页脚为"信息工程学院",页眉是"第十六届大学生职业规划大赛"。

8.保存文件。

四、任务执行评价

序号	考核指标	所占分值	备注	得分
1	任务完成情况	30	是否在规定时间内完成并按时上交任务单	
2	成果质量	70	按标准完成,或富有创意、合理性评价	
	总分			

指导教师:

日期:　　年　　月　　日

任务 ③

制作大学生职业规划大赛报名表

 任务导航

知识目标	1.熟悉WPS文档插入工作卡编辑工具 2.掌握在WPS文档中插入的基本操作方法与技巧 3.掌握WPS中表格的编辑和美化
能力目标	掌握在WPS文字中插入与编辑表格

笔记

素养目标	1.培养正确的职业观和就业观 2.提升职业荣誉感与爱岗敬业意识
任务重点	1.培养WPS文档中表格插入的基本操作方法 2.树立WPS文档中表格的美化意识
任务难点	掌握在WPS文档中插入表格后的进一步编辑

▶ 任务描述

　　为举办第十六届大学生职业规划大赛，需统计报名参加竞赛的学生人数。小张接到制作报名表任务后，根据主题对报名要求的内容进行了梳理，并根据需求收集整理了相关的素材，完成准备工作后便使用WPS开始进行报名表格编辑。在本任务中，小张将通过制作报名表来介绍界面。

▶ 预备知识

　　（1）插入表格：了解如何在WPS文字文档中插入表格，包括选择插入表格的行列数、调整表格位置和大小。

　　（2）选择表格样式：掌握如何为表格选择合适的样式，包括内置的预设样式和自定义样式选项。

　　（3）合并与拆分单元格：理解如何根据内容需求合并相邻的单元格或拆分已有的单元格。

　　（4）调整行高和列宽：掌握如何调整表格的行高和列宽，以适应不同的内容长度和排版需求。

　　（5）设置边框和底纹：了解如何设置表格的边框样式、粗细、颜色以及单元格的填充色或纹理。

　　（6）输入和编辑内容：掌握如何在表格中输入文本、数字等数据，并进行基本的编辑操作，如设置字体、对齐方式等。

　　（7）应用单元格格式：了解如何设置单元格中内容的格式，包括字体、字号、颜色等。

　　（8）排序和计算公式：如果表格包含数字数据，需要掌握如何使用WPS的排序和计算功能，如排序数据及使用公式计算总和、平均值等。

　　（9）图表转换：掌握如何将表格数据转换为图表，以便更直观地展示数据信息。

　　（10）表格位置调整：了解如何精确控制表格在文档中的位置，包括对齐方式和边距设置。

　　（11）保存和导出：掌握如何保存文档，以及如果需要将文档发送给其他人或发布,还需要知道如何将文档导出为PDF或其他格式。

▶ 任务实施

一、创建表格

表格的插入可以让我们更好地组织和展示数据,让报名表信息更加清晰和易于理解。

首先在菜单栏中找到"插入",单击"表格"找到插入表格,如图2-20所示。

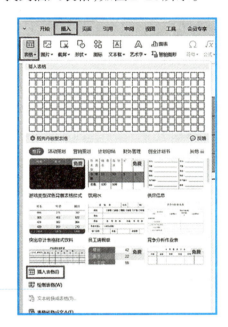

图2-20
插入表格

二、插入和编辑表格内容

步骤1:插入表格

(1)打开WPS文字文档,将光标定位到希望插入表格的位置。

(2)在菜单栏中选择"插入"选项卡。

(3)点击"表格"按钮,将鼠标指针拖动到所需的行列数,释放鼠标来插入表格。还可以选择"插入表格"选项来详细设置行列数,如图2-21所示。

步骤2:填充表格内容

(1)插入表格后,光标将定位在表格的第一个单元格中。

(2)开始键入数据。按下Tab键可在表格中移动到下一个单元格,按下Enter键可移动到下一行的相同列。最终效果如图2-22所示。

笔记

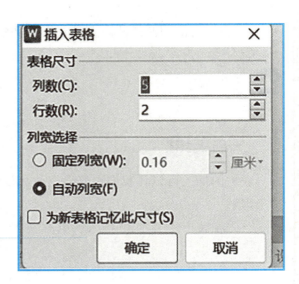

图2-21
插入表格

图2-22　填充表格内容

三、表格优化

步骤1：将表格的外边框设置为细实线、内边框为细虚线

操作方法如下：

（1）选择单元格区域，右击，在弹出的快捷菜单中选择"边框"选项卡，在"线型"选项组样式列表框中选择"细实线"，单击"外边框"，将表格外边框设置为细实线，如图2-23所示。

（2）在"线型"选项组的样式列表框中选择"细虚线"，单击"内部"，将表格内部边框设置为细虚线。

图2-23
设置表格边框

步骤2:设置行高和列宽

右击选择菜单,单击"表格属性",选择合适的行高和列宽。如图2-24所示,设置行高为1厘米。

笔记

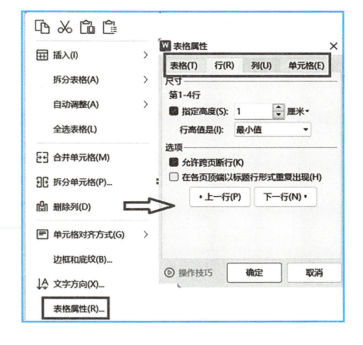

图2-24
设置行高

▶ 知识拓展

一、合并和拆分单元格

利用表格功能,使文档更具有组织性和专业性,可以更好地展示和呈现报名的数据和信息。步骤如下:

(1)选择要合并的单元格,右键单击所选单元格,在弹出的菜单中选择"合并单元格"选项。如图2-25所示。

(2)选择要拆分的单元格,右键单击并选择"拆分单元格"选项。在弹出的窗口中,设置行数和列数,然后点击"确定"。如图2-26所示。

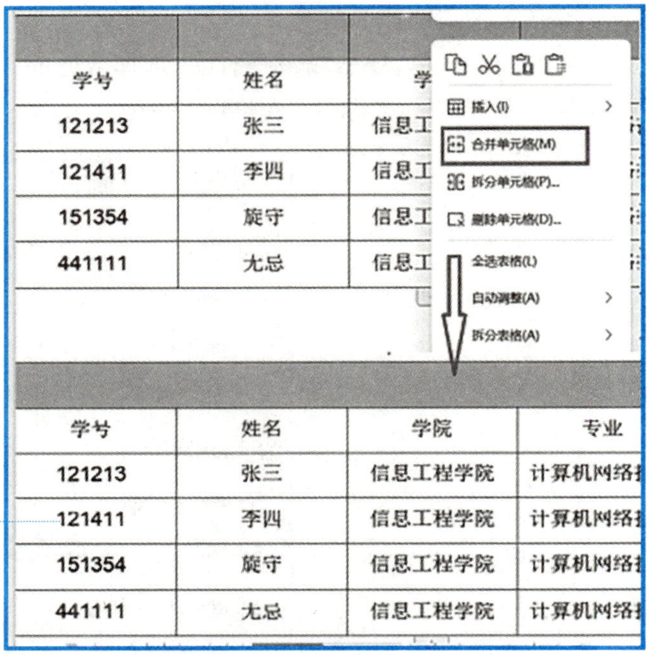

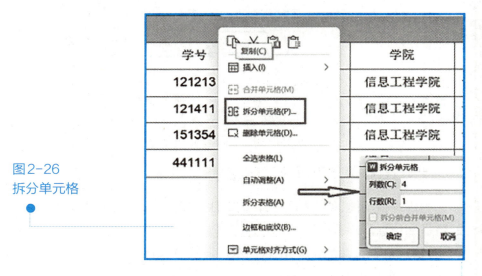

图2-25
合并单元格

图2-26
拆分单元格

二、绘制SmartArt图形

在编辑工作报告、各种图书杂志以及宣传海报等文稿时，经常需要在文中插入生产流程、公司组织结构以及其他表明相互关系的流程图，在WPS文字文稿中，可以通过插入SmartArt图形来实现此类图形的绘制。具体操作步骤如下：

首先点击功能区选项卡中的"插入"，然后找到SmartArt图形并单击点开，再从中找到适合封面主题的SmartArt图形，如图2-27所示。最后将图形放在封面合适的位置，让整个封面看起来简洁美观。

图2-27
绘制SmartArt图形

▶ 任务评价

任务编号：WPS-2-2	实训任务：制作大赛报名表	日期：
姓名：	班级：	学号：

一、任务描述
制作大赛报名表。完成后的效果如【任务样张2.2】

二、【任务样张2.2】

某某学院第十六届大学生职业规划大赛报名表

姓名		性别		学号	
学院		专业		职务	
手机号		邮箱			
兴趣爱好					
性格特点					
感兴趣的职业					
社会活动经历					
你期望从活动中收获什么					
近期及未来的规划					

笔记

三、任务实施
1.新建文档。
2.插入表格。
3.编辑表格。
4.设置表格边框。
5.保存文件。

四、任务执行评价

序号	考核指标	所占分值	备注	得分
1	任务完成情况	30	是否在规定时间内完成并按时上交任务单	
2	成果质量	70	按标准完成,或富有创意、合理性评价	
总分				

指导教师:

日期:　　年　　月　　日

任务④

制作大学生职业规划大赛通知的封面

 任务导航

知识目标	1.熟练使用WPS文字绘制封面 2.熟悉WPS文字的基本操作方法与技巧 3.掌握WPS文字中对象的插入与格式化方法
能力目标	1.了解WPS文字的插入绘制图操作界面、应用场景,熟悉相关工具的功能和操作流程 2.掌握WPS文字中插入图形变化出各种形状 3.熟悉WPS文字的排列组合

素养目标	1.树立正确的择业观 2.提升职业荣誉感与爱岗敬业意识
任务重点	1.绘制SmartArt图形 2.学会插入文本框的基本操作
任务难点	熟练掌握绘制SmartArt图形

笔记

▶ 任务描述

为举办第十六届大学生职业规划大赛,需要制作通知的封面,小张接到制作任务后,根据主题对通知封面进行了梳理,并根据需求收集整理了相关的图片、字体素材,完成准备工作后便使用WPS软件开始进行文档封面编辑。在本任务中,小张将通过制作封面来介绍相关使用方法。

▶ 预备知识

在制作通知的封面时,需要插入图片和形状。在WPS文档中插入图片和形状需要首先了解以下知识:

(1)插入图片:了解如何在WPS文档中插入图片,包括从本地文件、在线资源或剪贴板中选择图片插入。

(2)调整图片大小和位置:掌握如何调整插入图片的大小和位置,以适应文档的布局和排版。

(3)裁剪图片:了解如何裁剪图片,去除不必要的部分,突出重点内容。

(4)设置图片样式:掌握如何为图片选择合适的样式,包括边框、阴影、反射等效果,以及旋转和翻转图片。

(5)应用图片格式:了解如何设置图片的格式,如亮度、对比度、颜色等,以优化图片的视觉效果。

(6)插入形状:掌握如何在WPS文档中插入各种形状,如矩形、椭圆形、箭头等,并调整其大小和位置。

(7)编辑形状:了解如何编辑形状的属性,如线条颜色、线型、填充色等,以满足文档的设计需求。

(8)组合和层次:掌握如何将多个形状或图片进行组合,以及调整它们的层次顺序,以便创建复杂的图形或图表。

(9)对齐和分布:了解如何使用对齐和分布工具,使多个形状或图片在文档中均匀排列,保持美观和谐。

(10)保存和导出:掌握如何保存文档,以及如果需要将文档发送给其他人或发布,还需要知道如何将文档导出为PDF或其他格式。

笔记

任务实施

修饰文本型文档,给文档插入图片作为背景,设置图片格式以及环绕方式,编辑图形最终效果如图 2-28 所示。

某某学院
第十六届大学生职业规划大赛

规划精彩人生
放飞青春梦想

主办单位：信息工程学院
比赛时间：2023 年 10 月 19 日

图2-28　封面文档编辑效果图

一、绘制形状

将光标放置在文档中希望插入形状的位置。点击上方菜单栏中的"插入"选项,选择"形状"。在弹出的形状列表中,选择一个需要的形状,如图 2-29 所示。选中形状后,可以拖动鼠标在文档中绘制出相应大小的形状。一旦形状被插入

到文档中,可以通过点击形状边缘出现的控制点来调整其大小,或者移动形状到合适的位置。如果需要对形状进行更详细的编辑,可以在选中形状后,利用顶部菜单栏中的绘图工具进行更多设置,如线条颜色、粗细等。还可以使用WPS的合并形状功能,将多个形状组合成一个新的几何形状。

完成形状的插入和编辑后,保存文档以保留所做的更改。

笔记

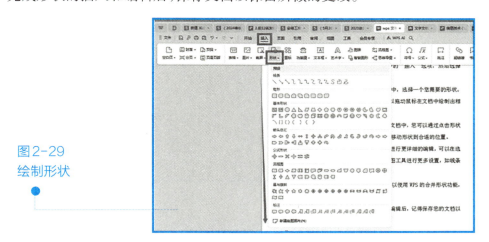

图 2-29
绘制形状

二、绘制 SmartArt 图形

打开WPS文字软件,新建或打开一个文档。点击"插入"菜单,在功能区找到并点击"智能图形"选项。在弹出的"智能图形"窗格中选择"SmartArt"选项卡,根据需要选择适合的SmartArt图形。WPS文字提供了多种类型的SmartArt图形,如列表、流程、层次结构图、关系矩阵等,如图2-30所示。选择好图形后,点击"确定"按钮,图形将被插入到文档中。可以单击图形中的任意部分输入所需的文字内容。

调整图形样式:完成基本编辑后,可以通过点击"样式"按钮或"格式"菜单中的"样式"选项来调整图形的颜色、字体、形状等,使图形更加美观。

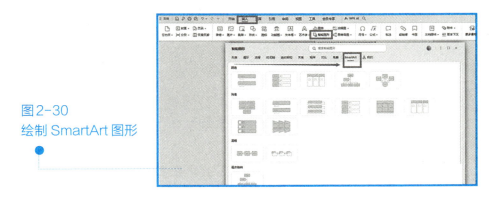

图 2-30
绘制 SmartArt 图形

三、插入图片

首先在浏览器上搜索背景材料,选择适合主题的背景图片,然后存储到计算

笔记

机中。把计算机中的某个图片文件插入到文档中，可以按下面的方法进行操作：光标定位后，单击"插入"→"图片"→"本地图片"按钮，在打开的"插入图片"对话框中选择要插入的图片文件，单击"打开"按钮或者直接双击图片，如图 2-31 所示，所选择的图片即插入到文档指定的位置。

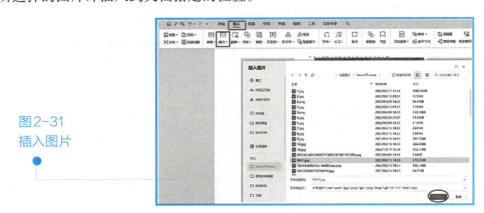

图 2-31
插入图片

四、设置图片格式

（一）调整图片大小

在文档中插入图片后，初始显示效果往往不是很好。为了满足文档的封面要求，通常要调整图片的大小。方法是：选中图片，移动鼠标指针到图片的边缘，当鼠标指针变为双向箭头时，单击并拖动鼠标快速更改图片的大小。要精确调整图片尺寸，可单击"图片工具"选项卡，在形状高度和形状宽度输入框中可设置图片高度和宽度的精确尺寸。如果选择了"锁定纵横比"复选框，可以只输入高度和宽度中的任一项数值。如图 2-32 所示。

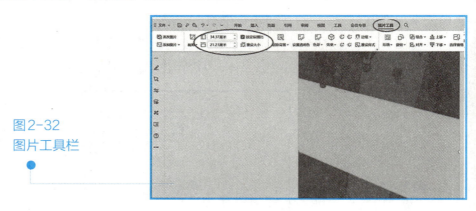

图 2-32
图片工具栏

（二）设置图片环绕方式

图片环绕方式是指文档中图片与文字之间的相对位置关系，WPS 文字提供了嵌入型、四周型环绕、紧密型环绕、穿越型环绕、上下型环绕、衬于文字下方、浮于文字上方七种环绕方式供用户选择，默认为"嵌入型"，这里我们选择"衬于文字下方"，如图 2-33 所示。

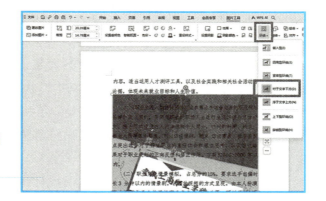

笔记

图 2-33
图片衬于文字下方效果图

设置环绕方式的方法：选中图片，单击"图片工具"→"环绕"按钮，如图 2-34 所示；或者在图片上右击，在弹出的菜单中选择"文字环绕"→"衬于文字下方"即可设置图片环绕方式，如图 2-35 所示；也可在该右键菜单中选择"文字环绕"→"其他布局选项"命令，打开"布局"对话框，在"文字环绕"选项卡中即可设置图片环绕方式。

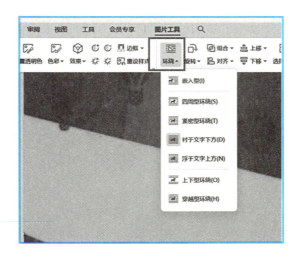

图 2-34
工具栏设置图片环绕方式

图 2-35
右键菜单设置图片环绕方式

五、插入形状

除在文档中插入图片文件外，WPS文字还为用户提供了手动绘制图形的功能。在WPS文字中，可以插入线条、基本形状、流程图、星与旗帜、标注等自选图形对象，并可通过调整大小、旋转、设置颜色和组合各种图形来创建复杂的图形。画圆和正方形时要按住Shift键，这里我们选择适合主题的图形。

方法：光标定位后，单击"插入"→"形状"下拉按钮，如图2-36所示，在弹出的下拉列表框中选择合适的图形，这时鼠标指针变为"+"形状，按住鼠标左键拖动即可绘制图形，如2-37所示。

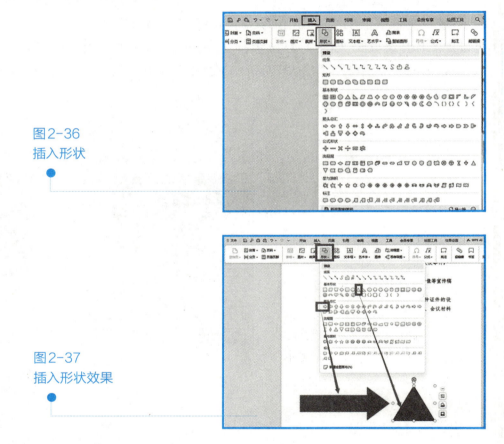

图2-36
插入形状

图2-37
插入形状效果

六、插入文本框

文本框作为分隔内容的容器非常实用，在文档排版时，经常需要将不同的内容放在不同的位置。在封面编辑文字的时候非常有用。以下是插入文本框的步骤：

单击"插入"选项卡中的"文本框"下拉按钮中的更多样式，选择适合封面主题需要的文本框样式，按下鼠标左键，就可以在文档中插入文本框，如图2-38所示。可以通过"文本工具"选项卡来对文本框的显示效果等进行设置。

图2-38
插入文本框

七、插入艺术字

艺术字是一种使文档中的某些文字实现艺术效果的功能,能够提高文档的观赏效果。在WPS文字文档中插入艺术字的方法:光标定位后,单击"插入"→"文本"→"艺术字"下拉按钮,从弹出的下拉列表框中选择一种要使用的艺术字样式,在弹出的"请在此放置您的文字"文本框中输入艺术字的内容即可,如果用户已事先选择了文本内容,则文本框会显示这些文字,此时不需要再输入文字。然后从中选择适合主题的艺术字体即可,如图2-39所示。

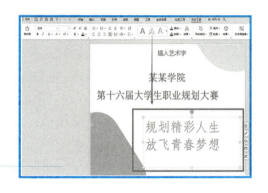

图2-39
设置艺术字体

八、排列和组合

排列,是将多个图形按照一定的顺序排在一起,这也是需要掌握的一个技巧。首先选中图片,其次按照背景排版放在合适的位置,如最底层等。

组合,按住Ctrl键分别点击选中图形,直到选中所有图形,移动鼠标在图形上,出现"✛"时,右键选择"组合",这样所有的图形就组成了一个,可以进行任意拖动,放大或者缩小,也可以将其另存为一张图片。这样可以再进行单独设置,如图2-40所示。

笔记

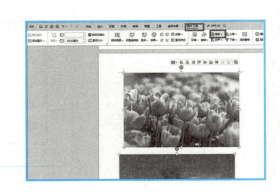

图2-40
排列组合

知识拓展

一、打印及打印预览

完成文档编辑后，选择"文件"→"打印"→"打印预览"命令，查看文档编辑的整体情况和打印效果，审阅完成后结束文档编辑并保存文档。如图2-41、图2-42所示。

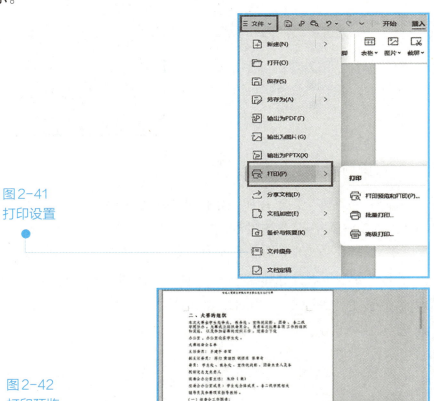

图2-41
打印设置

图2-42
打印预览

二、首字下沉

在 WPS 文字文档排版过程中,为了让文字更加美观和个性化,可以使用 WPS 文字中的"首字下沉"功能来让某段的首个文字放大或者更换字体,增加文档的美感。

具体操作:将光标定位到需要设置首字下沉的段落中,单击"插入"选项卡中的"首字下沉"按钮,此时弹出"首字下沉"对话框。在位置处可选择"无"、"下沉"或"悬挂"。若想设置为第一个字符下沉并占据多行的效果,则选择下沉。设置第一个字符,也就是需要下沉的字符的字体样式、下沉行数与段落正文的距离。单击"确定"按钮,即可以将此段文本设置成首字下沉的效果。如图2-43所示。

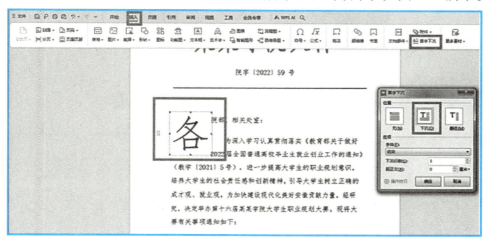

图2-43 首字下沉设置

笔记

任务评价

任务编号:WPS-2-3	实训任务:制作职业规划大赛通知封面	日期:
姓名:	班级:	学号:

一、任务描述

制作某某学院第十六届大学生职业规划大赛通知封面。完成后的效果如【任务样张2.3】。

二、【任务样张2.3】

某某学院
第十六届大学生职业规划大赛

规划精彩人生
放飞青春梦想

主办单位：信息工程学院
比赛时间：2023 年 10 月 19 日

三、任务实施

1.页面布局(上下边距1 cm、左右边距2 cm)。

2.插入艺术字。

3.插入文本框。

4.插入图片。

5.插入形状。

6.保存文件。

制作职业规划
大赛通知封面

四、任务执行评价

序号	考核指标	所占分值	备注	得分
1	任务完成情况	30	是否在规定时间内完成并按时上交任务单	
2	成果质量	70	按标准完成,或富有创意、合理性评价	
总分				

指导教师:

日期:　　年　　月　　日

任务⑤

编辑与排版大学生职业规划书

▶ 任务导航

知识目标	1.熟悉WPS文字工具栏中的样式工作组 2.掌握WPS文字长文档编辑等基本操作方法与技巧
能力目标	1.通过样式设置,可以对长文档内容进行整理 2.通过文字编辑工具对长文档进行编排和美化
素养目标	1.培养职业认知和职业规划能力 2.提升职业荣誉感与爱岗敬业意识
任务重点	1.大赛文案设计者了解大赛要求和任务要点 2.能够使用样式快速整理整篇文档 3.充分利用分页、页眉页脚等工具美化文档
任务难点	WPS文字中样式使用和目录的引用

▶ 任务描述

举办第十六届大学生职业规划大赛,需要编辑与排版大学生职业规划大赛的总结。小张接到制作任务后，根据大赛过程进行了梳理，便使用WPS软件进行文档编辑与排版。在本任务中，小张将通过对大学生职业规划书的编辑与排版来介绍使用方法。

 任务实施

制作如图2-44所示的大学生职业生涯规划书文档。

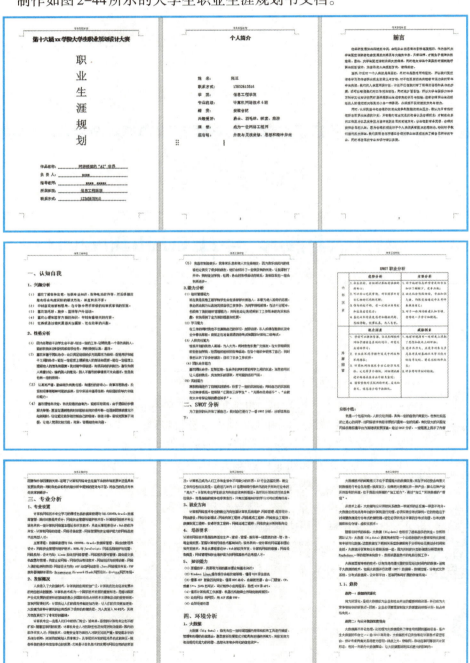

图2-44　大学生职业生涯规划书

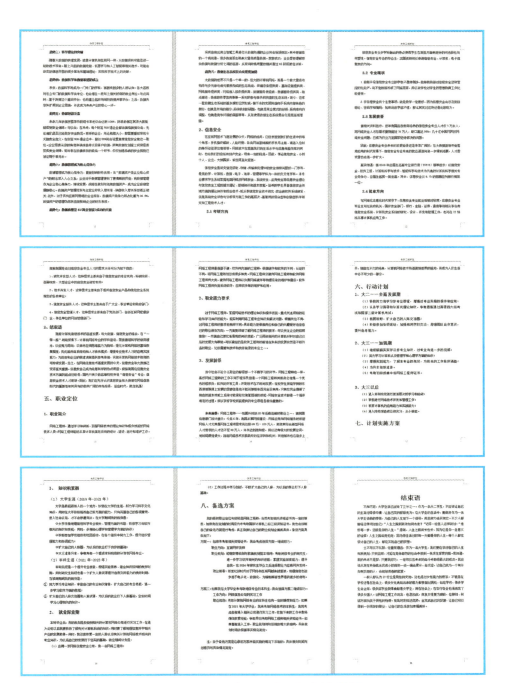

图2-44　大学生职业生涯规划书(续)

▶ 预备知识

职业生涯规划书是一个长文档,包含了文本编辑及图片、表格、艺术字等元素的综合编辑。在进行规划书长文档编辑之前,应该了解以下知识点:

(1)章节和标题设置:掌握如何为长文档设置章节和标题,以便清晰地展示内容结构。包括使用不同的标题样式、自动编号等。

笔记

笔记

（2）目录生成：了解如何根据章节和标题自动生成目录，以便读者快速定位到感兴趣的部分。

（3）分页和分节：掌握如何对长文档进行分页和分节，以便逻辑地组织内容。包括插入页码、设置页眉和页脚等。

（4）插入书签和超链接：了解如何在长文档中插入书签和超链接，以便在文档内部或外部快速跳转到指定位置。

（5）添加批注和注释：掌握如何为长文档添加批注和注释，以便提供额外的解释或反馈。

（6）交叉引用：了解如何在长文档中使用交叉引用，以便在文档中引用其他章节或部分的内容，同时保持引用的一致性。

（7）修订和版本控制：掌握如何使用WPS的修订功能，以便跟踪和审阅文档的修改历史，以及如何比较不同版本的文档。

（8）查找和替换：了解如何在长文档中使用查找和替换功能，以便快速定位和修改特定内容。

（9）文档模板：掌握如何使用和自定义文档模板，以便提高编辑效率并保持文档风格的一致性。

（10）保存和导出：掌握如何保存文档，以及如果需要将文档发送给其他人或发布，还需要知道如何将文档导出为PDF或其他格式。

▶ 任务实施

一、页面设置

页面设置是指在软件中对文档页面的布局、尺寸、边距等进行调整的操作。WPS文字中，"页面设置"按钮一般可以在"页面"选项卡中找到，可以根据需要设置页面方向、大小、边距、分栏等。

对大学生职业生涯规划书进行页面设置。纸张大小为A4；页边距上、下为2.54 cm，左、右为3.18 cm；纸张方向为纵向，页眉距边界为1.6 cm，页脚距边界为1.8 cm，如图2-45所示。具体操作步骤如下：

（1）单击"页面"选项卡，设置页边距为上、下2.54 cm，左、右3.18 cm。

（2）单击"纸张方向"下拉按钮，选择"纵向"。

（3）单击"纸张大小"下拉按钮，选择"A4"。

（4）单击"页边距"下拉按钮，选择"自定义页边距"，弹出"页面设置"对话框。

（5）在"页面设置"对话框中，选择"版式"选项卡。设置"距边界：页眉"1.6 cm、"页脚"1.8 cm，单击"确定"按钮。

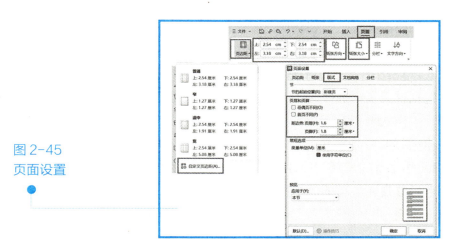

图 2-45
页面设置

笔记

二、插入封面

定位光标：将文档中的光标定位到希望插入封面的位置，通常是文档的最前面，如图 2-46 所示。

插入选项：切换到"插入"选项卡。

选择封面页：点击"封面"，会出现多种预设的封面样式供选择。

插入封面：在预设的封面页中选择一个喜欢的样式并插入。

编辑内容：插入封面后，可以根据需要修改封面上的文字和图片，如更改标题、副标题、作者等信息。如果需要更换图片，可以右击封面页上的图片，选择"更改图片"，然后上传自己的图片文件。

自定义设计：如果想要更加个性化的封面，也可以自己设计封面页。首先插入一个空白页作为封面，然后在该页上输入文字、插入图片等元素来进行封面设计。

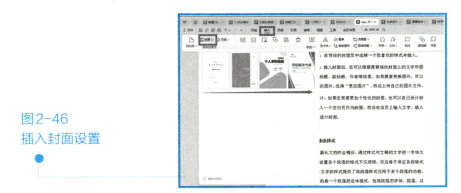

图 2-46
插入封面设置

三、应用与修改样式

在完成一篇长文档的全稿后，可以通过样式统一文稿文字的字体、大小、颜色。手工设置各个段落的格式不仅烦琐，而且难以保证各段格式严格一致。WPS 文字的样式提供了将段落样式应用于多个段落的功能。

段落样式是指控制段落外观的一组属性,包括字体、字号、对齐方式,以及后续段落的格式等。WPS文字的样式库中存储了大量的样式以及用户自定义样式,单击"开始"→"样式"组右侧的下拉按钮就可以查看这些样式。WPS文字不仅预定义了标准样式,还允许根据自己的需要修改标准样式或创建自己的样式。

样式可以分为字符样式和段落样式两种。字符样式保存了字体、字号、粗体、斜体、其他效果等。段落样式保存了字符和段落的对齐方式、行间距、段间距、边框等。应用与修改样式的步骤如下:

首先要处理的就是把各个章节的标题和正文区分开。

使用"开始"选项卡中的"样式"选项组中的命令可以对一篇论文的标题和正文进行区分,如图2-47所示。

图2-47　标题样式

一般来说,默认样式可以满足日常办公需求。但是论文要求不同,于是这些样式需要逐个修改,在修改时候根据论文格式要求对各级标题和正文进行设置。

选中需要修改的标题样式,右击需修改的样式,在弹出的快捷菜单中选择"修改样式"命令,如图2-48所示。

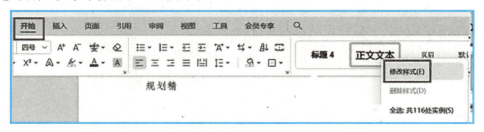

图2-48　修改样式

在打开的"修改样式"对话框中按照要求对标题或正文样式进行修改,如图2-49所示。

样式修改好后,选中对应的标题或正文内容,单击对应标题或正文的样式,生成标题或正文样式。

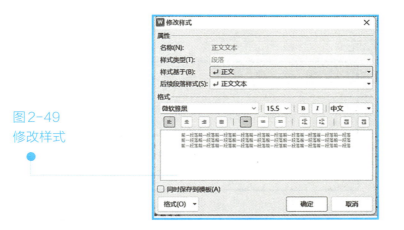

图2-49
修改样式

四、新建图片样式

选择图片：打开含有图片的WPS文档，点击图片使其处于编辑状态。如图2-50所示。

修改图片样式：在图片工具中，可以修改图片的样式。包括布局选项、裁剪工具和图片的边框等。可以通过点击图片旁边的操作按钮来选择想要的样式。

调整图片大小和位置：点击图片中的白色圆点，可以修改图片的大小和位置，以便更好地适应文档的布局。

自定义形状：如果想要创建更个性化的图片样式，可以点击工具栏的"插入"，选择"形状"。绘制所需形状后，选中图形并右键选择"设置对象格式"。在属性的"填充"中选择"图片或纹理填充"，插入喜欢的图片作为填充，从而创建出独特的图片样式。

图2-50
新建图片样式

五、设置页眉、页脚、页码

在"插入"选项卡中点击"页眉页脚"按钮，在打开的"页眉页脚"选项卡中点击"页眉"（"页脚"）下拉按钮，在弹出的下拉菜单中选择"编辑页眉"（"编辑页脚"），即可进行页眉（页脚）的设置，如图2-51所示。

在"页眉页脚"选项卡中点击"页码"下拉按钮，在弹出的下拉菜单中选择"页码"命令，在打开的"页码"对话框中，样式选择"1,2,3…"，位置选择"底端居中"，

笔记

页码编号选择"起始页码,1",应用于"整篇文档",如图2-52所示,完成页码的设置。

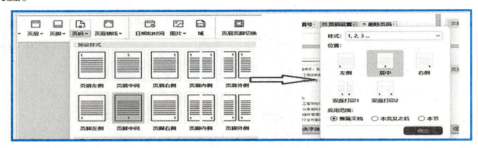

图2-51　设置页眉

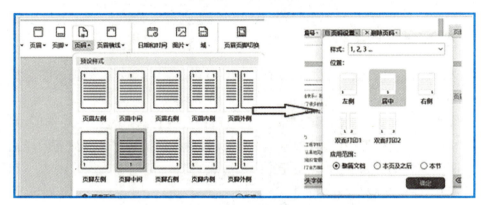

图2-52　设置页码

六、交叉引用

　　需要自定义编号的样式,可以通过选择"插入"菜单中的"引用"选项来实现。在此处,可以修改编号的格式,以符合文档的要求。在文档中需要引用参考文献的地方,选择"交叉引用"功能。可以引用文献的编号项,并将引用内容设置为段落编号(完整编号)。如图2-53所示。如果需要将编号调整为上标形式,也可以在交叉引用的设置中完成。如果在文档中添加或删除了文献,或者改变了文献的顺序,可以使用"选中全文+F9"的组合键来更新域,这样所有的编号都会自动调整,从而确保引用的准确性和一致性。在文档中,如果想要快速跳转到某个已经设置了交叉引用的部分,可以按住Ctrl键并点击引用,这样就可以立即跳转到相应的标题或图片等的位置。为了让参考文献列表看起来更加整洁,可能需要调整列表的缩进。这通常是在"段落"设置中进行调整的。

图2-53
设置交叉引用

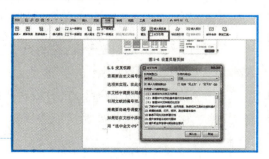

笔记

七、生成目录

需要为文档中的各级标题设置不同的样式。通常一级标题设置为"标题1",二级标题设置为"标题2",以此类推。这可以通过在"开始"栏中选择相应的标题样式来完成。将光标置于需要设置为标题的文本前,点击所需的标题样式来应用。如果默认样式的格式不符合要求,可以右击样式进行修改。标题样式设置完成后,先将光标放在希望生成目录的位置,通常是文档的最前面。再点击"引用"选项卡,选择"目录"按钮,最后点击"自动目录"来生成目录,如图2-54所示。

图2-54
生成目录

如果在生成目录后对文档内容进行了修改,需要更新目录以确保内容的准确性,可以通过点击目录后的"更新域"来完成。如果WPS提供的目录样式不能满足需求,可以自定义目录的样式。在生成目录后,如果选择了错误的目录样式,可以在目录里点击"目录设置",再选择"自动目录"来进行修改。如果想要更改目录的字体大小或类型,可以直接在目录中进行修改。

八、导航窗格

开启导航窗格:点击"视图"选项卡,选择"导航窗格"按钮,这样就可以在文档的侧边开启导航窗格,显示出文档的结构,如图2-55所示。

选择窗格位置:在导航窗格的设置中,可以根据需要选择窗格靠左或靠右显示,以便更好地适应阅读和编辑习惯。

使用快捷键:为了快速访问导航窗格,可以在WPS设置中的快速访问工具栏进行设置,为导航窗格添加快捷键,一般为Alt+1～9中的某个数字。

查看和跳转:在导航窗格的目录框中,可以查看文档的目录结构,并且通过点击目录可以快速跳转到对应的标题位置。

笔记

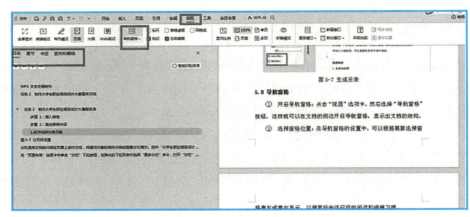

图2-55　开启导航窗格

知识拓展

一、分页与分栏

在封面页之后录入正文之前，已经进行了分页的工作。分页符是用来分页的符号，表示前一页的结束和后一页的开始。

当文本或图形等内容填满一页时，WPS 文字会插入一个自动分页符并开始新的一页。如果要在某个特定位置强制分页，可单击"插入"选项卡中的"分页"下拉按钮，在下拉列表中选择"分页符"命令，插入分页符，这样可以确保章节标题总在新的一页开始。如图2-56所示。

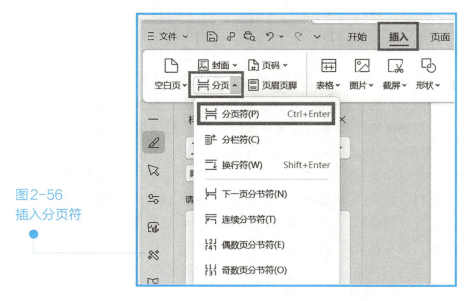

图2-56
插入分页符

分栏是将文档的内容在页面上进行分栏，将操作对象的相关内容按需要分栏展示。选中"大学生职业规划大赛"中"六、参赛要求"下的所有内容。

笔记

在"页面"选项卡中单击"分栏"下拉按钮,在弹出的下拉列表中选择"更多分栏"命令,打开"分栏"对话框,在其中将选择内容的分栏预设为"两栏",宽度设置为"19.28"字符,选中"栏宽相等"复选框,设置间距为"1字符",并选中"分隔线"复选框,应用于"所选文字",单击"确定"按钮,实现对所选文字内容的分栏,如图2-57所示。

可以根据需要分栏,选择或者设置需要的栏数;每一栏的宽度可以单独设定;可以根据需要添加或者取消分隔线。

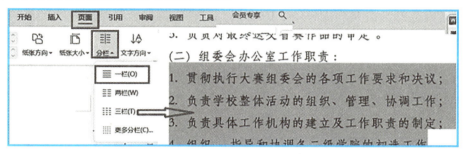

图2-57　分栏设置

二、插入编号与项目符号

合理使用编号与项目符号,可以美化文档,使文档层次清楚、条理清晰。为了让"大赛的组织"至"相关要求"等六个具体事项的文档更加层次分明,进行文字添加"1.2.3.…"样式的编号并设置加粗,如图2-58所示。

图2-58
插入编号设置

三、文档样式的使用与修改

(1)创建新样式:打开WPS文字文档,点击"视图"选项卡,确保任务窗格被勾选显示。在任务窗格中,点击"展开"按钮,选择"新建样式"。在弹出的对话框中,输入新样式的名称,如"论文正文";选择样式类型,通常为"段落";"样式基

笔记

于"可以选择"无样式"，表示不基于任何现有样式模板。设置好样式属性后，点击"确定"完成新建。

（2）修改样式：右键点击想要修改的样式，选择"修改"，在修改样式对话框中，根据需要调整字体、大小、颜色等格式设置；如果想要将修改后的样式保存为新的模板，点击左下角的"同时保存到模板"，然后点击"确定"即可。

（3）套用样式集：打开一个已有完善样式的文档，点击样式集，在下拉菜单中选择"另存此文档为新样式集"，并为新样式集设置名称，默认保存在 quickstyles 文件夹内。打开需要套用样式集的文档，点击样式集，选择需要使用的样式集。根据需求选择"立即使用"或"AI 文档排版"来应用样式集。

▶ 任务评价

任务编号：WPS-2-4	实训任务：职业规划书排版		日期：
姓名：	班级：		学号：

一、任务描述
打开大学生职业规划书文档进行排版。完成后的效果如【任务样张2.4】

二、【任务样张2.4】

职业规划书排版

三、任务实施

排版大学生职业规划书,格式规范如下:

1. 计划书用纸一律为A4纸,纵向排列。
2. 页面设置:左、右、下边距为2厘米,上边距为2.6厘米,装订线在左侧0.5厘米,页眉和页脚均为1.5厘米。
3. 页眉和页码设置:页眉从绪论开始到最后一页,在每页的最上方,用5号楷体,居中排列,有页眉横线,页眉为"信息工程学院";页码从绪论开始插入,在页面底端居中排列。
4. 字符间距设置为"标准",段落行距设置为"固定值20磅"。
5. 正文用小4号宋体。
6. 每一章另起页。章节采用三级标题,用阿拉伯数字连续编号,例如1,1.1,1.1.1。章名为一级标题,首行居中,用小2号黑体,段前6磅,段后12磅。二级标题段前、段后各6磅,用4号宋体,左对齐。三级标题段前、段后各6磅,用小4号黑体,左对齐。
7. 结束语另起一页。与正文连续编排页码,"结束语"标题居中,用小2号黑体,段前6磅,段后12磅。著录内容应符合国家标准。

四、任务执行评价

序号	考核指标	所占分值	备注	得分
1	任务完成情况	30	是否在规定时间内完成并按时上交任务单	
2	成果质量	70	按标准完成,或富有创意、合理性评价	
总分				

指导教师:

日期:　年　月　日

笔记

笔记

任务 ⑥

掌握 WPS 一站式融合办公

▶ 任务导航

知识目标	1.了解WPS一站式融合办公的基本概念 2.了解WPS应用界面的使用和功能
能力目标	1.熟悉WPS应用界面的使用和功能设置 2.能够在WPS中进行文档、文档标签和工作窗口的管理
素养目标	1.培养细心、耐心的品质，提高对WPS一站式融合办公的认识 2.增强对WPS办公软件的熟练使用
任务重点	1.WPS应用界面的使用 2.WPS中文档、文档标签和工作窗口的管理
任务难点	WPS中文档、文档标签和工作窗口的管理

▶ 任务描述

　　小张同学是一名刚刚进入大学校园的新生，她通过自己的努力加入学生会，需要经常进行一些文字、表格、演示文稿的制作。老师和学长都建议她使用 WPS Office 办公软件。小张需要全面了解 WPS 一站式融合办公的基本概念，了解 WPS Office 套件和金山文档的区别与联系，并熟悉界面和文件操作。

▶ 任务实施

一、WPS 一站式融合办公环境

　　WPS 一站式融合办公环境是指通过 WPS Office 软件及其相关云服务，实现文档的高效管理和协同工作的新型办公模式。这种办公环境的核心在于将传统的文档处理与现代的云技术相结合，利用 WPS Office 的强大编辑功能和 WPS 云协作带来的便利性，创造一个无缝衔接、高效便捷的工作环境。具体来说，WPS 一站式融合办公环境包含以下几个关键点：

(一)多平台兼容

WPS Office可以在多个操作系统和设备上运行,包括Windows、Mac、Linux以及移动设备等,确保用户可以在不同的设备和平台上访问和处理文档。如图2-59所示。

笔记

图2-59　多平台兼容

(二)云端同步

WPS云服务允许用户将文档保存在云端,这意味着在任何有网络的地方都可以访问这些文档,实现团队之间的实时协作和共享。

(三)功能集成

WPS Office集文字、表格、演示和PDF等组件于一体,不仅满足基本的文档编辑需求,还提供诸如文档转PDF、扫描等功能,提高办公效率。如图2-60所示。

图2-60　功能集成

(四)AI辅助

新版本的WPS 365还引入了人工智能技术,如大语言模型,以支持内容创作、智慧助理和知识洞察等功能,进一步提升工作效率和决策质量。

二、在WPS中新建、访问和管理文档

在WPS一站式融合办公环境中,新建、访问和管理文档主要通过WPS Office软件和对应的云服务完成。

(一)新建文档

打开WPS Office软件(如WPS Writer、WPS Spreadsheet或WPS Presentation)。

在WPS中新建、
访问和管理文档

笔记

选择"文件"菜单中的"新建"选项，或者直接使用Ctrl+N组合键来创建新的空白文档，如图2-61所示。如果需要基于模板创建文档，可以选择"文件"菜单中的"新建"后选择"从模板创建"，再选择一个适合的模板。

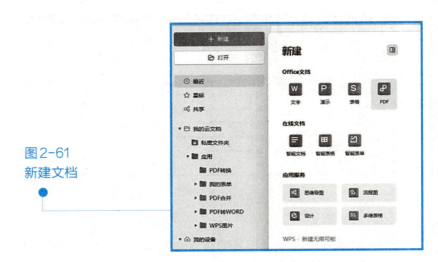

图2-61
新建文档

（二）访问文档

要访问已存在的本地文档，可以通过文件浏览器导航到文档所在位置，双击打开或右键选择"使用WPS打开"。

若要访问存储在WPS云服务中的文档，需要在WPS软件中登录WPS云账号，然后通过软件界面左侧的云文档库来查看和管理在线文档。如图2-62所示。

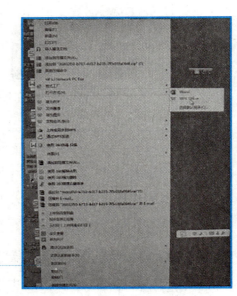

图2-62
访问文档

（三）管理文档

保存文档：编辑完成后，点击"文件"菜单中的"保存"或使用Ctrl+S组合键来保存文档。如果是首次保存并且希望将文档存储到WPS云服务中，需要给文档命名并选择云服务作为保存位置。

　　文档版本历史：在WPS云服务中，可以查看和恢复文档的历史版本。这通常可以在文档的"历史版本"选项中找到。

　　团队协作：如果需要和团队成员共同编辑文档，可以通过WPS云服务的共享功能来实现。共享时可设置不同的权限，如仅查看、可编辑等。如图2-63、图2-64所示。

图2-63　管理文档

图2-64
团队协作
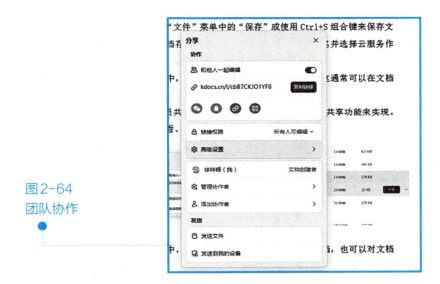

　　搜索和排序：在WPS云文档库中，可以通过搜索框快速找到需要的文档，也可以对文档进行排序，以便更好地组织文件。

　　总的来说，通过结合WPS Office软件的强大功能和WPS云服务的便捷性，可以在WPS一站式融合办公环境中轻松地新建、访问和管理文档，实现高效办公。

三、WPS的文档标签和工作窗口管理

　　在WPS一站式融合办公环境中，文档标签和工作窗口管理是提高工作效率的重要功能。以下是如何在WPS中进行文档标签和工作窗口管理的操作步骤：

　　（1）打开多个文档：首先，打开多个文档，这些文档将显示在WPS的主界面上，每个文档都有自己的标签。

　　（2）切换文档：通过点击不同的文档标签，可以快速在不同的文档之间进行

笔记

切换。这对于同时处理多个文档非常有用。

（3）新建窗口：如果需要在同一个文档中对比不同部分或进行多任务操作，可以右键点击文档标签，然后选择"新建窗口"。这样就可以在同一个文档中打开多个窗口，并且每个窗口都有独立的标签。

（4）排列窗口：当有多个窗口打开时，可以通过"窗口"菜单来选择不同的排列方式，如平铺、层叠等，以适应不同的工作需求。

（5）关闭窗口：如果需要关闭某个窗口，可以直接点击该窗口右上角的"关闭"按钮，或者在"窗口"菜单中选择"关闭所有窗口"来关闭所有打开的窗口。

（6）使用快捷键：为了更高效地管理窗口和标签，可以使用一些快捷键，如Ctrl+Tab可以在多个标签之间快速切换，Ctrl+N可以新建一个窗口等。

（7）保存更改：在进行窗口管理后，应保存对文档所做的更改。

四、WPS云办公与云备份

（一）开启文档云同步

在WPS电脑版中，登录账号后，选择"文档"→"最近"，点击"尚未启用文档云同步"→"立即体验"来开启该功能。如图2-65所示。

图2-65　电脑端云文档同步

在WPS手机版中，登录账号后，点击底部导航栏的"我"，然后选择"我的云服务"→"文档云同步"来启用该功能。如图2-66所示。

图 2-66
移动端云文档同步

(二)使用云文档自动备份

打开WPS,搜索需要的文件名称或关键词,即可快速找回备份到云文档中的文件。

通过开启WPS客户端设置里的"云文档同步",实现多端设备文档的同步。这样,本地硬盘存一份,云空间也会自动存一份。

(三)管理历史版本

在文档右上角点击"云同步"→"历史版本",可以看到按照时间排列的文档修改版本。可以预览或直接恢复所需的版本。

(四)多人协作与分享

开启文档云同步后,可以邀请他人进入你的云端文档,实现多人同时编辑一个文档,并且还可以查看文档内的成员编辑记录。如图2-67所示。

图 2-67 多人协作与分享

(五)手动上传文档

如果不希望所有文档自动上传至云端,可以在单个文档上单击右键选择"上传到我的云文档",这样文档才会上传到"我的云文档"中。

(六)跨设备访问

在其他设备上登录同一个WPS账号,就可以在"最近"中看到之前在其他终

笔记

端处理过的文档,实现文档在多端设备间的漫游,便于随时移动办公。

总的来说,通过上述步骤,不仅可以享受到 WPS 云办公带来的便利,还能确保文档得到安全的备份和高效的管理。

五、WPS Office 移动版

WPS Office 移动版是一款功能强大的办公软件,适用于 Android 和 iOS 平台,它不仅支持多种文件格式,还能与云服务无缝集成,提供丰富的功能来满足用户的移动办公需求。WPS Office 移动版办公应用具有以下特点:

(1)多功能集成:WPS Office 移动版集成了文字、表格、演示等多种办公软件功能,用户可以通过安装一个 App 来处理各种类型的文档。

(2)PDF 处理能力:WPS Office 移动版提供了对 PDF 格式文件的支持,用户可以轻松阅读、编辑和转换 PDF 文件。

(3)云服务同步:用户可以将文档保存在 WPS 云端,实现跨设备的同步和备份,确保数据的安全性和便捷性。

(4)图片处理功能:WPS Office 移动版还提供了图片处理功能,如拍照扫描、图片转文字、图片转 PDF 等,这些功能对于学生和上班族来说非常有用。

(5)多点触控优化:针对移动设备的多点触控屏幕,WPS Office 移动版设计了许多易于操作的功能,使得在移动设备上的办公变得更加高效便捷。

(6)遥控播放功能:WPS Office 还具备独特的遥控播放功能,用户可以通过网络在其他搭载 WPS Office 的设备上同步播放和展示文件。

(7)界面和操作逻辑:WPS Office 移动版的界面设计简洁、操作逻辑直观,使用户能够快速上手并有效完成工作。如图 2-68 所示。

图 2-68　WPS Office 移动版

WPS Office
移动版

　　总的来说,WPS Office移动版是一款全面且高效的移动办公应用,它不仅提供了丰富的办公软件功能,还通过云服务和图片处理等功能,满足了现代移动办公的多样化需求。无论是在家、在路上还是在办公室,WPS Office移动版都能帮助用户轻松应对各种办公挑战。

笔记

项目小结

　　本项目主要介绍了在WPS文字中进行文字编辑、表格插入、图片插入以及长文档的编辑、排版和美化的相关知识和操作方法。在WPS文字长文档的编辑部分中,主要介绍了在WPS文字中阅读长文档的5种视图模式,以及在WPS文字中进行表格的高级操作和图片处理的相关操作方法;在WPS文字长文档的排版部分中,主要讲解了项目符号和编号、标题样式与多级编号、分隔符、引用、章节工具和导航窗格在WPS文字长文档排版中常用的设置和相关操作方法;在WPS文字长文档的美化部分中,主要讲解了在WPS文字中设置样式、页眉页脚、图表目录、交叉引用、超链接、参考文献、书签的相关知识。通过对本项目内容的学习,希望读者可以掌握WPS文字长文档的编排和美化方法,并能够在日常生活、工作、学习中做到举一反三,制作出更加出彩的长文档。

项目评价

一、选择题

　　1.小王在WPS文字中编辑一篇文章,他需要将文档每行后面的手动换行符全部删除,可采用的WPS文字独有的功能为(　　　)。

　　　A.通过查找和替换功能删除

　　　B.逐个手动删除

　　　C.长按Ctrl键依次选中所有手动换行符后,再删除

　　　D.通过文字工具删除换行符

　　2.WPS首页的共享列中,不包含的内容为(　　　)。

　　　A.在操作系统中设置为"共享"属性的文件夹

　　　B.其他人通过WPS共享给我的文件

　　　C.其他人通过WPS共享给我的文件夹

　　　D.我通过WPS共享给其他人的文件

3.下列关于 WPS 云文档的描述,其中错误的是(　　)。

A.云文档支持多人实时在线共同编辑

B.云文档可以通过链接分享给他人

C.云文档可以恢复历史版本

D.云文档需要通过 WPS office 客户端进行编辑

4.WPS 支持多种文件格式相互转换操作,但不包括(　　)。

A.PDF 与 Word 互相转换

B.PDF 与图片互相转换

C.图片与 Word 互相转换

D.PDF 与视频互相转换

5.在 WPS 中,可以对 PDF 文件的内容添加批注,但不包含(　　)。

A.注解　　　　　B.形状批注　　　　C.文字批注　　　　D.音频批注

6.在 WPS 文字中,为所选单元格设置斜线表头,正确的操作方法是(　　)。

A.拆分单元格　　　B.绘制斜线表头　　C.自定义边框　　　D.变形文字

7.下列关于"段落布局"按钮的说法,其中错误的是(　　)。

A.段落布局按钮显示在当前选中段落的左侧

B.点击段落布局按钮可以在菜单栏中打开段落布局工具面板。

C.段落布局按钮可以自行设置显示或者隐藏

D.段落布局按钮可以用鼠标按住拖曳到任意位置

8.下列关于 WPS 的划词翻译功能的描述,其中错误的是(　　)。

A.划词翻译支持中、英、日、韩、法、德等多种语言

B.选中文字后点击鼠标右键,选择"翻译"功能即可启动翻译

C.翻译后的结果会自动插入到当前文档中

D.划词翻译必须联网才能使用

9.下列关于制表位的"前导符"的说法,其中正确的是(　　)。

A.前导符可以是任意的自定义字符

B.前导符是自动生成的,无法自行调整颜色、大小等

C.前导符会随着文字内容长度变化自动调整宽度

D.前导符不能是空白

10.下列关于多重剪贴板的描述,其中错误的是(　　)。

A.多重剪贴板可以保存多次复制的内容

B.多重剪贴板内容可以多次重复使用

C.多重剪贴板中只能保存文本内容

D.可以一次性将多重剪贴板中的内容粘贴到文档中

11.在WPS文字中,要将页面大小规格由默认的A4改为B5,应执行"页面布局"中的(　　)。

　　A.页边距　　　　　B.纸张大小　　　　C.版式　　　　　　D.纸张方向

12.在WPS文字中,关于格式刷的说法,不正确的是(　　)。

　　A.当文档中有大量的文字需要重复设置相同的格式时,利用格式刷可以
　　　轻松高效地完成

　　B.单击"格式刷"按钮,使用一次后按钮自动弹起,不能继续使用

　　C.双击"格式刷"按钮,可以连续使用,想要停止使用,可以按ESC键

　　D.在"插入"选项卡中可以找到"格式刷"命令

13.下列不是"邮件合并"的必备步骤的是(　　)。

　　A.制作主文档　　　　　　　　B.制作数据文档

　　C.插入合并域　　　　　　　　D.插入文档部件

14.下列关于WPS文档中"节"的说法,其中错误的是(　　)。

　　A.整个文档可以是一个节,也可以被分成几个节

　　B.分节符由两条点线组成,点线中间有"节的结尾"4个字

　　C.分节符在Web视图中不可见

　　D.不同节可采用不同的格式排版

15.下列关于WPS的"页面设置"相关操作的叙述,其中错误的是(　　)。

　　A.可以设置每页行数和每行字数

　　B.可以设置纸张大小

　　C.可以设置页边距

　　D.不可以设置纸张方向

16.在WPS中,要撤消最近的一个操作,除了使用快速访问工具栏命令,还可以使用组合键(　　)。

　　A.Ctrl+C　　　　　B.Ctrl+Z　　　　　C.Shift+X　　　　　D.Ctrl+X

17.在WPS文字中,以下关于艺术字的说法中正确的是(　　)。

　　A.插入艺术字后不可以再更改文字内容

　　B.在"插入"选项卡中,完成艺术字的添加

　　C.艺术字不可以设置阴影、发光等效果

　　D.艺术字不可以设置虚线线型

18.在WPS文字中,使用"插入"选项卡中的(　　)命令,可以实现两个文件的合并。

　　A.对象——文件中的文字　　　B.文件

　　C.图片　　　　　　　　　　　D.文字

笔记

19.在WPS文字中,对文档中插入的图片不能进行(　　)操作。

A.设置透明色　　　　　　　　　B.按形状裁剪图片

C.编辑图片内容　　　　　　　　D.设置图片的环绕方式

二、填空题

1._____ 是WPS文字中最强有力的格式设置工具之一,使用它能够准确、规范地实现长文档的格式设置。

2.如果要为不同页内容设置不同的页眉页脚,需要在页面之间插入 _____ 。

3.WPS文档中的脚注与尾注主要用于对局部文本进行补充说明,例如单词解释、备注说明或提供文档中引用内容的来源等。_____ 通常位于当前页面的底部,用来说明本页中要注释的内容。_____ 通常位于文档结尾处,用来集中解释需要注释的内容或标注文档中所引用的其他文档的名称。

4.图的题注一般位于图的 _____ ,表的题注一般位于表的 _____ 。

5.WPS文档中可以在多个不同的位置使用同一个引用源的内容,这种方法称为 _____ 。

6.当我们在浏览文档时,如长篇小说、长篇论文,由于内容过多,常常遇到关闭WPS后忘记自己阅读到文章的哪个部分。为了避免这种情况发生,我们可以为文档添加 _____ 。

7._____ 中包含了文档的基本结构及设置信息(如文本、样式和格式)、页面布局(如页边距和行距)、设计元素(如特殊颜色、边框和底纹)等。

8.当需要对文档内容进行特殊的注释说明时,比如毕业论文提交给导师后,专业论文提交编辑审稿后,导师和编辑都会用 _____ 来说明自己的意见。_____ 其实是文档的审阅者为文档附加的注释、说明、建议、意见等信息,并不对文档本身的内容进行修改。

9.在WPS文档中,文档的修订功能默认为 _____ 。当需要保存文档修改痕迹时,需要将文档修订功能设置为 _____ 。

10.在WPS文字中,样式分为 _____ 样式和 _____ 样式。_____ 样式是指WPS文字为文档中各对象提供的标准样式;_____ 样式是指用户根据文档需要而设定的样式。其中,能够被删除的样式是 _____ 。

三、简答题

1.什么是节? 节有哪几种?

2.简述长文档排版的过程。

WPS 表格制作

导 读

WPS表格是WPS Office中的套装软件之一,既可以使用WPS表格设计各种风格的统计数据表,还可以利用其中丰富的函数及编写公式来对数据进行计算,以多种方式排序数据、分类汇总数据、透视数据,以及按照需要筛选数据,并以各种具有专业外观的图标来显示数据。WPS表格允许实时更新数据,以帮助分析和处理工作表中的数据。本项目将通过四个任务详细介绍WPS表格的使用方法。

制作大学生技能竞赛选手信息表

任务导航

知识目标	1.熟悉WPS表格工作界面和功能 2.掌握WPS 2019表格的基本操作和常用功能 3.理解自定义格式、下拉列表和数据验证等概念
能力目标	1.能够制作包含选手基本信息、联系方式和初赛成绩的表格 2.掌握表格的创建、打开、保存、退出等基本操作 3.能够进行数据输入和验证
素养目标	1.培养细心、耐心的品质，提高对表格数据的敏感度 2.增强科技创新和国家发展的荣誉感
任务重点	1.WPS表格的基本操作方法 2.设置自定义格式，设置数据验证
任务难点	设置身份证号和联系方式的输入格式

任务描述

　　为了进一步提高大学生技术技能水平，促进学生增强自我价值感和培养细心、耐心的品质，增强科技创新和国家发展的荣誉感，某高校组织了技能竞赛活动，鼓励同学们展现自己的专业技能和创新能力。为保障大赛组织实施，赛组委要求使用WPS表格制作大学生技能竞赛选手信息表。该表格需要包含以下内容：参赛号、姓名、性别、年龄、身份证号、所在专业、联系方式、初赛成绩。需要按照要求完成表格的创建、编辑、格式化等操作。在本任务中，大赛组委会工作人员小e通过实践操作来认识WPS表格的界面和功能，最终完成了大学生技能竞赛选手信息表制作任务。

 预备知识

 笔记

一、WPS表格工作界面

WPS表格与Microsoft Office Excel高度兼容,通过WPS Office的新建按钮,可选择新建表格。WPS表格的工作界面与WPS文字的工作界面拥有相似的标题栏、菜单栏、状态栏、快速访问工具栏、功能区等,启动WPS表格后,程序主界面即为工作窗口,如图3-1所示。下面介绍其窗口的组成。

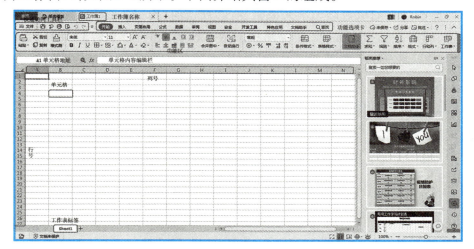

图3-1　WPS 2019表格工作界面

工作区主要由标题栏、快速访问工具栏、功能选项卡、功能区等部分组成。功能区位于标题栏下方,分别为"开始""插入""页面布局""公式""数据""审阅""视图""安全""开发工具""特色应用""查找命令"。每个选项卡中包含不同的功能区。功能区由若干组构成,每个组中由若干功能相似的命令组成。其中工作簿窗口位于编辑栏和状态栏之间,由工作表、行号、列号、单元格、滚动条和工作表标签组成。

二、单元格内容编辑区

单元格地址:位于功能区下方,最左侧是地址栏,用于显示当前活动单元格的地址或者单元格定义的名称,如选中A列第1行单元格,即可在名称框中显示为"A1"单元格。

"浏览公式结果"按钮 🔍:单击该按钮将显示当前包含公式或函数的单元格的计算结果。

"插入函数"按钮 fx:单击该按钮将打开"插入函数"对话框,可以在其中选择相应的函数插入到表格中。

"取消"按钮 ✕：单击该按钮表示取消编辑栏输入的内容。

"输入"按钮 ✓：单击该按钮表示确定并完成编辑栏内容的输入。

编辑栏：用来显示或编辑当前活动单元格的数据和公式。

三、工作表编辑区

(一)单元格

单元格是表格中的最小单位，用于存放和显示数据，每个单元格中只能存放一组数据。

(二)列标与行号

列标和行号的组合即为单元格编号，列标在前，用"A、B、C"等大写英文字母标识；行号在后，用"1、2、3"等阿拉伯数字标识，如位于 B 列 3 行的单元格可表示为 B3。对于矩形单元格区域，则以"左上角单元格：右下角单元格"的形式表示，如"A2 :D5"表示从 A2 到 D5 的单元格矩形区域。

(三)工作表标签

工作表标签用来显示工作表的名称，默认情况下，新建的 WPS 表格中只有一张名称为"sheet1"的工作表，用户可以添加工作表或重命名工作表。

四、工作簿

在计算机中，工作簿以文件的形式独立存在，工作簿包含一张或多张工作表，工作表是由排列成行和列的单元格组成的。工作簿即 WPS 表格文件，它是用来存储和处理数据的主要文档，也称为电子表格。默认情况下，新建的工作簿以"工作簿1"命名，若继续新建工作簿将以"工作簿2""工作簿3"……命名，且工作簿的名称显示在标题栏的文档名处。

(一)新建工作簿

在 WPS 2019 中，新建的文档称为工作簿。创建工作簿的方法有很多，常见的主要有以下两种。

1.创建空白工作簿

启动 WPS 2019 后，单击文件菜单下的"新建"按钮，单击右侧的空白工作簿即可。

用户也可以右击桌面，在弹出的快捷菜单中选择"新建"选项后，再选"XLSX 工作表"选项，也可以完成空白工作簿的创建。

2.利用模板创建工作簿

利用模板创建工作簿和创建空白工作簿的方法类似，启动 WPS 2019 后，单击文件菜单下的"新建"按钮，选择"本机上的模板"，然后根据需要选择相应的模板即可。

（二）打开工作簿

（1）进入 WPS 2019 工作界面后，执行"文件"选项卡中的"打开"命令，用户可以打开最近打开的文件，或点击"位置"选择文件所在位置，然后打开文件。

（2）双击磁盘中工作簿的文件图标，可以打开已建立的工作簿文档。

（3）选择需要打开的文档，按住鼠标左键不放，将其拖动到 WPS 表格编辑界面的标题栏后释放鼠标，即可打开该工作簿文档。

（三）保存工作簿

编辑完工作簿的内容后，执行"文件"选项卡中的"保存"或"另存为"命令，可以选择保存工作簿的路径。

（四）关闭工作簿

（1）在"标题"选项卡中单击"关闭"按钮，可关闭工作簿但不退出 WPS 2019。

（2）单击 WPS 表格编辑界面右上角的"关闭"按钮，可关闭工作簿并退出 WPS 2019。

（3）按 Alt + F4 组合键，也可关闭工作簿并退出 WPS 2019。

五、工作表

工作表是用来显示和分析数据的区域，它存储在工作簿中。默认情况下，一个工作簿只包含一张工作表，以"Sheet1"命名，若继续新建工作簿，将以"Sheet2""Sheet3"……命名，其名称显示在"工作表标签"栏中。

（一）插入和删除工作表

1.插入工作表

工作表是工作簿的组成部分。默认情况下，WPS 表格中每一个新建的工作簿中仅有 1 张工作表"sheet1"，这通常并不能满足用户的使用需求，往往需要插入更多的工作表。在表格中插入工作表的方法主要有以下几种：

（1）单击工作表标签栏右侧的"新建工作表"按钮。

（2）按下 Shift + F11 组合键。

（3）在"开始"菜单中单击"工作表"按钮。在弹出的下拉列表中选择"插入工作表"命令，在打开的"插入工作表"对话框中，输入插入数目和插入位置，单击"确定"按钮。

（4）用鼠标右键单击某一工作表标签，在弹出的快捷菜单中选择"插入"命令，然后在打开的"插入工作表"对话框中，输入插入数目和插入位置，单击"确定"按钮。

2.删除工作表

在编辑工作簿时，如果工作簿中存在多余的工作表，可以将其删除。删除工作表的方法，主要有以下两种。

（1）用鼠标右键单击需要删除的工作表标签，在弹出的快捷菜单中选择"删

笔记

除"命令。

（2）选中需要删除的工作表，在"开始"菜单中单击"工作表"按钮，然后在弹出的下拉列表中选择"删除工作表"命令。

（二）移动或复制工作表

移动或复制工作表是日常工作中经常用到的基本操作，用户可以在同一工作簿中移动或复制工作表，也可以在不同工作簿中移动或复制工作表。

1.在同一工作簿内操作

在同一个工作簿中移动或复制工作表的方法很简单，主要是利用鼠标拖动来操作，具体操作方法如下：

（1）移动工作表：将鼠标指针指向要移动的工作表标签，将工作表标签拖动到目标位置后释放鼠标左键即可。

（2）复制工作表：将鼠标指针指向要复制的工作表标签，按住 Ctrl 键的同时拖动工作表标签，至目标位置后释放鼠标左键即可。

2.跨工作簿操作

除了可以在同一工作簿中移动或复制工作表，还可以将一个工作表移动或复制到另一个工作簿中，例如，将"竞赛得分 .xlsx"工作簿中的"sheet1"工作表复制到"竞赛信息 .xlsx"中，操作方法如下：

步骤1：执行右键菜单命令。同时打开"竞赛得分 .xlsx"和"竞赛信息 .xlsx"，在"竞赛得分 .xlsx"中用鼠标右键单击"sheet1"标签，在弹出的快捷菜单中选择"移动(M)..."命令。

步骤2：选项设置。弹出"移动或复制工作表"对话框，在"工作簿"下拉列表框中选择"竞赛信息 .xlsx"，勾选"建立副本"复选框，单击"确定"按钮即可，如图3-2所示。

注意：勾选"建立副本"复选框，则为复制工作表操作；如果不勾选"建立副本"复选框，则为移动工作表操作。

图3-2
移动或复制工作表

（三）隐藏和显示工作表

1.隐藏工作表

选中要隐藏的工作表标签,右击后从弹出的快捷菜单中选择"隐藏"选项,或者在"开始"功能选项卡中单击"工作表"按钮,在打开的列表中选择"隐藏与取消隐藏"下的"隐藏"命令,如图3-3所示,即可将选中的工作表隐藏。

2.显示工作表

右击任意一个工作表标签,从弹出的快捷菜单中选择"取消隐藏"选项,或者在"开始"功能选项卡中单击"工作表"按钮,在打开的列表中选择"隐藏与取消隐藏"下的"取消隐藏"命令,弹出"取消隐藏"对话框,在"取消隐藏工作表"列表中选择要显示的工作表,如图3-4所示,单击"确定"按钮,即可将隐藏了的工作表显示出来。

笔记

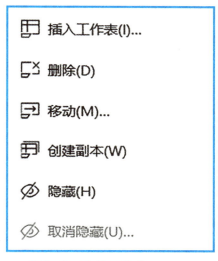

图3-3　隐藏工作表　　　　3-4　取消隐藏工作表

（四）重命名工作表

为了让其他用户更容易理解工作表的用途,可以根据实际需要将工作表重命名。重命名工作表的方法主要有以下两种:

（1）鼠标右击需要重命名的工作表标签,从弹出的快捷菜单中选择"重命名"选项,此时被选中的工作表标签呈高亮显示,表示工作表名称处于可编辑状态,输入工作表名称,然后按 Enter 键,即可完成工作表的重命名操作。

（2）用鼠标双击工作表标签,使其处于可编辑状态,然后输入工作表名称,如双击"竞赛信息.xlsx"工作簿中的"Sheetl"工作表标签,然后输入"竞赛信息",即可将"Sheetl"工作表重命名。

（五）设置工作表标签颜色

WPS表格中默认的工作表标签颜色是相同的,为了区别工作簿中的各个工作表,可以为工作表的标签设置不同的颜色。在工作表标签上单击鼠标右键,在弹出的快捷菜单中选择"工作表标签"→"标签颜色"命令,在打开的列表的"主题颜色"栏中选择需要的颜色选项即可。

六、单元格

单元格是工作表的基本单位，工作表中每个行列交叉处的小方格称为单元格，是填写数字和内容的位置，所有用户录入的数据以及处理的结果均是放在一个个的单元格中。每张工作表由 1 048 576×16 384 个单元格组成，列标由字母 A–XFD 表示，行号由数字 1–1 048 576 表示，列标和行号组合成单元格名称。单元格的基本操作包括选择单元格、合并与拆分单元格、插入与删除单元格、调整列宽与行高等。

(一)选择单元格

单元格是表格中行与列的交叉部分，它是组成表格的最小单位。当一个单元格被选定时，它的边框会变成绿线，其列标和行号会突出显示，并且在名称框中会看到其名称。选择单元格的方法有很多种，下面分别进行介绍。

(1)选择单个单元格：单击相应的单元格，或者用方向键移动到相应的单元格。

(2)选择连续单元格区域：单击要选定单元格区域的第一个单元格，然后拖动鼠标直到要选定的最后一个单元格，或者按住 Shift 键再单击单元格区域中最后一个单元格。

(3)选择不连续的单元格或单元格区域：选定第一个单元格或单元格区域，然后按住 Ctrl 键再选定其他的单元格或单元格区域。

(4)选择所有单元格：单击列标和行号交叉处的 ◢ "全选"按钮，或者单击空白单元格，再按 Ctrl + A 组合键。

(5)取消选定的区域：单击工作表中其他任意单元格，或者按方向键。

(6)选择单列或单行：单击列标或行号。

(7)选择连续的列或行：沿列标或行号拖动鼠标，或者先选定第一列或第一行，然后按住 Shift 键再单击要选定的最后一列或最后一行的列或行。

(8)选择不连续的列或行：先选定第一列或第一行，然后按住 Ctrl 键再选定其他的列或行。

(二)合并与拆分单元格

合并单元格是将两个或多个单元格合并为一个单元格，在"竞赛信息 .xlsx"工作簿中，选中要合并的单元格区域 A1: I1，单击"开始"菜单中的"合并"→"合并居中"按钮即可。

拆分单元格时需先选择合并后的单元格，然后单击"合并居中"按钮，或单击鼠标右键，在打开的快捷菜单中选择"设置单元格格式"选项，打开"单元格格式"对话框，在"对齐"选项卡中的"文本控制"栏中取消选中"合并单元格"复选框，然后单击"确定"按钮，即可拆分已合并的单元格。

（三）插入与删除单元格

1.插入单元格

（1）选择单元格，在"开始"选项卡中单击"行和列"按钮，在打开的下拉列表中选择"插入单元格"选项，再在打开的子列表中选择"整行"或"整列"，输入需要插入的行数或列数，即可插入整行或整列单元格，如图3-5所示。

（2）在"开始"选项卡中单击"行和列"按钮，在打开的下拉列表中选择"插入单元格"选项，再在打开的子列表中选择"插入单元格"选项，打开"插入"对话框，选中"活动单元格右移"单选按钮或"活动单元格下移"单选按钮，单击"确定"按钮，即可在被选中的单元格的左侧或上侧插入单元格，如图3-6所示。

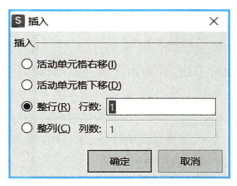 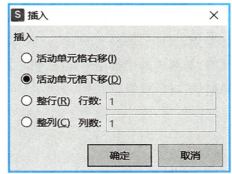

图3-5　按行列插入单元格　　　图3-6　单元格上下移插入单元格

2.删除单元格

（1）选择要删除的行或列中的单元格，单击"开始"选项卡中的"行和列"按钮，在打开的下拉列表中选择"删除单元格"选项，再在打开的子列表中选择"删除行"或"删除列"选项，即可删除整行或整列单元格，如图3-7所示。

（2）选择"删除单元格"选项，打开"删除"对话框选中对应单选按钮后，单击"确定"按钮即可删除所选单元格，并使不同位置的单元格代替所选单元格，如图3-8所示。

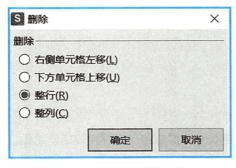 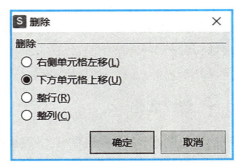

图3-7　按行列删除单元格　　　图3-8　单元格上下移删除单元格

（四）调整行高与列宽

（1）通过"行高"或"列宽"对话框调整：选择相应的单元格，在"开始"功能选项卡中单击"行和列"按钮，在打开的列表中选择"行高"或"列宽"选项，可在打开的"行高"或"列宽"对话框中输入适当的数值来调整行高或列宽。

笔记

笔记

（2）自动调整：选择相应的单元格，在"开始"功能选项卡中单击"行和列"按钮，在打开的列表中选择"最合适的行高"或"最合适的列宽"命令，WPS 表格将根据单元格中的内容自动调整行高或列宽。

（3）拖动鼠标指针调整：将鼠标指针移到行号或列标的分割线上，当鼠标指针变为➕或➕形状时，按住鼠标左键不放，此时在鼠标指针右上角出现一个提示条，并显示当前位置处的行高或列宽值，拖动鼠标指针即可调整该表行高或列宽，改变大小后的值将显示在鼠标指针右上角的提示条中。

七、数据格式设置

单元格可以选择的内置数字格式类型共有 12 种，分别为常规、数值、货币、会计专用、日期、时间、百分比、分数、科学记数、文本、特殊和自定义。设置数据格式时，需要先选中数据单元格，再单击鼠标右键，在弹出的列表里选择"设置单元格格式"进行设置，如图 3-9 所示。

图 3-9
设置单元格格式窗口

▶ 任务实施

一、建立表格

小 e 先熟悉 WPS 表格的工作界面，启动 WPS 2019，用鼠标双击桌面上的 WPS Office 快捷图标 或单击"开始"菜单中选择"所有程序"→"WPS Office"命令来启动。

（1）启动 WPS 2019 后，按顺序单击"新建 ➕ "→"表格 🔲 "→"新建空白文档"，即启动 WPS 表格的编辑环境。

（2）自动新建了一个空白的工作簿，默认名称为"工作簿1"。

（3）在工作表的相应单元格中录入数据。

工作表内单元格的数据类型有文本类型、数值类型、货币类型，用鼠标右键单击目标单元格即可将其选中，也可以通过"↑""↓""←""→"方向键切换至相邻单元格，录入相关数据。

二、保存表格

单击快速访问工具栏中的"保存"按钮，可保存WPS表格。首次保存WPS表格时，需要在"另存为"对话框中设置保存路径与文件名。设置完成后，单击"保存"按钮可实现WPS表格的保存。通过点击窗口"文件 ≡ 文件"，在保存文档副本对话框中选择"Excel文件（*.xlsx）"，在弹出的"另存为"对话框中更改文件名为"大学生技能竞赛选手信息表"，并将文件保存位置设置到"D:\wps\数据表格"文件夹中。如图3-10所示。

图3-10　WPS表格"另存为"对话框

三、创建竞赛选手基本信息表

在WPS 2019中新建一个空白表格，设置列标题为参赛号、姓名、性别、年龄、身份证号、所在专业、联系方式和初赛成绩，在表格中输入选手的基本信息。

（1）打开WPS 2019软件，点击"新建"按钮，选择"表格"，右击工作表标签"Sheet1"，在弹出的菜单中选择"重命名"，输入文本"技能竞赛选手信息表"。

（2）选择A1单元格，输入"大学生技能竞赛选手信息表"，在A2:I2中依次输入序号、参赛号、姓名、性别、年龄、身份证号、所在专业、联系方式、初赛成绩，如图3-11所示。

笔记

图3-11　创建大学生技能竞赛选手信息表

（3）选择单元格区域A1:I1，单击"开始"选项卡中的"合并及居中"按钮，完成标题行合并及居中，如图3-12所示。

图3-12　技能竞赛选手信息表标题行合并居中

（4）选择序号列A3单元格，填入数字1，选中A3，将鼠标移至单元格右下角出现"+"填充柄，可直接拖曳填充柄至A18，即可填充A4-A18，完成序号输入。

四、自定义格式编辑参赛号

参赛号应包含赛项代码和顺序号，例如"ABC12345"，可以使用自定义格式实现。选中参赛号列，点击右键选择"设置单元格格式"，在弹出的对话框中，选择"自定义"，输入"!S-000"，点击"确定"，即可实现参赛号的自定义格式。之后在B3中输入1，选中B3，将鼠标移至单元格右下角出现"+"填充柄，可直接拖曳填充柄至B18，即可填充B4:B18，如图3-13所示。

序号	参赛号	姓名	性别	年龄	身份证号	所在专业	联系方式	初赛成绩
1	S-001							
2	S-002							
3	S-003							
4	S-004							
5	S-005							
6	S-006							
7	S-007							
8	S-008							
9	S-009							
10	S-010							
11	S-011							
12	S-012							
13	S-013							
14	S-014							
15	S-015							
16	S-016							

图3-13　自定义格式编辑"参赛号"列

五、制作性别、所在专业下拉列表

在WPS表格中，可以通过设置下拉列表实现数据验证输入。选中"性别"

列,点击"数据"选项卡→"下拉列表"按钮,如图3-14所示,在弹出的对话框中,选择"手动添加下拉选项",输入"男""女",再点击确定,即可制作性别下拉列表。同理,可以制作所在专业下拉列表。

✍ 笔记

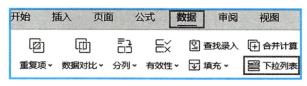

图3-14　制作下拉列表

步骤1:选中性别所在的单元格D3:D18区域。

步骤2:点击"数据"选项卡中的"数据"组,选择"下拉列表"。

步骤3:在弹出的"插入下拉列表"对话框中,选择"手动添加下拉选项",输入"男""女",如图3-15所示。

步骤4:点击"确定"按钮,完成性别下拉列表的制作,并根据选手信息以下拉方式完成"性别"列的信息录入。

步骤5:按照同样的方法,制作所在专业的下拉列表,并根据选手信息以下拉方式完成"所在专业"列的信息录入,如图3-16所示。

图3-15
插入"性别"列下拉列表数据

图3-16
插入"所在专业"列下拉
列表数据

六、设置年龄数据有效性

年龄列应确保输入的是有效的年龄数字，可以通过设置年龄列数据有效性方式来实现。

步骤1：选中年龄列所在的单元格E3：E18区域。

步骤2：点击"数据"选项卡，选择"有效性"下拉列表中的 EX 有效性(V) 选项。

步骤3：在弹出的"数据有效性"对话框中，选择"整数"类别，选择"介于"选项，并在"最小值"和"最大值"框中输入合适的年龄范围，如填入"16"和"30"，如图3-17所示。

图3-17
数据有效性设置

步骤4：点击"确定"按钮，完成年龄数据验证的设置，根据选手信息录入年龄列。

七、文本格式的身份证号与联系方式输入

身份证号和联系方式应确保准确无误。在输入时，可以通过在相应单元格中输入特定的格式来实现数据的准确性。

步骤1：选中身份证号、联系方式两列F3：F18、H3：H18区域，右键选择 设置单元格格式(F)... 按钮，在"单元格格式"对话框中选择"文本"格式，点击"确定"按钮，如图3-18所示。

图3-18
设置单元格"文本"输入格式

步骤2：根据参赛选手的信息，输入身份证号和联系方式。

步骤3：确保身份证号和联系方式的数据格式正确，并进行必要的格式化。

八、初赛成绩输入

初赛成绩应确保是有效的数字。在输入时，可以通过在相应单元格中输入特定的格式来实现数据的准确性，要求初赛成绩的格式为保留两位小数。

步骤1：选中初赛成绩列I3:I18区域，右键选择 设置单元格格式(F)... 按钮，在"单元格格式"对话框中选择"数值"格式，小数位数输入2，即保留两位小数，如图3-19所示。

图3-19
设置单元格数值输入格式

步骤2：根据参赛选手的成绩，输入初赛成绩。

步骤3：确保初赛成绩的数据格式正确，并进行必要的格式设置。

笔记

▶ **任务评价**

任务编号：WPS-3-1	实训任务：制作大学生技能竞赛选手信息表		日期：
姓名：	班级：		学号：

一、任务描述

学会创建 WPS 表格，制作一个大学生技能竞赛选手信息表。表格应包括选手的序号、参赛号、姓名、性别、年龄、身份证号、所在专业、联系方式和初赛成绩等信息，根据样表信息录入数据，将表格保存至 D:\wps\名字+大学生技能竞赛选手信息表.xlsx。完成后的效果如【任务样张 3.1】。

二、【任务样张 3.1】

	A	B	C	D	E	F	G	H	I
1					大学生技能竞赛选手信息表				
2	序号	参赛号	姓名	性别	年龄	身份证号	所在专业	联系方式	初赛成绩
3	1	S-0001	陈卓磊	男	18	340102200503012855	软件技术	15367863421	92.50
4	2	S-0002	高盛宇	男	19	340102200409131334	软件技术	14636353346	94.00
5	3	S-0003	方静红	女	17	340102200611193462	网络技术	18648234528	95.50
6	4	S-0004	杨小雨	男	28	340102199550815375	电子商务	13482346792	92.00
7	5	S-0005	张艺梅	女	18	340102200506235265	网络技术	15287453087	70.50
8	6	S-0006	丁博明	男	19	340102200407087272	软件技术	15835839654	68.50
9	7	S-0007	李晨希	男	20	340102200312137852	电子商务	14576532986	86.00
10	8	S-0008	王炎忠	男	19	340102200411042734	软件技术	18376542084	85.50
11	9	S-0009	李子悦	女	17	340102200612020223	网络技术	14636528473	78.00
12	10	S-0010	林旭洋	女	18	340102200503160986	软件技术	14782648672	87.50
13	11	S-0011	黄泽成	男	19	340102200402113433	电子商务	18656349286	91.00
14	12	S-0012	周思怡	女	16	340102200703210765	软件技术	16378659543	80.50
15	13	S-0013	刘嘉悦	女	18	340102200511053243	电子商务	15783643566	65.00
16	14	S-0014	杨雨彤	女	18	340102200405138624	网络技术	16134863573	93.50
17	15	S-0015	张轩浩	男	19	340102200409164573	电子商务	15576342846	91.00
18	16	S-0016	孙启星	男	18	340102200503232356	软件技术	15186749375	88.50

三、任务实施

1. 创建竞赛选手信息表。

2. 自定义参赛号格式。

3. 制作性别、所在专业下拉列表。

4. 设置年龄数据有效性。

5. 输入身份证号与联系方式。

6. 输入初赛成绩。

7. 保存文件。

四、任务执行评价

序号	考核指标	所占分值	备注	得分
1	任务完成情况	30	是否在规定时间内完成并按时上交任务单	
2	成果质量	70	按标准完成，或富有创意、合理性评价	
	总分			

指导教师：

日期： 年 月 日

制作大学生技能
竞赛选手信息表

笔记

任务 ②

大学生技能竞赛成绩统计

▶ 任务导航

知识目标	1.掌握WPS表格的格式设置、编辑、计算等功能 2.理解并掌握公式和函数的使用方法,包括绝对引用、相对引用等概念
能力目标	1.利用WPS表格完成数据的统计计算等操作 2.根据实际需求,编写和调试公式和函数
素养目标	1.培养解决实际问题的能力,通过完成实际任务,提高对数据处理的敏感度和兴趣 2.培养团队协作精神;通过小组讨论和交流,提高沟通能力
任务重点	1.利用WPS表格完成数据的统计和分析、表格格式设置 2.掌握公式和函数的使用方法
任务难点	合理运用公式和函数进行数据计算和统计分析,确保结果的准确性和可靠性

▶ 任务描述

　　本次任务是统计大学生技能竞赛选手的成绩以制作技能竞赛成绩统计表。通过实际的成绩统计任务,我们致力于培养学生的数据处理能力,激发他们对数据的敏感度和分析兴趣,鼓励学生参与小组讨论和交流,以此提升他们的团队协作能力和沟通技巧,为其全面发展打下坚实基础。在本任务中,大赛组委会工作人员小e通过WPS表格完成大学生技能竞赛成绩统计计算。完成数据录入,完成表格格式设置,灵活运用公式和函数进行数据计算和统计分析。根据这些信息计算每个选手的总成绩,计算最高分、最低分、平均分、排名及奖项等级。

笔记

▶ 预备知识

一、单元格地址

使用公式需要引用单元格地址，单元格地址的表示方法有相对地址、绝对地址和混合地址三种，它们在复制和移动单元格时效果是不同的。

（1）相对地址：相对于公式所在单元格位置的地址。当该公式被复制或移动到别的单元格时，Excel可以根据移动的位置自动调节引用单元格的地址。相对地址由列标与行号组合表示，如A2、K14。

（2）绝对地址：固定位置的单元格地址，它与包含公式的单元格位置无关。在列标和行号前面均加上$符号，就表示绝对单元格地址，如$B$5、$H$3。

（3）混合地址：在地址表示中既有相对引用，又有绝对引用，如$A8、K$6。

在公式中，我们主要使用的是相对地址。

二、"设置单元格格式"对话框

选择单元格后，单击菜单栏中"开始"菜单下的"单元格"菜单中"设置单元格格式"，或者鼠标右键菜单中的"设置单元格格式"，即可打开"单元格格式"对话框。该对话框中包含了数字、对齐、字体、边框、填充等选项卡，如图3-20所示。

图3-20
"单元格格式"对话框

（一）"数字"选项卡

该选项卡用于设置被选择的单元格中内容的数据类型及数据格式。表格中可以输入多种类型的数据，包括文本型、数值型、货币型、日期型、时间型等。用户可以根据需要实现不同的数据输入和数据类型格式设置。设置时，可以选定对应区域→鼠标右击→"设置单元格格式"→"数字"对话框，根据要求进行设置。

（二）"对齐"选项卡

该选项卡可以设置单元格内容的水平对齐方式、垂直对齐方式、单元格中文字方向以及单元格内容在列宽较小的情况下自动换行等效果。用户可以根据需要实现不同的对齐方式。设置时，可以选定对应区域→鼠标右击→"设置单元格格式"→"对齐"对话框，根据要求进行选择，点击"确定"进行设置。

（三）"字体"选项卡

该选项卡可以设置单元格中内容的字体、字形、字号、下划线类型、文字颜色、特殊效果。设置时，可以选定对应区域→鼠标右击→"设置单元格格式"→"字体"对话框，根据要求选择相应字体、字形、字号、颜色，点击"确定"进行设置。

（四）"边框"选项卡

该选项卡可以设置单元格的边框效果，包括显示哪些部分的边框，以及各部分边框的颜色和样式。设置时，可以选定对应区域→鼠标右击→"设置单元格格式"→"边框"对话框，根据要求选择相应线条样式、颜色的内外边框，点击"确定"进行设置。

（五）"填充"选项卡

该选项卡可以设置单元格的背景填充成不同的颜色及图案效果。设置时，可以选定对应区域→鼠标右击→"设置单元格格式"→"填充"对话框，根据要求选择相应背景色、图案样式，点击"确定"进行设置。

三、设置列宽和行高

可以通过调整数据表的行高和列宽来美化数据表。可以直接拖动调整，也可以通过打开行高或列宽对话框输入数值调整，还可以使用Excel提供的自动调整命令；可以只调整某一行或某一列，也可以同时调整多行或多列。

（一）设置最适合的列宽

最适合的列宽是指一列的列宽正好能容纳本列中的最宽数据。设置最适合列宽的方法如下。

（1）选定要设置的列。

（2）选择"开始"→"行和列"下拉设置"最适合的列宽"，如图3-21所示。

笔记

图3-21
设置列宽

（二）设置任意列宽

（1）选定要设置的列。

（2）将鼠标指针移到两列的列标之间，指针变成左右带有双箭头的十字。

（3）左右拖动鼠标，调整宽度即可。

（三）设置具体的列宽

（1）选定要设置的列。

（2）选择"开始"→"行和列"下拉设置"列宽"对话框，如图3-22所示。

（3）在"列宽"框中输入具体的列宽数字，单击确定，保存并退出。

图3-22
设置具体列宽

（四）设置行高

最适合的行高是指一行的行高正好能容纳本行中最高的数据。设置行高的方法与设置列宽类似，只需将上述的"列"改为"行"即可。

四、公式

（一）运算符

在公式中需要使用一些运算符号，常见的运算符号见表3-1。运算符之间也有优先次序：算术运算符 > 文本运算符 > 关系运算符。其中，文本运算符&是将两个字符串连接成一个字符串。

表3-1 常见运算符号

运算符类别	运算符
算术运算符	+ — * / %
文本运算符	&
关系运算符	> < >= <= <> =

(二)输入公式

公式是表格中用于计算的式子,可以对工作表中的数据进行加、减、乘、除等运算,该式子以"="开始,后面是参与运算的运算数、运算符以及函数等内容。公式输入后需要单击编辑栏中的"√",确认输入。

说明:如果在编写公式过程中出现错误,可以按Esc键或单击编辑栏中的"×"图标撤销本步操作。

五、函数的使用

函数是Excel内置的具备特定功能的式子。应用函数时,要按照函数的要求提供相应的参数,才能得到需求的结果。函数的格式为:函数名(参数)。有些函数不需要参数,参数部分可置空。表3-2中列出了部分常用函数,更多函数可查看WPS表格函数列表。

表3-2 常见运算符号

函数名	函数功能
SUM	用于计算区域内的数值总和。例如,"=SUM(A1:A10)"将计算A1至A10单元格中的数值总和
AVERAGE	用于计算区域内的数值平均值。例如,"=AVERAGE(A1:A10)"将计算A1至A10单元格中的数值平均值
IF	判断是否满足某个条件,如果满足返回一个值,如果不满足则返回另一个值;根据条件的成立与否返回不同的值。例如,"=IF(A1>10,"合格","不合格")"将判断A1单元格中的数值是否大于10,如果大于10则返回"合格",否则返回"不合格"
LEN	用于计算文本字符串的长度。例如,在身份证号、电话号码等文本数据中,可能需要根据长度进行筛选或判断
COUNT	用于计算一定范围内的单元格个数。例如,"=COUNT(A1:A10)"将计算A1至A10单元格中非空单元格的个数
COUNTIF	计算某个区域中满足给定条件的单元格的个数
MIN	返回一组数值中的最小值,忽略逻辑值及文本。例如,"=MIN(A1:A10)"将计算A1至A10单元格中的最小值
MAX	返回一组数值中的最大值,忽略逻辑值及文本。例如,"=MAX(A1:A10)"将计算A1至A10单元格中的最大值
VLOOKUP	根据指定的值在一定范围内查找对应的值。例如,"=VLOOKUP("张三",A1:B10,2,FALSE)"将在A1至B10区域中查找"张三"对应的成绩

笔记

表3-2　常见运算符号

函数名	函数功能
ROUND	对数值按指定的位数四舍五入。例如，"=ROUND(8/9,3)"将把8/9的计算结果四舍五入到3位小数，结果为0.889
INT	用于提取整数部分。例如，"=INT(8.9)"将返回整数部分的结果为8
DATE	此函数能够将数字转换为日期格式，使得数字数据能够以更直观的方式呈现

 任务实施

一、表格格式设置

首先完善表格数据，对表格进行格式设置。①打开表格，在"身份证号"列后插入两列，分别是"身份证长度验证"和"是否符合要求"。②在A1中输入"大学生技能竞赛成绩统计表"，对区域（A1-O1）合并单元格。③设置字体为黑体，字号为18。④其他各行内容字体设置为：宋体、12号，居中；将A2:O2单元格填充背景色为标准色：浅蓝，字体加粗。⑤为（A2-O21）区域单元格应用红色、双实线外边框，黑色、单实线内部线。具体步骤如下：

（1）在WPS表格中F列后插入2列，选中F列，右键选择"在右侧插入列"，弹出插入对话框，设置插入列数字，如图3-23所示。在G2中编辑"身份证长度验证"，H2中编辑"是否符合要求"。重复以上操作，在表格中K列后插入4列，在L2～O2中依次输入文字"复赛成绩""总成绩""名次""奖项"。

图3-23
插入列操作

（2）在A19、A20、A21单元格中分别输入最高分、最低分、平均分，A19:J19、A20:J20、A21:J21合并居中，如图3-24所示。

（3）在A1中输入"大学生技能竞赛成绩统计表"，选择区域A1:O1，单击"开始"选项卡的"合并"按钮，完成合并居中设置，如图3-24所示。

图3-24　成绩统计表数据录入

（4）选择区域A1:O1，右键进入"设置单元格格式"设置字体为黑体，字号为18，如图3-25所示。将A2:O2区域字体设置为宋体、12号，居中。

图3-25
设置单元格字体格式

（5）选择表格A2:O21，右键进入"设置单元格格式"，再进入"边框"选项卡，设置边框格式，如图3-26所示。

图3-26
设置边框格式

笔记

笔记

（6）根据任务要求，完成表格格式设置及数据录入，如图3-27所示。

序号	参赛号	姓名	性别	年龄	身份证号	身份证长度验证	是否符合要求	所在专业	联系方式	初赛成绩	复赛成绩	总成绩	名次	奖项
大学生技能竞赛成绩统计表														
1	S-0001	陈卓磊	男	18	340102200503012855			软件技术	15367863421	92.50				
2	S-0002	高盛宇	男	19	340102200409131334			软件技术	14636353346	94.00				
3	S-0003	方静红	女	17	3401022006111934692			网络技术	18648234528	95.50				
4	S-0004	杨小丽	男	28	340102199550815375			电子商务	13482346792	92.00				
5	S-0005	张艺梅	女	18	340102200506235265			网络技术	15287453087	70.50				
6	S-0006	丁博明	男	19	340102200407087272			软件技术	15835839654	68.50				
7	S-0007	李晨希	男	20	340102200312137852			电子商务	14576532986	86.00				
8	S-0008	王炎忠	男	19	340102200411042734			软件技术	18376542084	85.50				
9	S-0009	李子悦	女	17	340102200612020223			网络技术	14636528473	78.00				
10	S-0010	林旭洋	女	19	340102200503160986			软件技术	14782648672	87.50				
11	S-0011	黄泽成	男	19	340102200402113433			电子商务	18656349286	91.00				
12	S-0012	周思怡	女	16	340102200703210765			软件技术	16378659543	92.50				
13	S-0013	刘嘉悦	女	19	340102200511053243			电子商务	15783643566	65.00				
14	S-0014	杨雨彤	女	19	340102200405138624			网络技术	16134863573	93.50				
15	S-0015	张轩浩	男	19	340102200409164673			电子商务	15576342846	91.00				
16	S-0016	孙启星	男	18	340102200503232356			软件技术	15186749375	88.50				
						最高分								
						最低分								
						平均分								

图3-27　完成表格格式设置

二、校对竞赛选手身份证号

在录入选手信息时，需要对身份证号进行校对，以保证信息的准确性。具体步骤如下：

（1）在WPS表格中，使用LEN函数计算身份证号的长度，如果长度不是18位，则说明该身份证号可能存在问题。F3中的身份证号为"340102200503012855"，在单元格G3中输入"=LEN(F3)"，回车后即可在G3中计算得到身份证号的长度。

（2）使用IF函数判断身份证号的长度是否符合要求。在单元格H3中输入"=IF(LEN(F3)=18,"正确","错误")"，回车后即可得到校对结果。

（3）使用自动填充功能拖曳填充柄，将G3和H3单元格中的公式复制到其他单元格中，完成所有选手身份证号的校对。可以发现序号为3的同学的身份证号验证长度是19，不符合要求，需要进一步核对更新，如图3-28、图3-29所示。

序号	参赛号	姓名	性别	年龄	身份证号	身份证长度验证	是否符合要求	所在专业	联系方式	初赛成绩	复赛成绩	总成绩	名次	奖项
大学生技能竞赛成绩统计表														
1	S-0001	陈卓磊	男	18	340102200503012855	18	正确	软件技术	15367863421	92.50				
2	S-0002	高盛宇	男	19	340102200409131334	18	正确	软件技术	14636353346	94.00				
3	S-0003	方静红	女	17	3401022006111934692	19	错误	网络技术	18648234528	95.50				
4	S-0004	杨小丽	男	28	340102199550815375	18	正确	电子商务	13482346792	92.00				
5	S-0005	张艺梅	女	18	340102200506235265	18	正确	网络技术	15287453087	70.50				
6	S-0006	丁博明	男	19	340102200407087272	18	正确	软件技术	15835839654	68.50				
7	S-0007	李晨希	男	20	340102200312137852	18	正确	电子商务	14576532986	86.00				
8	S-0008	王炎忠	男	19	340102200411042734	18	正确	软件技术	18376542084	85.50				
9	S-0009	李子悦	女	17	340102200612020223	18	正确	网络技术	14636528473	78.00				
10	S-0010	林旭洋	女	19	340102200503160986	18	正确	软件技术	14782648672	87.50				
11	S-0011	黄泽成	男	19	340102200402113433	18	正确	电子商务	18656349286	91.00				
12	S-0012	周思怡	女	16	340102200703210765	18	正确	软件技术	16378659543	92.50				
13	S-0013	刘嘉悦	女	19	340102200511053243	18	正确	电子商务	15783643566	65.00				
14	S-0014	杨雨彤	女	19	340102200405138624	18	正确	网络技术	16134863573	93.50				
15	S-0015	张轩浩	男	19	340102200409164673	18	正确	电子商务	15576342846	91.00				
16	S-0016	孙启星	男	18	340102200503232356	18	正确	软件技术	15186749375	88.50				
						最高分								
						最低分								
						平均分								

图3-28　核验有错误的情况

笔记

图3-29　核对更新后的情况

三、完善选手复赛成绩

在录入选手信息时，需要注意信息的完整性。按参考表格数据录入复赛成绩，进一步完善信息表各列数据，包括性别、专业、年级等，确保信息的准确性和完整性。完成身份证号验证后，从表中删除G列、H列，即"身份证长度验证""是否符合要求"2列，如图3-30所示。

序号	参赛号	姓名	性别	年龄	身份证号	所在专业	联系方式	初赛成绩	复赛成绩	总成绩	名次	奖项
1	S-0001	陈卓磊	男	18	340102200503012855	软件技术	15367863421	92.50	84.50			
2	S-0002	高盛宇	男	19	340102200409131334	软件技术	14636353346	94.00	83.00			
3	S-0003	方静红	女	17	340102200611193462	网络技术	18648234528	95.50	76.00			
4	S-0004	杨小雨	男	28	340102199550815375	电子商务	13482346792	92.00	49.00			
5	S-0005	张艺梅	女	18	340102200506235265	网络技术	15287453087	70.50	82.00			
6	S-0006	丁博明	男	19	340102200407087272	软件技术	15835839654	68.50	81.00			
7	S-0007	李晨希	男	20	340102200312137852	电子商务	14576532986	86.00	83.50			
8	S-0008	王炎忠	男	19	340102200411042734	软件技术	18376542084	85.50	87.50			
9	S-0009	李子悦	女	17	340102200612020223	网络技术	14636528473	78.00	85.00			
10	S-0010	林旭洋	女	18	340102200503160986	软件技术	14782648672	87.50	57.00			
11	S-0011	黄泽成	男	19	340102200402113433	电子商务	18656349286	91.00	79.00			
12	S-0012	周思怡	女	16	340102200703210765	软件技术	16378659543	92.50	90.50			
13	S-0013	刘嘉悦	女	18	340102200511053243	电子商务	15783643566	65.00	75.00			
14	S-0014	杨雨彤	女	19	340102200405138624	网络技术	16134863573	93.50	63.00			
15	S-0015	张轩浩	男	18	340102200409164573	电子商务	15576342846	91.00	88.00			
16	S-0016	孙启星	男	18	340102200503232356	软件技术	15186749375	88.50	58.50			
			最高分									
			最低分									
			平均分									

图3-30　删除两列后的数据表

四、使用公式计算总成绩

在统计选手成绩时，需要根据实际需求计算每个选手的总成绩。具体步骤如下：

（1）在WPS表格中，使用输入公式方式计算合成总成绩，其中初赛成绩占40%，复赛成绩占60%，输入公式计算每个选手的总成绩。在单元格K3中输入"=I3*0.4+J3*0.6"，回车后即可得到该选手的合成总成绩，如图3-31所示。

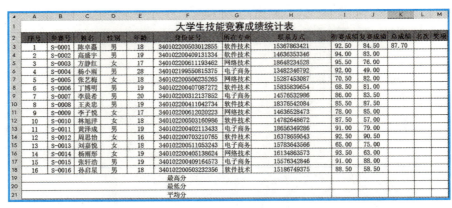

图3-31　输入公式计算总成绩

（2）使用自动填充功能将K3单元格中的公式复制到其他单元格中，使用拖曳填充柄的方式计算出其他选手的总成绩，并点击"保存"按钮，完成所有选手总成绩的计算，如图3-32所示。

大学生技能竞赛成绩统计表

序号	参赛号	姓名	性别	年龄	身份证号	所在专业	联系方式	初赛成绩	复赛成绩	总成绩	名次	奖项
1	S-0001	陈卓磊	男	18	340102200503012855	软件技术	15367863421	92.50	84.50	87.70		
2	S-0002	高盛宇	男	19	340102200409131334	软件技术	14636353346	94.00	83.00	87.40		
3	S-0003	方静红	女	17	340102200611193462	网络技术	18648234528	95.50	76.00	83.80		
4	S-0004	杨小雨	男	28	340102199550815375	电子商务	13482346792	92.00	49.00	66.20		
5	S-0005	张艺梅	女	18	340102200506235265	网络技术	15287453087	70.50	82.00	77.40		
6	S-0006	丁博明	男	19	340102200407087272	软件技术	15835839654	68.50	81.00	76.00		
7	S-0007	李晨希	男	20	340102200312137852	电子商务	14576532986	86.00	83.50	84.50		
8	S-0008	王炎忠	男	19	340102200411042734	软件技术	18376542084	85.50	87.50	86.70		
9	S-0009	李子悦	女	17	340102200612020223	网络技术	14636528473	78.00	85.00	82.20		
10	S-0010	林旭洋	女	18	340102200503160986	软件技术	14782648672	87.50	57.00	69.20		
11	S-0011	黄泽成	男	19	340102200402113433	电子商务	18656349286	91.00	79.00	83.80		
12	S-0012	周思怡	女	16	340102200703210765	软件技术	16378659543	92.50	90.50	91.30		
13	S-0013	刘嘉悦	女	19	340102200511053243	电子商务	15783643566	65.00	75.00	71.00		
14	S-0014	杨雨彤	女	19	340102200405138624	网络技术	16134863573	93.50	63.00	75.20		
15	S-0015	张轩浩	男	19	340102200409164573	电子商务	15576342846	91.00	88.00	89.20		
16	S-0016	孙启星	男	18	340102200503232356	软件技术	15186749375	88.50	58.50	70.50		
最高分												
最低分												
平均分												

图3-32　完成计算其他选手总成绩

五、函数的使用

（一）计算"大学生技能竞赛成绩统计表"中的"最高分"和"最低分"

（1）选择I19单元格，选择"开始"选项卡→∑ 求和 ∨ 下拉菜单中"最大值"命令，如图3-33所示，设定函数的参数范围为I3:I18，此时I19单元格中公式为"=MAX(I3:I18)"，按"Enter"键或 ✓ 按钮确认。选择I19单元格，按照前述计算总成绩的方法，横向拖曳填充柄至K19，自动填充获得对应列最高分。

笔记

$\sum$	求和(S)
Avg	平均值(A)
Cnt	计数(C)
Max	最大值(M)
Min	最小值(I)
	条件统计
	其他函数(F)...

图3-33
最大值函数使用

（2）选择I20单元格，选择 $\sum$ 求和 ▾ 按钮的下拉菜单中"最小值"命令，设定函数的参数范围为I3:I18，此时I20单元格中公式为"=MIN(I3:I18)"，按"Enter"键或 ✓ 按钮确认。选择I20单元格，按照前述计算总成绩的方法，横向拖曳填充柄至K20，自动填充获得对应列最低分。如图3-34所示。

序号	参赛号	姓名	性别	年龄	身份证号	所在专业	联系方式	初赛成绩	复赛成绩	总成绩	名次	奖项
\multicolumn{13}{c}{大学生技能竞赛成绩统计表}
1	S-0001	陈卓磊	男	18	340102200503012855	软件技术	15367863421	92.50	84.50	87.70		
2	S-0002	高盛宇	男	19	340102200409131334	软件技术	14636353346	94.00	83.00	87.40		
3	S-0003	方静红	女	17	340102200611193462	网络技术	18648234528	95.50	76.00	83.80		
4	S-0004	杨小雨	男	28	340102199550815375	电子商务	13482346792	92.00	40.00	66.20		
5	S-0005	张艺梅	女	18	340102200506235265	网络技术	15287453087	70.50	82.00	77.40		
6	S-0006	丁博明	男	19	340102200407087272	软件技术	15835839654	68.50	81.00	76.00		
7	S-0007	李晨希	男	20	340102200312137852	电子商务	14576532986	86.00	83.50	84.50		
8	S-0008	王类忠	男	19	340102200411042734	软件技术	18376542084	85.50	87.50	86.70		
9	S-0009	李子悦	女	17	340102200612020223	网络技术	14636528473	78.00	85.00	82.20		
10	S-0010	林旭洋	女	19	340102200503160986	软件技术	14782648672	87.50	57.00	69.20		
11	S-0011	黄泽成	男	19	340102200402113433	网络技术	18656349286	91.00	79.00	83.80		
12	S-0012	周思怡	女	16	340102200703210765	软件技术	16378659543	92.50	90.50	91.30		
13	S-0013	刘嘉悦	女	18	340102200511053243	电子商务	15783643566	65.00	75.00	71.00		
14	S-0014	杨雨彤	女	19	340102200405138624	网络技术	16134863573	93.50	63.00	75.20		
15	S-0015	张轩浩	男	19	340102200409164573	电子商务	15576342846	91.00	88.00	89.20		
16	S-0016	孙启星	男	18	340102200503232356	软件技术	15186749375	88.50	58.50	70.50		
\multicolumn{8}{c}{最高分}	95.50	90.50	91.30		
\multicolumn{8}{c}{最低分}	65.00	49.00	66.20		
\multicolumn{8}{c}{平均分}					

图3-34　利用函数计算最高分与最低分

（二）计算"大学生技能竞赛成绩统计表"中的"平均分"

选择I21单元格，选择 $\sum$ 求和 ▾ 按钮的下拉菜单中"平均值"命令，设定函数的参数范围为I3∶I18，此时在I21单元格中自动添加了公式"=AVERAGE(I3:I18)"，按"Enter"键或 ✓ 按钮确认，表示对I3:I18区域中的单元格计算平均值，如图3-35所示。

笔记

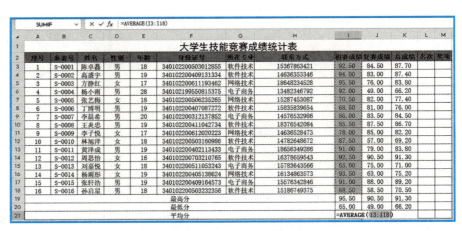

大学生技能竞赛成绩统计表

序号	参赛号	姓名	性别	年龄	身份证号	所在专业	联系方式	初赛成绩	复赛成绩	总成绩	名次	奖项
1	S-0001	陈卓磊	男	18	340102200503012855	软件技术	15367863421	92.50	84.50	87.70		
2	S-0002	高盛宇	男	19	340102200409131334	软件技术	14636353346	94.00	83.00	87.40		
3	S-0003	方静红	女	17	340102200611193462	网络技术	18648234528	95.50	76.00	83.80		
4	S-0004	杨小雨	男	28	340102199550815375	电子商务	13482346792	92.00	49.00	66.20		
5	S-0005	张艺梅	女	18	340102200506235265	网络技术	15287453087	70.50	82.00	77.40		
6	S-0006	丁博明	男	19	340102200407087272	软件技术	15835839654	68.50	81.00	76.00		
7	S-0007	李晨希	男	20	340102200312137852	电子商务	14576532986	86.00	83.50	84.50		
8	S-0008	王奕忠	男	19	340102200411042734	软件技术	18376542084	85.50	87.50	86.70		
9	S-0009	李子悦	女	17	340102200612020223	网络技术	14636528473	78.00	85.00	82.20		
10	S-0010	林旭洋	女	18	340102200503160986	软件技术	14782648672	87.50	57.00	69.20		
11	S-0011	黄泽成	男	19	340102200402113433	电子商务	18656349286	91.00	79.00	83.80		
12	S-0012	周思怡	女	16	340102200703210765	网络技术	16378659543	92.50	90.50	91.30		
13	S-0013	刘嘉悦	女	18	340102200511053243	电子商务	15783643566	65.00	75.00	71.00		
14	S-0014	杨丽彤	女	18	340102200405138624	网络技术	16134863573	93.50	63.00	75.20		
15	S-0015	张轩浩	男	19	340102200409164573	电子商务	15576342846	91.00	88.00	89.20		
16	S-0016	孙启星	男	18	340102200503232356	软件技术	15186749375	58.50	58.50	70.50		
					最高分			95.50	90.50	91.30		
					最低分			65.00	49.00	66.20		
					平均分			=AVERAGE(I3:I18)				

图3-35 利用函数计算平均分

（三）计算"大学生技能竞赛成绩统计表"中的"名次"列

按照总成绩由高到低的情况来设置名次，相同分值的取最高名次。

1.计算第一名选手的名次

选择L3单元格，单击"公式"选项卡→插入函数按钮"*fx*"，打开"插入函数"对话框，在函数列表中选择函数"RANK.EQ"，单击"确定"按钮，如图3-36所示。

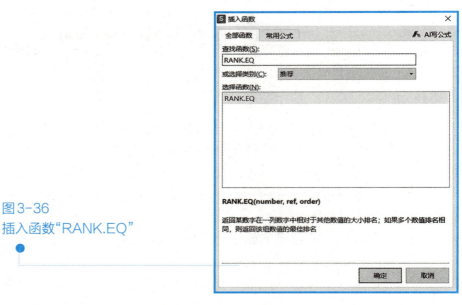

图3-36
插入函数"RANK.EQ"

打开函数参数对话框设置参数，单击"确定"按钮，如图3-37所示。此时，在L3编辑栏显示公式为"=RANK.EQ(K3,\$K\$3:\$K\$18)"，在L3单元格中显示的统计结果为"3"，表示K3的值相对于K3:K18区域中的值，按照从高到低排名为第3名。

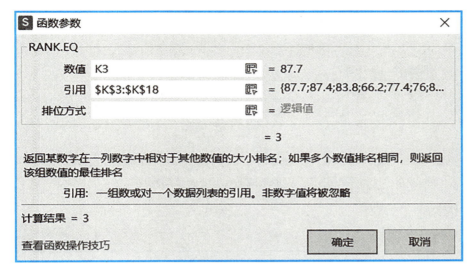

图3-37　设置参数

2.计算其他学生的名次

按照前面统计总分、平均分等数值的方法,使用拖曳填充柄的方式自动填充其他学生的名次情况,填充后效果如图3-38所示。注意引用数据区域用绝对地址:$K$3:$K$18。

序号	参赛号	姓名	性别	年龄	身份证号	所在专业	联系方式	初赛成绩	复赛成绩	总成绩	名次	奖项
1	S-0001	陈卓磊	男	18	340102200503012855	软件技术	15367863421	92.50	84.50	87.70	3	
2	S-0002	高盛宇	男	19	340102200409131334	软件技术	14636353346	94.00	83.00	87.40	4	
3	S-0003	方静红	女	17	340102200611193462	网络技术	18648234528	95.50	76.00	83.80	7	
4	S-0004	杨小雨	男	28	340102199550815375	电子商务	13482346792	92.00	49.00	66.20	16	
5	S-0005	张艺梅	女	18	340102200506235265	网络技术	15287453087	70.50	82.00	77.40	10	
6	S-0006	丁博明	男	19	340102200407087272	软件技术	15835839654	68.50	81.00	76.00	11	
7	S-0007	李晨希	男	20	340102200312137852	电子商务	14576532986	86.00	83.50	84.50	6	
8	S-0008	王炎忠	男	19	340102200411042734	软件技术	18376546264	85.50	87.50	86.70	5	
9	S-0009	李子悦	女	17	340102200612020223	网络技术	14636528473	78.00	85.00	82.20	9	
10	S-0010	林旭洋	女	18	340102200503160986	软件技术	14782648672	87.50	57.00	69.20	15	
11	S-0011	黄洋成	男	19	340102200402113433	电子商务	18656349286	91.00	79.00	83.80	7	
12	S-0012	周思怡	女	16	340102200703210765	软件技术	16378659543	92.50	90.50	91.30	1	
13	S-0013	刘嘉悦	女	17	340102200511053243	电子商务	15783643566	65.00	75.00	71.00	13	
14	S-0014	杨雨彤	女	19	340102200405138624	网络技术	16134863573	93.50	63.00	75.20	12	
15	S-0015	张轩浩	男	19	340102200409164573	电子商务	15576342846	91.00	88.00	89.20	2	
16	S-0016	孙启星	男	18	340102200503232356	软件技术	15186749375	88.50	58.50	70.50	14	
			最高分					95.50	90.50	91.30		
			最低分					65.00	49.00	66.20		
			平均分					85.72	76.41	80.13		

图3-38　计算其他选手名次

(四)计算"大学生技能竞赛成绩统计表"中的"奖项"列

按照总成绩的高低,根据竞赛规程奖项设置情况,一、二、三等奖获奖率分别是10%、20%、30%,则该16位竞赛选手中第1~2名获得一等奖、第3~5名获得二等奖、第5~10名获得三等奖,其他选手获得优秀奖。

1.计算第一名学生的奖项

下面按照两步来理解和计算奖项情况:

(1)选择M3单元格,单击插入函数按钮"f_x",在打开的对话框中,选择常用函数列表中的"IF"函数,单击"确定";打开如图3-39所示的IF函数的参数设置对话框,或者直接在O3单元格编辑"=IF(L3<=2,"一等奖",IF(L3<=5,"二等奖",(IF(L3<=10,"三等奖","优秀奖"))))"。

笔记

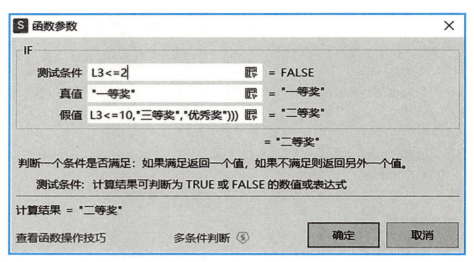

图 3-39　IF 函数的参数设置对话框

（2）按照图示设置三个参数，单击"确定"按钮后，在 M3 单元格中出现结果"二等奖"，查看单元格的编辑栏，可以看到公式为"=IF(L3<=2,"一等奖",IF(L3<=5,"二等奖",(IF(L3<=10,"三等奖","优秀奖"))))"。

该公式表示：先判断表达式"L3<=2"的结果是"真"还是"假"，如果是"真"，则公式结果是"一等奖"，否则公式结果是进入"IF(L3<=5,"二等奖",(IF(L3<=10,"三等奖","优秀奖")))"；再判断 L3<=5 结果是"真"还是"假"，如果是"真"，则公式结果是"二等奖"，否则公式结果是进入"IF(L3<=10,"三等奖","优秀奖")"；再判断 L3<=10 结果是"真"还是"假"，如果是"真"，则公式结果是"三等奖"，否则是"优秀奖"。由此可见，IF 函数的作用是根据一个条件判断，得出两种结果，编辑栏 IF 函数公式如图 3-40 所示。

图 3-40　IF 函数嵌套输入

至此，第一名学生的奖项情况计算完成。

2.计算其他学生的奖项

选择 M3 单元格，使用拖曳填充柄的方式，计算出其他学生的奖项，如图 3-41 所示。

大学生技能竞赛成绩统计表

序号	参赛号	姓名	性别	年龄	身份证号	所在专业	联系方式	初赛成绩	复赛成绩	总成绩	名次	奖项
1	S-0001	陈卓磊	男	18	340102200503012855	软件技术	15367863421	92.50	84.50	87.70	3	二等奖
2	S-0002	高盛宇	男	19	340102200409131334	软件技术	14636353346	94.00	83.00	87.40	4	二等奖
3	S-0003	方静红	女	17	340102200611193462	网络技术	18648234528	95.50	76.00	83.80	7	三等奖
4	S-0004	杨小雨	男	28	340102199550815375	电子商务	13482346792	92.00	49.00	66.20	16	优秀奖
5	S-0005	张艺梅	女	18	340102200506235265	网络技术	15287453087	70.50	82.00	77.40	10	三等奖
6	S-0006	丁博明	男	19	340102200407087272	软件技术	15835839654	68.50	81.00	76.00	11	优秀奖
7	S-0007	李晨希	男	20	340102200312137852	电子商务	14576532986	86.00	83.50	84.50	6	三等奖
8	S-0008	王炎忠	男	19	340102200411042734	软件技术	18376542084	85.50	87.50	86.70	5	二等奖
9	S-0009	李子悦	女	17	340102200612020223	网络技术	14636528473	78.00	85.00	82.20	9	三等奖
10	S-0010	林旭洋	女	18	340102200503160986	软件技术	14782648672	87.50	57.00	69.20	15	优秀奖
11	S-0011	黄泽成	男	19	340102200402113433	电子商务	18656349286	91.00	79.00	83.80	7	三等奖
12	S-0012	周思怡	女	16	340102200703210765	软件技术	16378659543	92.50	90.50	91.30	1	一等奖
13	S-0013	刘嘉悦	女	18	340102200511053243	电子商务	15783643566	65.00	75.00	71.00	13	优秀奖
14	S-0014	杨雨彤	女	19	340102200405138624	网络技术	16134863573	93.50	63.00	75.20	12	优秀奖
15	S-0015	张轩浩	男	19	340102200409164573	电子商务	15576342846	91.00	88.00	89.20	2	一等奖
16	S-0016	孙启星	男	18	340102200503232356	软件技术	15186749375	88.50	58.50	70.50	14	优秀奖
							最高分	95.50	90.50	91.30		
							最低分	65.00	49.00	66.20		
							平均分	85.72	76.41	80.13		

图3-41　计算其他学生的奖项

六、保存"大学生技能竞赛成绩统计表"工作表

点击工作窗口左上角"保存"  按钮,保存"大学生技能竞赛成绩统计表"工作表。点击工作窗口右上角"关闭" ✕ 按钮,关闭工作簿。至此,如图3-41所示效果的"大学生技能竞赛成绩统计表"相关数据就计算完成并保存了。

▶ 任务评价

任务编号:WPS-3-2	实训任务:大学生技能竞赛成绩统计	日期:
姓名:	班级:	学号:

一、任务描述

学会创建WPS表格,统计大学生技能竞赛选手成绩情况,制作技能竞赛成绩统计表。本任务要求学生使用WPS表格统计大学生技能竞赛选手的成绩情况。具体任务包括表格格式设置、使用公式计算竞赛选手总成绩,以及使用函数计算最高分、最低分及排名等。通过本任务的实施,学生将能够熟练掌握WPS表格的基本操作方法,灵活运用公式和函数进行数据计算和统计分析,并将表格保存在D:\wps\名字+技能竞赛成绩统计表.xlsx。完成后的效果如【任务样张3.2】。

二、【任务样张3.2】

大学生技能竞赛成绩统计表

序号	参赛号	姓名	性别	年龄	身份证号	所在专业	联系方式	初赛成绩	复赛成绩	总成绩	名次	奖项
1	S-0001	陈卓磊	男	18	340102200503012855	软件技术	15367863421	92.50	84.50	87.70	3	二等奖
2	S-0002	高盛宇	男	19	340102200409131334	软件技术	14636353346	94.00	83.00	87.40	4	二等奖
3	S-0003	方静红	女	17	340102200611193462	网络技术	18648234528	95.50	76.00	83.80	7	三等奖
4	S-0004	杨小雨	男	28	340102199550815375	电子商务	13482346792	92.00	49.00	66.20	16	优秀奖
5	S-0005	张艺梅	女	18	340102200506235265	网络技术	15287453087	70.50	82.00	77.40	10	三等奖
6	S-0006	丁博明	男	19	340102200407087272	软件技术	15835839654	68.50	81.00	76.00	11	优秀奖
7	S-0007	李晨希	男	20	340102200312137852	电子商务	14576532986	86.00	83.50	84.50	6	三等奖
8	S-0008	王炎忠	男	19	340102200411042734	软件技术	18376542084	85.50	87.50	86.70	5	二等奖
9	S-0009	李子悦	女	17	340102200612020223	网络技术	14636528473	78.00	85.00	82.20	9	三等奖
10	S-0010	林旭洋	女	18	340102200503160986	软件技术	14782648672	87.50	57.00	69.20	15	优秀奖
11	S-0011	黄泽成	男	19	340102200402113433	电子商务	18656349286	91.00	79.00	83.80	7	三等奖
12	S-0012	周思怡	女	16	340102200703210765	软件技术	16378659543	92.50	90.50	91.30	1	一等奖
13	S-0013	刘嘉悦	女	18	340102200511053243	电子商务	15783643566	65.00	75.00	71.00	13	优秀奖
14	S-0014	杨雨彤	女	19	340102200405138624	网络技术	16134863573	93.50	63.00	75.20	12	优秀奖
15	S-0015	张轩浩	男	19	340102200409164573	电子商务	15576342846	91.00	88.00	89.20	2	一等奖
16	S-0016	孙启星	男	18	340102200503232356	软件技术	15186749375	88.50	58.50	70.50	14	优秀奖
							最高分	95.50	90.50	91.30		
							最低分	65.00	49.00	66.20		
							平均分	85.72	76.41	80.13		

大学生技能竞赛成绩统计

笔记

笔记

三、任务实施

1.设置表格格式。

2.校对竞赛选手身份证号。

3.完善选手复赛成绩。

4.计算竞赛选手总成绩。

5.使用计算公式、函数。

6.保存文件。

四、任务执行评价

序号	考核指标	所占分值	备注	得分
1	任务完成情况	30	是否在规定时间内完成并按时上交任务单	
2	成果质量	70	按标准完成，或富有创意、合理性评价	
总分				

指导教师：

日期： 年 月 日

大学生技能竞赛成绩分析

 任务导航

知识目标	1.掌握使用WPS表格进行数据整理、分析 2.熟悉对大学生技能竞赛成绩分析表的数据处理和分析
能力目标	1.使用WPS表格对大学生技能竞赛成绩进行整理和分析 2.使用表格进行排序、筛选、分类汇总
素养目标	1.培养良好的数据处理和分析能力，能够从数据中提取有用的信息 2.培养数据思维和分析能力，提高数据处理和分析水平
任务重点	1.掌握WPS表格的基本操作方法，包括数据整理、筛选等 2.数据的排序、筛选、分类汇总
任务难点	数据的排序、筛选、分类汇总

任务描述

大赛组委会工作人员小 e 负责分析本校大学生在最近一次技能竞赛中的成绩情况。在本任务中,小 e 通过 WPS 表格来制作技能竞赛成绩分析表完成竞赛成绩分析。分析计算中需要使用 WPS 表格来完成以下任务:建立竞赛成绩分析表,得出每个选手的总分、对选手成绩进行排序,从高到低排列、对选手成绩进行筛选,对选手成绩进行分类汇总,分析各专业选手在各比赛项目中的表现,以及参赛队伍的整体情况。

预备知识

一、数据排序

成绩表中的数据是按照录入的先后顺序排列的,为了方便查看和分析数据,常常需要对数据区域进行重新排序,如将学生成绩按照总分从高到低排列。排序是最常用的处理数据的方式之一,WPS 表格中支持按照一个或多个字段的值进行各种复杂的排序。

(一)按一列排序

单击数据区域任一单元格或选定待排序数据区域,选择"数据"选项卡→"排序",再选择升序、降序或者自定义排序,调出"排序"对话框进行设置,如图 3-42 所示。

图 3-42 "排序"对话框

(二)按多列排序

单击数据区域任一单元格,选择"数据"选项卡→"排序",调出"排序"对话框进行设置。

步骤一:主要关键字选择一列,次序设置好。

步骤二:单击 **+ 添加条件(A)** 添加条件命令按钮。

步骤三:次要关键字,选择需要设定的另外一列,单击确定按钮,保存并退出，如图 3-43 所示。

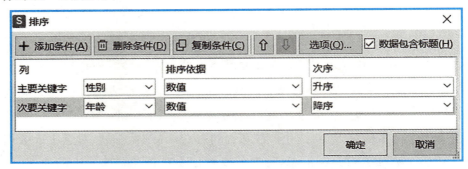

图 3-43 "排序"对话框多列排序设置

二、数据筛选

筛选是指将数据清单中满足条件的数据记录显示出来，而不满足条件的数据记录则被隐藏起来。筛选包括自动筛选和高级筛选。自动筛选提供了多种筛选方式，包括按颜色、按值等；高级筛选支持以自定义的条件进行筛选。

（一）自动筛选

选中表格中数据区域，选择"数据"选项卡→"筛选"→ 筛选(F)，此时每个列标题的右侧出现一个向下的箭头，即可实现数据的筛选。

（二）高级筛选

选中表格中数据区域，选择"数据"选项卡→"筛选"→ 高级筛选(A)...；填写筛选条件，在弹出的"高级筛选"对话框中设置"列表区域""条件区域""复制到"区域，即可实现数据的高级筛选，如图 3-44 所示。

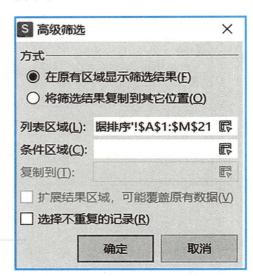

图 3-44
"高级筛选"对话框

三、分类汇总

分类汇总是指将数据区域按照某一字段进行分类，再按照某种汇总方式进行汇总分析。在汇总前,应该先将数据清单按照分类字段进行排序。

(一)创建分类汇总

选择"数据"选项卡→"分类汇总"命令,弹出"分类汇总"对话框,进行设置,如图3-45所示。

图3-45
"分类汇总"对话框

(二)取消分类汇总

选择"数据"选项卡→"分类汇总"命令,弹出"分类汇总"对话框,单击"全部删除"按钮即可。

▶ 任务实施

一、数据排序

在WPS表格中,可以使用"排序"功能对数据加以排序,进行整理和分析。

(一)竞赛成绩表中的数据先按照"总成绩"列降序排序

打开工作簿并编辑工作表,将工作表"大学生技能竞赛成绩表"复制一份,命名为"大学生技能竞赛成绩分析表-数据排序"。选中表格中数据区域A2:M18,单击"数据"选项卡→"排序"下拉菜单→"自定义排序"命令,打开"排序"对话框,如图3-46所示。根据选定的区域,该对话框的"数据包含标题"项目应该打"√"。单击"主要关键字"后的下拉列表,选择"总成绩",设置次序为"降序",单击"确定"按钮,如图3-47所示。

笔记

笔记

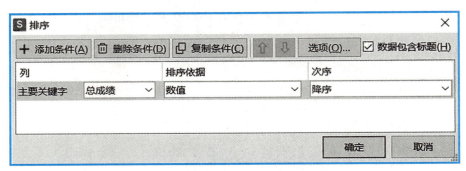

图3-46 "排序"对话框设置

图3-47 按照"总成绩"列降序排序结果

（二）竞赛成绩分析表中的数据先按照"性别"列降序排序，再按照"名次"列升序排序

（1）选中表内任一单元格，或者选择数据区域A2:M18，单击"数据"选项卡→"排序"下拉菜单→"自定义排序"命令，打开"排序"对话框。根据选定的区域，该对话框中的"数据包含标题"复选框应该打"√"。

（2）单击"主要关键字"后的下拉列表，选择"性别"，设置次序为"降序"。再单击"排序"对话框中的"添加条件"按钮，添加"次要关键字"为"名次"，设置次序为"升序"，如图3-48所示。

图3-48 "排序"对话框设置

单击"确定"按钮后，数据表的排序效果如图3-49所示。

序号	参赛号	姓名	性别	年龄	身份证号	所在专业	联系方式	初赛成绩	复赛成绩	总成绩	名次	奖项
					大学生技能竞赛成绩分析表							
12	S-0012	周思怡	女	16	340102200703210765	软件技术	16378659543	92.50	90.50	91.30	1	一等奖
3	S-0003	方静红	女	17	340102200611193462	网络技术	18648234528	95.50	76.00	83.80	7	三等奖
9	S-0009	李子悦	女	17	340102200612020223	网络技术	14636528473	78.00	85.00	82.20	9	三等奖
5	S-0005	张艺梅	女	18	340102200506235265	网络技术	15287453087	70.50	82.00	77.40	10	三等奖
14	S-0014	杨雨彤	女	19	340102200405138624	网络技术	16134863573	93.50	63.00	75.20	12	优秀奖
13	S-0013	刘嘉悦	女	18	340102200511053243	电子商务	15783643566	65.00	75.00	71.00	13	优秀奖
10	S-0010	林旭洋	女	18	340102200503160986	软件技术	14782648672	87.50	57.00	69.20	15	优秀奖
15	S-0015	张轩浩	男	19	340102200409164573	电子商务	15576342846	91.00	88.00	89.20	2	一等奖
1	S-0001	陈卓磊	男	18	340102200503012855	软件技术	15367863421	92.50	84.50	87.70	3	二等奖
2	S-0002	高盛宇	男	19	340102200409131334	软件技术	14636353346	94.00	83.00	87.40	4	二等奖
8	S-0008	王炎忠	男	19	340102200411042734	软件技术	18376542084	85.50	87.50	86.70	5	二等奖
7	S-0007	李晨希	男	20	340102200312137852	电子商务	14576532986	86.00	83.50	84.50	6	三等奖
11	S-0011	黄泽成	男	19	340102200402113433	电子商务	18656349286	91.00	79.00	83.80	7	三等奖
6	S-0006	丁博明	男	19	340102200407087272	软件技术	15835839654	68.50	81.00	76.00	11	优秀奖
16	S-0016	孙启星	男	18	340102200503232356	软件技术	15186749375	88.50	58.50	70.50	14	优秀奖
4	S-0004	杨小雨	男	28	340102199550815375	电子商务	13482346792	92.00	49.00	66.20	16	优秀奖
					最高分			95.50	90.50	91.30		
					最低分			65.00	49.00	66.20		
					平均分			85.72	76.41	80.13		

图3-49　按照多列排序结果

二、自动筛选

在WPS表格中,可以使用"筛选"功能对数据进行筛选。使用自动筛选查看数据,将工作表"大学生技能竞赛成绩表"复制一份,命名为"大学生技能竞赛成绩分析表-自动筛选"。选择数据区域A2:M18,单击功能区"数据"→"筛选"下拉按钮,点击下拉箭头,选择 ▽ 筛选(F) 功能,如图3-50、图3-51所示。

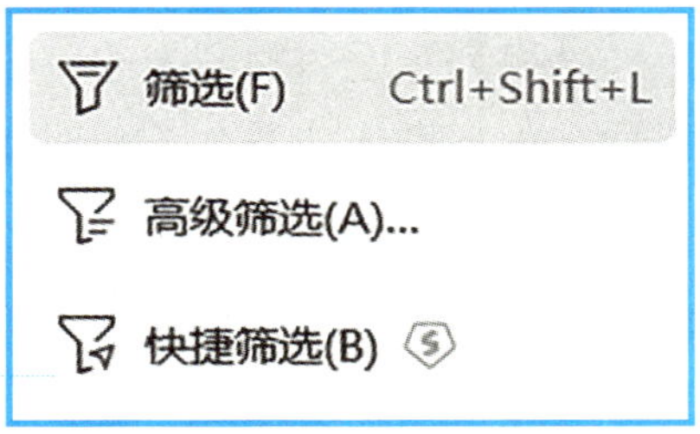

图3-50
筛选按钮选项

▽	筛选(F)	Ctrl+Shift+L
▽	高级筛选(A)...	
▽	快捷筛选(B) ⑤	

序号	参赛号	姓名	性别	年龄	身份证号	所在专	联系方式	初赛成	复赛成	总成绩	名	奖项
					大学生技能竞赛成绩分析表							
1	S-0001	陈卓磊	男	18	340102200503012855	软件技术	15367863421	92.50	84.50	87.70	3	二等奖
2	S-0002	高盛宇	男	19	340102200409131334	软件技术	14636353346	94.00	83.00	87.40	4	二等奖
3	S-0003	方静红	女	17	340102200611193462	网络技术	18648234528	95.50	76.00	83.80	7	三等奖
4	S-0004	杨小雨	男	28	340102199550815375	电子商务	13482346792	92.00	49.00	66.20	16	优秀奖
5	S-0005	张艺梅	女	18	340102200506235265	网络技术	15287453087	70.50	82.00	77.40	10	三等奖
6	S-0006	丁博明	男	19	340102200407087272	软件技术	15835839654	68.50	81.00	76.00	11	优秀奖
7	S-0007	李晨希	男	20	340102200312137852	电子商务	14576532986	86.00	83.50	84.50	6	三等奖
8	S-0008	王炎忠	男	19	340102200411042734	软件技术	18376542084	85.50	87.50	86.70	5	二等奖
9	S-0009	李子悦	女	17	340102200612020223	网络技术	14636528473	78.00	85.00	82.20	9	三等奖
10	S-0010	林旭洋	女	18	340102200503160986	软件技术	14782648672	87.50	57.00	69.20	15	优秀奖
11	S-0011	黄泽成	男	19	340102200402113433	电子商务	18656349286	91.00	79.00	83.80	7	三等奖
12	S-0012	周思怡	女	16	340102200703210765	软件技术	16378659543	92.50	90.50	91.30	1	一等奖
13	S-0013	刘嘉悦	女	18	340102200511053243	电子商务	15783643566	65.00	75.00	71.00	13	优秀奖
14	S-0014	杨雨彤	女	19	340102200405138624	网络技术	16134863573	93.50	63.00	75.20	12	优秀奖
15	S-0015	张轩浩	男	19	340102200409164573	电子商务	15576342846	91.00	88.00	89.20	2	一等奖
16	S-0016	孙启星	男	18	340102200503232356	软件技术	15186749375	88.50	58.50	70.50	14	优秀奖
					最高分			95.50	90.50	91.30		
					最低分			65.00	49.00	66.20		
					平均分			85.72	76.41	80.13		

图3-51　使用自动筛选查看数据

(一)使用自动筛选中的筛选功能:选择指定类别数据

选择M列标题"奖项"旁的下拉箭头,选择"三等奖"选项命令,从表中筛选出"三等奖"的数据。操作如图3-52所示,效果如图3-53所示。

笔记

笔记

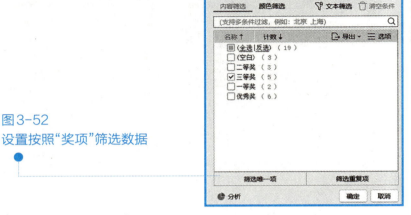

图3-52
设置按照"奖项"筛选数据

图3-53　按照"奖项"的数据筛选结果

（二）使用自动筛选中的排序命令：对数据区按照总分升序排序

选择列标题"总分"旁的下拉箭头，选择"升序"命令，数据表将按照组别升序排序数据。操作如图3-54所示，效果如图3-55所示。

图3-54
设置按照"总成绩"排序数据

序号	参赛号	姓名	性别	年龄	身份证号	所在专	联系方式	初赛成	复赛成	总成绩	名次	奖项
						大学生技能竞赛成绩分析表						
4	S-0004	杨小雨	男	28	340102199550815375	电子商务	13482346792	92.00	49.00	66.20	16	优秀奖
10	S-0010	林旭洋	女	18	340102220503160986	软件技术	14782648672	87.50	57.00	69.20	15	优秀奖
16	S-0016	孙启星	男	18	340102220503232356	软件技术	15186749375	88.50	58.50	70.50	14	优秀奖
13	S-0013	刘嘉悦	女	18	340102220511053243	电子商务	15783643566	65.00	75.00	71.00	13	优秀奖
14	S-0014	杨雨彤	女	19	340102220405138624	网络技术	16134863573	93.50	63.00	75.20	12	优秀奖
6	S-0006	丁博明	男	19	340102200407087272	软件技术	15835839654	68.50	81.00	76.00	11	优秀奖
5	S-0005	张艺梅	女	18	340102200506235265	网络技术	15287453087	70.50	82.00	77.40	10	三等奖
9	S-0009	李子悦	女	17	340102200612020223	网络技术	14636528473	78.00	85.00	82.20	9	三等奖
11	S-0011	黄泽成	男	19	340102200402113433	电子商务	18656349286	91.00	79.00	83.80	8	三等奖
3	S-0003	方静红	女	17	340102200611193462	网络技术	18648234528	95.50	76.00	83.80	7	三等奖
7	S-0007	李晨希	男	20	340102200312137852	电子商务	14576532986	86.00	83.50	84.50	6	二等奖
8	S-0008	王炎忠	男	19	340102200411042734	软件技术	18376542084	85.50	87.50	86.70	5	二等奖
2	S-0002	高盛宇	男	19	340102200409131334	软件技术	14636353346	94.00	83.00	87.40	4	二等奖
1	S-0001	陈卓磊	男	19	340102200503012855	软件技术	15367863421	92.50	84.50	87.70	3	二等奖
15	S-0015	张轩浩	男	19	340102200409164573	网络技术	15576342846	91.00	88.00	89.20	2	一等奖
12	S-0012	周思怡	女	16	340102200703210765	软件技术	16378659543	92.50	90.50	91.30	1	一等奖

图3-55　按照"总成绩"升序的数据排序结果

（三）使用自动筛选：将所有女生且平均分低于80分的记录筛选出来

首先将数据表恢复成按照序号升序排序。

（1）选择数据区域A2:M18，打开筛选功能。单击"性别"标题旁的下拉菜单，选择"女"命令，如图3-56所示。

序号	参赛号	姓名	性别	年龄	身份证号	所在专	联系方式	初赛成	复赛成	总成绩	名次	奖项
						大学生技能竞赛成绩分析表						
10	S-0010	林旭洋	女	18	340102220503160986	软件技术	14782648672	87.50	57.00	69.20	15	优秀奖
13	S-0013	刘嘉悦	女	18	340102220511053243	电子商务	15783643566	65.00	75.00	71.00	13	优秀奖
14	S-0014	杨雨彤	女	19	340102220405138624	网络技术	16134863573	93.50	63.00	75.20	12	优秀奖
5	S-0005	张艺梅	女	18	340102200506235265	网络技术	15287453087	70.50	82.00	77.40	10	三等奖
9	S-0009	李子悦	女	17	340102200612020223	网络技术	14636528473	78.00	85.00	82.20	9	三等奖
3	S-0003	方静红	女	17	340102200611193462	网络技术	18648234528	95.50	76.00	83.80	7	三等奖
12	S-0012	周思怡	女	16	340102200703210765	软件技术	16378659543	92.50	90.50	91.30	1	一等奖

图3-56　按照"性别"的数据筛选结果

（2）再次单击"总成绩"列标题旁的下拉箭头，依次选择命令"数字筛选"→"小于"。在弹出的"自定义自动筛选方式"对话框中，在"小于"后面的框中输入数值"80"，如图3-57所示。

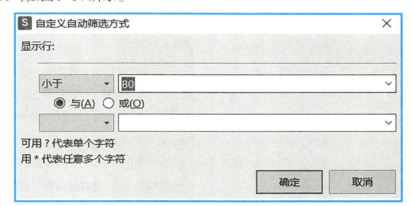

图3-57　"自定义自动筛选方式"对话框

（3）单击"确定"后，数据筛选结果如图3-58所示。

序号	参赛号	姓名	性别	年龄	身份证号	所在专	联系方式	初赛成	复赛成	总成绩	名次	奖项
						大学生技能竞赛成绩分析表						
10	S-0010	林旭洋	女	18	340102200503160986	软件技术	14782648672	87.50	57.00	69.20	15	优秀奖
13	S-0013	刘嘉悦	女	18	340102220511053243	电子商务	15783643566	65.00	75.00	71.00	13	优秀奖
14	S-0014	杨雨彤	女	19	340102220405138624	网络技术	16134863573	93.50	63.00	75.20	12	优秀奖
5	S-0005	张艺梅	女	18	340102200506235265	网络技术	15287453087	70.50	82.00	77.40	10	三等奖

图3-58　按照"总成绩"<80的数据筛选结果

笔记

三、高级筛选

筛选的条件：初赛成绩大于等于90且复赛成绩大于等于80的同学。筛选区域为A2:M18，筛选条件写在O3:P4区域，筛选结果复制到A23。

（1）将工作表"大学生技能竞赛成绩表"复制一份，命名为"大学生技能竞赛成绩分析表-高级筛选"。

（2）将筛选条件输入到表格区域中O3:P4区域处。筛选条件为初赛成绩大于等于90且复赛成绩大于等于80，如图3-59所示。

图3-59　输入筛选条件

（3）选择数据区域A2:M18，单击功能区"数据"选项卡→"高级筛选"，弹出"高级筛选"对话框。如图3-60所示，选择筛选方式"将筛选结果复制到其他位置"；单击"列表区域"后的，折叠对话框后选择区域A2:M18，再单击回到"高级筛选"对话框；继续通过该方式设置条件区域O3:P4，设置"复制到"区域A23，所设置地址为绝对地址。

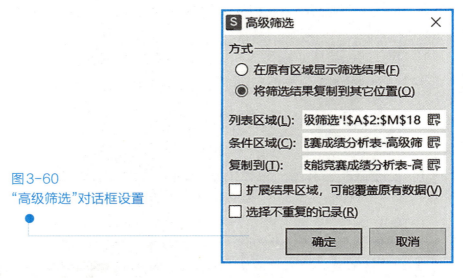

图3-60
"高级筛选"对话框设置

（4）设置完成后，单击"确定"按钮，即可在数据表中看到高级筛选的结果。如图3-61所示。

高级筛选

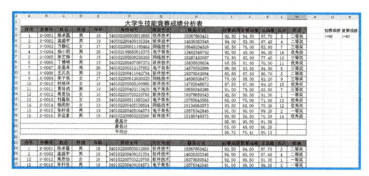

图 3-61 高级筛选的结果

四、数据分类汇总

在 WPS 表格中,可以使用"分类汇总"功能对数据进行分类汇总。选择要分类的比赛项目列,然后点击"分类汇总"按钮,使用分类汇总功能对数据进行分类和汇总计算。

使用分类汇总查看各专业选手的初赛成绩、复赛成绩、总成绩的的平均值情况,将工作表"大学生技能竞赛成绩表"复制一份,命名为"大学生技能竞赛成绩分析表-分类汇总"。

(1)选择数据区域 A2:M18,将数据区域按照"所在专业"列进行排序,排序方式任选。

(2)选择数据区域 A2:M18,单击"数据"选项卡→"分类汇总"命令,打开"分类汇总"对话框。

(3)设置"分类字段"为"所在专业","汇总方式"为"平均值","选定汇总项"为"初赛成绩""复赛成绩""总成绩",其他设置按照如图 3-62 所示设置,最后单击"确定"按钮。

图 3-62
"分类汇总"对话框

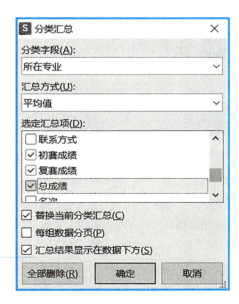

数据分类汇总

分类汇总后的结果如图 3-63 所示,目前显示的级别是 3。

笔记

1 2 3	A	B	C	D	E	F	G	H	I	J	K	L	M
						大学生技能竞赛成绩分析表							
	序号	参赛号	姓名	性别	年龄	身份证号	所在专业	联系方式	初赛成绩	复赛成绩	总成绩	名次	奖项
3	4	S-0004	杨小雨	男	28	340102199550815375	电子商务	13482346792	92.00	49.00	66.20	18	优秀奖
4	7	S-0007	李晨希	男	20	340102200312137852	电子商务	14576532986	86.00	83.50	84.50	6	三等奖
5	11	S-0011	黄泽成	男	19	340102200402113433	电子商务	18656349286	91.00	79.00	83.80	7	三等奖
6	13	S-0013	刘嘉悦	女	18	340102200511053243	电子商务	15783643566	65.00	75.00	71.00	15	优秀奖
7	15	S-0015	张轩皓	男	19	340102200409164573	电子商务	15576342846	91.00	88.00	89.20	2	二等奖
8							电子商务 平均值		85.00	74.90	78.94		
9	1	S-0001	陈卓磊	男	18	340102200503012855	软件技术	15367863421	92.50	84.50	87.70	3	二等奖
10	2	S-0002	高盛宁	男	19	340102200409131334	软件技术	14636353346	94.00	83.00	87.40	4	二等奖
11	6	S-0006	丁博明	男	19	340102200407087272	软件技术	15835839654	68.50	81.00	76.00	13	优秀奖
12	8	S-0008	王奕忠	男	19	340102200411042734	软件技术	18376542084	85.50	87.50	86.70	5	三等奖
13	10	S-0010	林旭洋	男	18	340102200503160986	软件技术	14782648672	87.50	57.00	69.20	17	优秀奖
14	12	S-0012	周思怡	女	16	340102200703210765	软件技术	16378659543	92.50	90.50	91.30	1	一等奖
15	16	S-0016	孙启星	男	19	340102200503232356	软件技术	15186749375	88.00	58.50	70.50	16	优秀奖
16							软件技术 平均值		87.00	77.43	81.26		
17	3	S-0003	方静红	女	17	340102200611193462	网络技术	18648234528	95.50	76.00	83.80	7	三等奖
18	5	S-0005	张艺梅	女	19	340102200506235265	网络技术	15287453087	70.50	82.00	77.40	12	优秀奖
19	9	S-0009	李子悦	女	17	340102200612020223	网络技术	14636528473	78.00	85.00	82.20	9	三等奖
20	14	S-0014	杨雨彤	女	19	340102200405138624	网络技术	16134863573	93.50	63.00	75.20	14	优秀奖
21							网络技术 平均值		84.38	76.50	79.65		
22							总平均值		85.72	76.41	80.13		
23							最高分		95.50	90.50	91.30		
24							最低分		65.00	49.00	66.20		
25							平均分		85.75	76.38	80.13		

图 3-63　分类汇总后的结果

单击窗口左上角的分级显示符号 **1 2 3** 中的"**2**"，隐藏分类汇总表中明细数据行，结果如图 3-64 所示。

1 2 3	A	B	C	D	E	F	G	H	I	J	K	L	M
						大学生技能竞赛成绩分析表							
2	序号	参赛号	姓名	性别	年龄	身份证号	所在专业	联系方式	初赛成绩	复赛成绩	总成绩	名次	奖项
8							电子商务 平均值		85.00	74.90	78.94		
16							软件技术 平均值		87.00	77.43	81.26		
21							网络技术 平均值		84.38	76.50	79.65		
22							总平均值		85.72	76.41	80.13		
23							最高分		95.50	90.50	91.30		
24							最低分		65.00	49.00	66.20		
25							平均分		85.75	76.38	80.13		

图 3-64　隐藏分类汇总表中明细数据行

五、保存并退出工作簿

保存好"大学生技能竞赛成绩分析表-数据排序""大学生技能竞赛成绩分析表-数据筛选""大学生技能竞赛成绩分析表-高级筛选""大学生技能竞赛成绩分析表-分类汇总"四个工作表，关闭工作簿。至此，就完成了"大学生技能竞赛成绩分析表"的排序、筛选、分类汇总等数据的分析处理工作。

 任务评价

任务编号：WPS-3-3		实训任务：大学生技能竞赛成绩分析	日期：
姓名：		班级：	学号：

一、任务描述
学会创建 WPS 表格，统计大学生技能竞赛选手成绩情况，制作技能竞赛成绩分析表。本任务的实施内容丰富，涵盖了 WPS 表格的基本操作方法、数据整理、数据分析等方面的内容。通过对大学生技能竞赛成绩的统计和分析，可以帮助学校了解学生的技能水平和个别差异，为后续的教学提供参考依据，制作"大学生技能竞赛成绩分析表-数据排序""大学生技能竞赛成绩分析表-数据筛选""大学生技能竞赛成绩分析表-高级筛选""大学生技能竞赛成绩分析表-分类汇总"4个表并保存至 D:\wps\名字+技能竞赛成绩分析表.xlsx。完成后的效果如【任务样张 3.3.1】【任务样张 3.3.2】【任务样张 3.3.3】【任务样张 3.3.4】。

大学生技能竞赛
成绩分析

二、【任务样张 3.3.1】

【任务样张 3.3.2】

【任务样张 3.3.3】

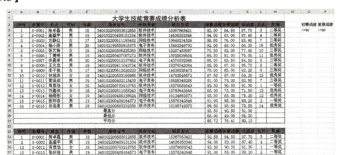

【任务样张 3.3.4】

三、任务实施

1. 数据排序。

2. 自动筛选。

3. 高级筛选。

4. 数据分类汇总。

5. 保存文件。

笔记

笔记

四、任务执行评价

序号	考核指标	所占分值	备注	得分
1	任务完成情况	30	是否在规定时间内完成并按时上交任务单	
2	成果质量	70	按标准完成，或富有创意、合理性评价	
	总分			

指导教师：

日期：　年　月　日

任务 ④

技能竞赛成绩图表创建与打印

 任务导航

知识目标	1.理解图表的基本类型和特点 2.了解如何使用WPS创建和编辑图表 3.学习页面设置和打印工作表的技巧
能力目标	1.能够使用WPS创建各种类型的图表 2.能够根据需要添加和格式化图表元素 3.能够进行页面设置和打印工作表
素养目标	1.培养数据可视化能力和信息表达能力 2.提高数据分析和决策能力 3.培养细心、耐心和责任心
任务重点	1.掌握WPS表格中图表的基本操作方法 2.选择合适的图表类型并进行图表元素的添加与格式设置 3.页面设置基本方法及打印设置
任务难点	根据数据特点选择合适的图表类型，完成工作表页面设置和打印

任务描述

　　大赛组委会工作人员小e需要制作一个图表来展示大学生技能竞赛成绩并进行打印。通过图表的创建,不仅提升了学生的数据分析能力,使他们能够做出基于数据的决策,而且在细心处理数据和耐心优化图表的过程中,进一步培养了学生的耐心和责任心。本任务要求学生使用WPS表格制作大学生技能竞赛信息表的总成绩图表并对表格进行打印设置。根据给定的数据,学生需要选择合适的图表类型,将数据以图表的形式展示出来,并对图表进行美化,使其更加直观、美观和易于理解。最后,根据页面要求进行页面设置和工作表打印设置。在本任务中,小e通过制作WPS表格来实现大学生技能竞赛成绩表的图表创建及打印设置。

预备知识

一、图表的类型

　　图表是WPS表格中重要的数据分析工具。WPS表格为用户提供了多种图表类型,包括柱形图、折线图、饼图、条形图、面积图、XY(散点图)、股价图、雷达图、组合图等,每类又包含了多种不同的样式效果。在需要建立图表时,我们可以根据自己的需要以及数据特点来选择适当的图表类型。如图3-65所示。

　　(1)柱形图:用于显示一段时间内的数据变化或显示各项之间的比较情况。

　　(2)折线图:显示随时间而变化的连续数据,适用于显示一段时间内数据的变化趋势。

　　(3)饼图:显示一个数据系列中各项所占的比例情况,适合显示各数据间所占的百分比。

　　(4)条形图:显示各个项目之间的比较情况,相当于柱形图横置。

　　(5)面积图:强调数量随时间而变化的程度,也可用于引起人们对总值趋势的注意。

　　(6)散点图:显示若干数据系列中各数值之间的关系,将数据以点的形式标在坐标系上。

　　(7)股价图:主要用来显示股价的走势。

　　(8)曲面图:显示两组数据之间的最佳组合,以曲面弯曲程度来反映数据的变化。

　　(9)雷达图:将各数据做成多边形的顶点,比较若干数据系列的聚合值。

笔记

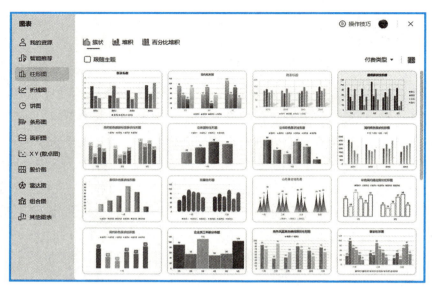

图3-65　插入图表类型

二、图表的一般组成项目

虽然图表有众多类型,样式效果各异,但不同类型的图表所包含的项目大体上是相同的。一般来说,图表由图表区和绘图区构成,图表区指图表的整个背景区域,绘图区则包括数据系列、坐标轴、图表标题、数据标签、图例和轴标题等。如图3-66所示。

（1）图表区:图表边框以内的区域,所有的图表元素都在该区域内。

（2）绘图区:图表的整个绘制区域,显示图表中的数据状态。

（3）坐标轴:用于标记图表中的各数据名称。

（4）图表标题:用于显示统计图表的标题名称,能够自动与坐标轴对齐或居中于图表的顶端,在图表中起到说明性的作用。

（5）图例:用于标识绘图区中不同系列所代表的内容。

（6）轴标题:用于标明x轴或y轴的名称。

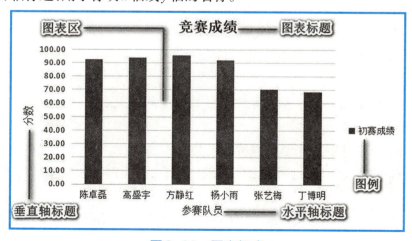

图3-66　图表组成

笔记

三、图表的位置

默认情况下,图表是和图表所基于的数据源在同一个工作表中的,这样便于对照数据源查看图表。图表在该工作表中可以移动到任何位置,也可以放置到其他的工作表中。

四、图表的创建与编辑

图表的创建方式很灵活。可以先选择数据源,再创建图表;也可以先创建一张空白图表,再为图表绑定数据源。在创建图表时,选择了图表样式后,创建的图表会采用该类型图表的默认样式。创建完成后,还可以再修改图表的外观样式以及数据源等参数。

五、页面设置

页面菜单可实现页面的打印预览设置、页边距设置、纸张方向设置、纸张大小设置、页眉页脚设置等。选择"页面"→"页面设置"功能区右下角↘对话框启动器,调出"页面设置"对话框。

(一)页面设置

设置页面是在"页面设置"对话框中的"页面"选项卡中进行的。如图3-67所示,在其中根据需要设置纸张方向、调整打印缩放比例、设置纸张大小等。纸张方向可以选择横向或纵向,在实际打印时,可以根据打印内容的宽度和高度,通过打印预览观察效果。"纸张大小"列表中提供了若干种标准纸张类型,打印时应根据实际要求选择。

(二)页边距设置

单击"页面设置"对话框中的"页边距"选项卡,进行页边距设置。如图3-68所示,在对话框中可设定页面的上、下、左、右页边距大小,设置页眉、页脚与边距的距离,设置表格的居中方式等。

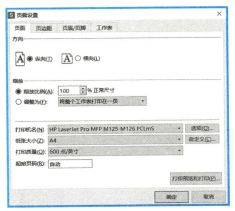

图3-67　"页面设置"对话框中的页面设置

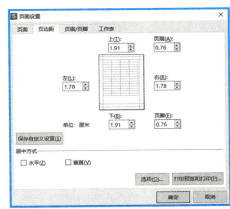

图3-68　"页面设置"对话框中的页边距设置

页面设置

（三）页眉/页脚设置

单击"页面设置"对话框中的"页眉/页脚"选项卡，如图3-69所示，可通过"∨"下拉按钮快捷选择系统给定的页眉页脚，也可以通过"自定义页眉""自定义页脚"自主设定页眉、页脚内容。如图3-70、图3-71所示，"页眉"和"页脚"对话框中的"左""中""右"3个编辑框分别表示在其中输入的内容将显示在页眉或页脚的左边、中间、右边。编辑框上方一排小按钮，功能依次是格式文本、插入页码、插入页数、插入日期、插入时间、插入文件路径、插入文件名、插入数据表名称、插入图片、设置图片格式。

图3-69
"页面设置"对话框中的
页眉/页脚设置

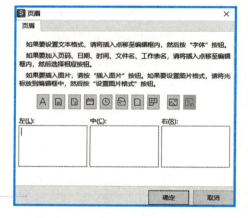

图3-70
"页眉"对话框中的页眉
设置

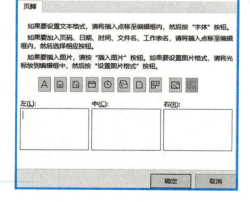

图3-71
"页脚"对话框中的页脚
设置

(四)工作表的设置

单击"页面设置"对话框中的"工作表"选项卡,出现"工作表"设置窗格,如图3-72所示,主要设置打印区域和重复打印标题。打印区域默认是整个表格的范围,如果只想打印表格中的部分区域,则需要设置打印区域。当表格很长,有多页需要打印时,顶端标题行选择标题后,可以在每页实现标题的重复打印。

笔记

图3-72
"页面设置"对话框中的
工作表设置

六、打印设置

单击"文件"菜单→"打印"按钮,弹出"打印"对话框,即可快捷地进行打印设置,如图3-73所示。

(1)页码范围:打印的页数设置,可选定打印页码范围。

(2)打印份数:打印份数说明被打印的目标内容将被打印出多少份。

(3)打印内容:打印的目标范围可以是选定区域、整个工作簿、选定工作表中的任何一种。

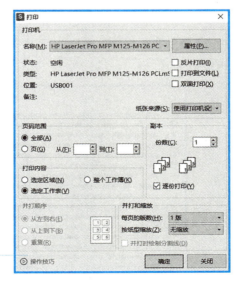

图3-73
"打印"对话框中的打印
设置

笔记

任务实施

一、创建成绩图表

首先，打开"大学生技能竞赛信息表"表格。然后，选择需要创建图表的区域，点击"插入"菜单中的"图表"选项。在弹出的对话框中，选择适合的图表类型，如柱状图、饼图或折线图等。在本例中，我们选择条形图来显示技能竞赛信息中的初赛成绩、总成绩情况。确认选择后，WPS 将在表格中插入一个条形图。

步骤1：选中"技能竞赛信息表"数据区域C2：C18和I2：I18，可使用Ctrl+鼠标选择方式完成操作，如图3-74所示。

图3-74　选取数据源

步骤2：点击"插入"选项卡中的"图表"按钮，在弹出的"图表"对话框中，选择"条形图"选项。

步骤3：在弹出的条形图窗格中选择适当的图表样式和布局，点击"确定"按钮，完成图表的创建，则插入簇状条形图成功，如图3-75所示，再将图表移至合适位置。

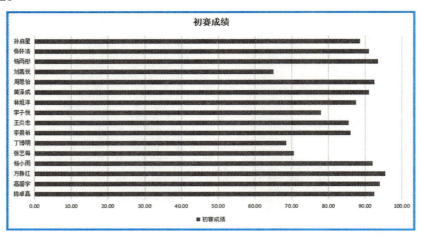

图3-75　插入条形图

笔记

二、图表的编辑与格式设置

图表的编辑与格式设置包括修改图表数据、修改图表类型、设置图表样式、设置图表格式、调整图表布局、调整图表对象的显示和分布，以及使用趋势线等操作。

（1）选择创建好的图表，单击"图表工具"选项卡中的"选择数据"按钮，打开"编辑数据源"对话框，如图3-76所示，单击"图表数据区域"文本框右侧的"收缩"按钮。

图3-76
编辑数据源

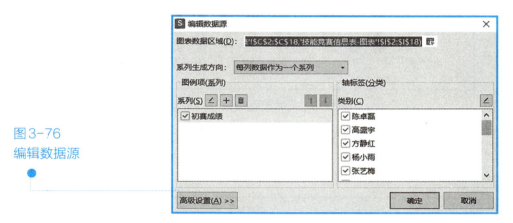

（2）点击"收缩"按钮后即可选择数据，在工作表中选择C2:C18和K2:K18单元格区域，单击"收缩"按钮，打开"编辑数据源"对话框，在"图例项（系列）"和"轴标签（分类）"列表框中可看到修改的数据区域。单击"确定"按钮，返回图表，可以看到图表所显示的序列发生了变化，如图3-77所示。

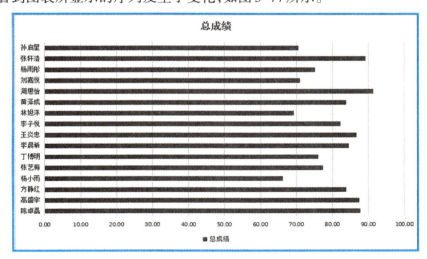

图3-77　修改数据源为总成绩

（3）单击"图表工具"选项卡中的"更改类型"按钮，打开"更改图表类型"对话框，在左侧的列表框中单击"柱形图"选项，在右侧选择"簇状"选项，更改所选图表的类型与样式，如图3-78所示。

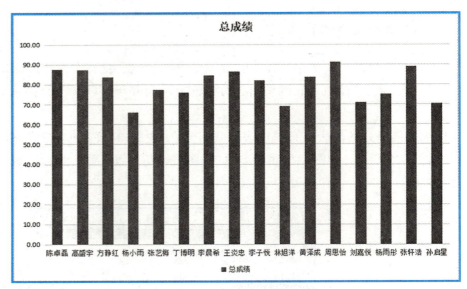

图 3-78   更改图表类型为柱状图

（4）单击"图表工具"选项卡中的"快速布局"按钮，在打开的下拉列表中选择"布局 5"选项，此时即可更改所选图表的布局为同时显示图表与数据表，效果如图 3-79 所示。

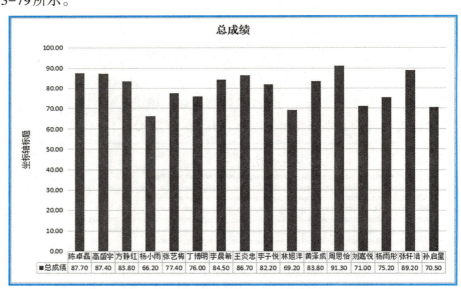

图 3-79   更改图表"布局 5"格式

（5）在图表区中单击任意一条数据条，WPS 表格会自动选择图表中相关的所有数据系列。单击"图表工具"选项卡中的"设置格式"按钮，打开"属性"任务窗格，单击"填充与线条"按钮，在"填充"下拉列表框中选择一个合适颜色，如图 3-80 所示，更改填充后的效果如图 3-81 所示。

笔记

图3-80
更改填充颜色

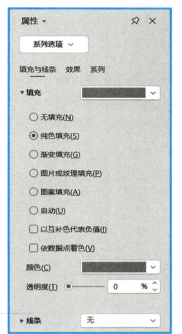

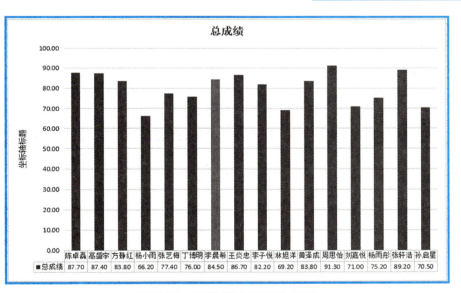

图3-81　更改填充后图表效果

（6）在"图表工具"选项卡的"添加元素"下拉列表框中"网格线"选择"主轴主要垂直网格线"选项，再单击"图表工具"选项卡中的"添加元素"按钮，在打开的下拉列表中选择"轴标题"→"主要纵向坐标轴"选项，输入"总成绩分值"。操作如图3-82所示，添加效果如图3-83所示。

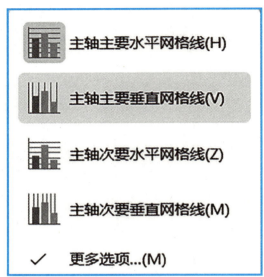

图3-82　图表添加元素操作

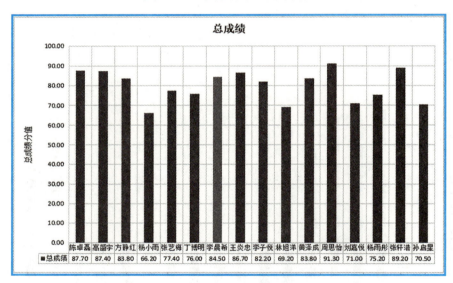

图3-83　添加元素后的图表效果

（7）单击"图表工具"选项卡中的"添加元素"按钮，在打开的下拉列表中选择"图例"→"右侧"选项，添加图例元素。单击图表上方的图表标题，输入图表标题内容，这里输入"大学生技能竞赛总成绩"文本，如图3-84所示。

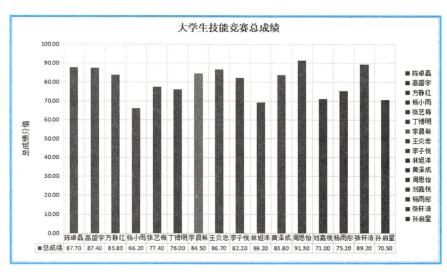

图 3-84　修改图表标题和添加图例

笔记

（8）单击"图表工具"选项卡中的"添加元素"按钮，在打开的下拉列表中选择"数据标签"→"数据标签外"选项，即可在条形图中添加数据标注，完成后的效果如图 3-85 所示。

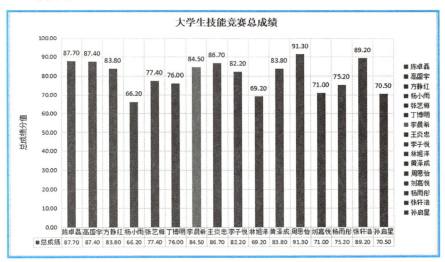

图 3-85　数据标签设置

三、页面设置

在进行打印之前，我们需要进行页面设置。首先，我们需要选择合适的纸张大小和方向（横向或纵向）。然后，我们需要设置页边距和缩放比例，以确保图表在一页纸上完整显示。此外，我们还可以设置页眉和页脚，添加页码等信息，如图 3-86 所示。

笔记

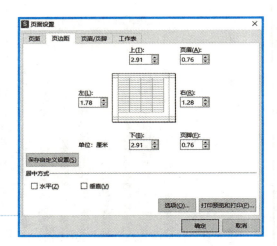

图3-86
页面设置对话框

四、打印工作表

最后，我们可以进行打印设置。在"文件"菜单中选择"打印"，在弹出的对话框中设置打印机、打印范围、份数等选项。点击"打印预览"可以查看打印效果。确认无误后，点击"打印"即可开始打印。

（1）打开工作表"大学生技能竞赛信息表"，选择功能区"页面"选项卡→"纸张大小"下拉菜单，选择根据纸张进行设置，该任务中设置纸张大小为"A4"，如图3-87所示。

（2）单击"纸张方向"按钮，在展开的下拉列表中选择"横向"选项，如图3-87所示。

图3-87
设置纸张大小及纸张方向

（3）单击"页面布局"选项卡中的"页边距"按钮，在展开的下拉列表中选择"自定义页边距"选项，打开"页面设置"对话框并自动切换到"页边距"选项卡。在其中按图设置页边距和居中方式，如图3-88所示。

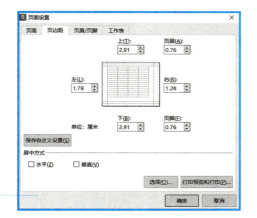

图3-88
页边距设置

(4)切换到"页眉/页脚"选项卡,在"页脚"下拉列表中选择"第1页,共? 页"选项,然后单击"打印预览"按钮,进入工作表的打印预览界面,可看到设置的页脚。如图3-89所示。

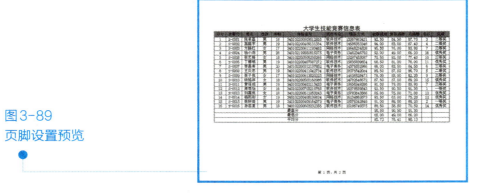

图3-89
页脚设置预览

(5)选择"文件"→"打印"→"打印预览"选项,进入工作表的打印预览界面。若有多页,拖动"打印预览"窗格右侧的滚动条可预览整个工作表的效果。如果预览效果满意,在右侧的"打印设置"窗格中的"份数"编辑框中输入要打印的份数,在"打印机"下拉列表中选择要使用的打印机,然后单击"打印(Enter)"按钮,即可按要求打印该工作表,打印预览如图3-90、图3-91所示。

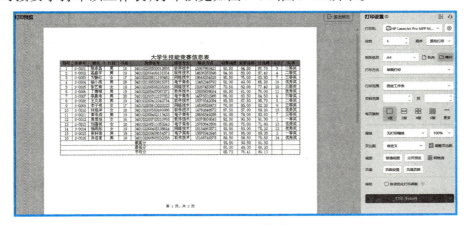

图3-90　打印预览第1页

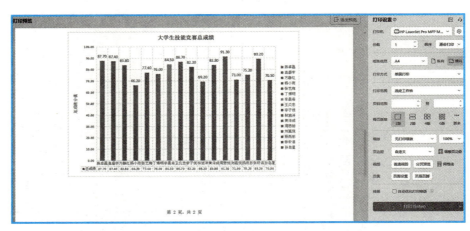

图3-91　打印预览第2页

（6）保存并退出工作簿。保存"大学生技能竞赛信息表"页面设置，对打印页面"打印预览"。至此，完成了"大学生技能竞赛信息表"相关页面的打印设置。

▶ 任务评价

任务编号：WPS-3-4	实训任务：技能竞赛信息表图表创建及打印设置	日期：
姓名：	班级：	学号：

一、任务描述
学会制作 WPS 大学生技能竞赛成绩图表及进行打印设置，并完成图表的创建、编辑、美化操作及页面设置任务。通过本任务的实施，学生能够掌握 WPS 表格中图表的基本操作方法，能够根据数据特点选择合适的图表类型，并进行图表元素的添加与格式设置，实现页面调整和打印设置。将表格及图表保存至 D:\wps\名字+技能竞赛信息 .xlsx。完成后的效果如【任务样张 3.4.1】【任务样张 3.4.2】。

二、【任务样张 3.4.1】

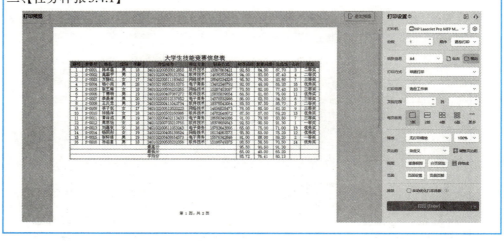

技能竞赛信息表
图表创建及打印
设置

【任务样张3.4.2】

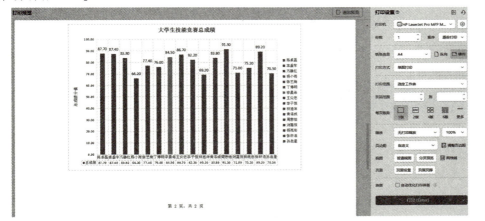

笔记

三、任务实施

1.创建成绩图表。

2.图表的编辑与格式设置。

3.页面设置。

4.打印工作表。

5.保存文件。

四、任务执行评价

序号	考核指标	所占分值	备注	得分
1	任务完成情况	30	是否在规定时间内完成并按时上交任务单	
2	成果质量	70	按标准完成,或富有创意、合理性评价	
总分				

指导教师：

日期：　　　年　　　月　　　日

项目小结

　　本项目采用大学生技能竞赛表格作为实践处理对象,学习内容包括WPS表格操作、数据计算与统计、数据分析、图表制作及优化、页面布局与打印设置等。通过实践,学生能够熟练操作WPS表格,理解其核心功能。项目实施能有效提升学生的数据处理能力和数据分析能力,掌握图表的创建及优化,可将复杂数据以简洁美观的图表呈现。

笔记

在数据的处理中，要求学生学会注重细节，能提高其解决问题的耐心和确保任务完成的责任心。本项目不仅增强了学生的 WPS 表格操作技能，还培养了他们解决问题的综合能力，为信息技术领域的进一步学习和职业发展打下坚实的基础。

项目评价

一、选择题

1. 在 WPS 表格中，如何快速得出一列数据的和？（　　）

　A. 使用"求和"按钮　　　　　　　　B. 使用"筛选"功能

　C. 使用"排序"功能　　　　　　　　D. 使用"查找"功能

2. 在 WPS 表格中，使用哪个函数可以计算一组数据的平均值？（　　）

　A.SUM()　　　　B.AVERAGE()　　　C.COUNT()　　　D.MAX()

3. 在 WPS 表格中，若希望在单元格内输入字符串"0201909"，下述选项中输入方式正确的是（　　）。

　A.0201909　　　　B.=0201909　　　C.'0201909　　　D."0201909

4. 在 WPS 表格中，如何插入一个图表？（　　）

　A. 点击"插入"菜单中的"图表"　　　B. 点击"开始"菜单中的"图表"

　C. 点击"页面布局"菜单中的"图表"　D. 点击"视图"菜单中的"图表"

5. 在 WPS 表格中，（　　）是混合地址引用。

　A.C7　　　　　　B.$B$3　　　　　C.F$8　　　　　D.A1

6. 在 WPS 表格中，如何将数据按照特定顺序排序？（　　）

　A. 使用"排序"功能　　　　　　　　B. 使用"筛选"功能

　C. 使用"查找"功能　　　　　　　　D. 使用"替换"功能

7. 在 WPS 表格中，哪个函数可以用于计算数值在一组数据中的排名？（　　）

　A.RANK()　　　　B.SUM()　　　　C.AVERAGE()　　　D.COUNT()

8. 在 WPS 表格中，哪个函数用于计算一组数据中的最大值？（　　）

　A.SUM()　　　　B.MAX()　　　　C.AVERAGE()　　　D. COUNT()

9. 在 WPS 表格中，工作表的 D7 单元格内存在公式："=A7+$B$4"，若在第 3 行处插入一新行，则此时原单元格中的公式内容为（　　）。

　A.=A8+$B$4　　　B.=A8+$B$5　　　C.=A7+$B$4　　　D.=A7+$B$5

10. 在 WPS 表格中，当工作表中的数据发生变化时，基于工作表中的数据建立的图表（　　）。

　A. 会自动更新　　　　　　　　　　B. 不会更新

　　C.输入命令才会更新　　　　　　　D.需重新设置数据源区域才会更新

 笔记

二、操作题

　　1.请在WPS表格中对所给定的工作表完成以下操作：

　　(1)在工作表"员工档案"的第一行前插入一行,然后在A1单元格输入内容为:东方公司员工档案表。

　　(2)将表中(A1:J1)区域单元格合并,设置标题字体为微软雅黑,字形为加粗,字号为16,文本对齐方式为水平居中对齐、垂直居中对齐。

　　(3)设置(A1:J1)区域单元格的填充背景色为标准色-橙色,行高为30。

　　(4)在I列对应单元格中使用公式计算每位员工的工龄(计算规则:工龄=当前日期对应的年份-入职时间对应的年份,可以用YEAR、TODAY函数)。

　　(5)设置(A1:J37)区域单元格的边框为双实线外边框、单实线内边框。

　　(6)将表中(A2:J37)区域的数据根据"部门"列数值降序排序。

　　(7)使用分类汇总统计不同部门员工的最低基本工资(分类字段:部门,汇总方式:最小值,选定汇总项:基本工资,其他选项保持默认),分级显示选择分级2,隐藏第43行。

　　(8)选择表中"部门"列和"基本工资"列数据制作簇状柱形图,图表标题:各部门员工最低基本工资对比图;图例位置:底部,添加数据标签(仅显示标签的值)。

　　样例图:

东方公司员工档案表									
员工编号	姓名	性别	部门	职务	身份证号		学历	入职时间	工龄	基本工资
			研发 最小值							4500
			行政 最小值							2500
			销售 最小值							3000
			人事 最小值							3800
			管理 最小值							9500

各部门员工最低基本工资对比图

研发 最小值 4500　行政 最小值 2500　销售 最小值 3000　人事 最小值 3800　管理 最小值 9500

■基本工资

　　2.请在WPS表格中对所给定的工作表完成以下操作：

　　(1)将工作表Sheet1重命名为"十二月"。

　　(2)在表的第一行前插入一行,然后在A1单元格输入内容:12月份用户水费明细,将(A1:F1)区域单元格合并居中,设置标题字体为隶书,字形为加粗,字号为20。

笔记

（3）设置表中（A2:F2）区域单元格的填充背景色为自定义颜色（RGB颜色模式：红色146，绿色208，蓝色80），文字颜色为标准色–红色。

（4）在表中E列对应单元格中使用公式计算各用户12月份的用水量，计算公式：用水量=本月表底–上月表底。

（5）在表中F列对应单元格使用公式计算各用户12月份的水费，计算公式：水费=用水量*水费单价。要求：水费单价的值采用绝对地址引用方式获取。

（6）设置表中（F3:F14）区域单元格的数字格式：货币、货币符号采用¥、保留1位小数、负数（N）选第四项。

（7）设置表中（A2:F14）区域单元格的边框为双实线外边框、单实线内边框，文本对齐方式为水平居中对齐。

（8）选择表中"户主"列（B2:B14）和"水费"列（F2:F14）数据制作饼图，图表的标题为"各户12月份水费分布"，图例位置为靠右，添加数据标签（仅显示标签的值）。

样例：

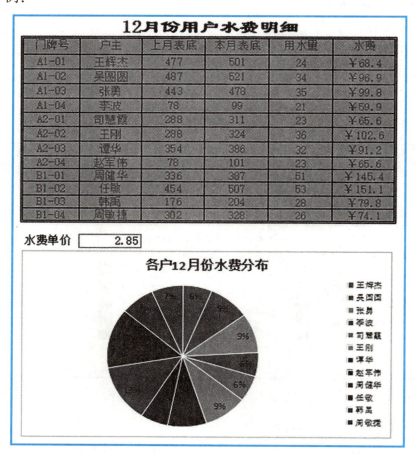

WPS 演示文稿制作

导读

WPS 演示是 WPS Office 中的套装软件之一,利用 WPS 演示可以制作各种宣传、演讲、汇报等幻灯片。同时,演示文稿中每张幻灯片里可以插入文字、图片、音频、视频等对象,并可进行混合排版,对象还可以设置各种动画效果。播放幻灯片也有多种方式,播放的幻灯片每一张都可以设置不同的切换效果。本项目将通过五个任务详细介绍 WPS 演示文稿的制作方法。

笔记

任务①

制作大学生技能竞赛宣传演示文稿

 任务导航

知识目标	1.了解WPS演示文稿的功能 2.了解创建WPS演示文稿文件的方法 3.了解使用WPS演示文稿视图的方法 4.掌握WPS演示文稿中文本对象的输入与编辑
能力目标	1.会演示文稿的各项基本操作 2.能完成演示文稿不同视图方式的应用
素养目标	提升职业荣誉感,增强爱岗敬业意识
任务重点	1.WPS演示文稿的基本操作方法 2.WPS演示文稿中对象的插入与格式化方法
任务难点	WPS演示文稿中对象的输入与编辑

▶ 任务描述

　　某高校为了进一步增强大学生的职业规划意识,培养大学生的社会责任感和创新精神,引导大学生树立正确的成才观、就业观,为加快建设现代化美好安徽贡献力量,决定举办校大学生职业规划大赛。校宣传部将对大赛进行宣传演示,小徐接到演示文稿制作任务后,根据制作的主题对演示文稿的内容进行了梳理,并根据需求收集整理了相关的文案、图片、音频和视频等素材,完成准备工作后便使用WPS软件开始演示文稿的基础编辑。在本任务中,小徐通过制作大学生职业规划大赛宣传演示文稿来认识WPS演示的界面。

预备知识

一、新建空白演示文稿

(一)新建空白演示文稿

启动 WPS Office,在打开的软件界面左侧主导航栏中单击"+"按钮,或是在已打开的 WPS 演示中,单击标题栏中的"+"按钮,也可以选择"文件"菜单中"新建"命令,选择"新建空白文档",均可新建一个空白演示文稿。此外,还可以利用组合键 Ctrl+N 快速创建一个空白演示文稿。

(二)利用模板新建演示文稿

选择"文件"→"新建",在打开的"品类专区"导航中选择所需的模板,也可以根据现有内容素材,在"搜索你想要的"搜索需要的主题模板,单击"使用模板"即可。

二、保存演示文稿

保存 WPS 演示文稿同保存 WPS 文字文档和 WPS 电子表格的操作方法一样。选择"文件"选项卡里的"保存"命令或单击快速访问工具栏中的"保存"按钮,打开"另存为"对话框,选择所需的保存方式,重新指定新的文件名称和保存位置,单击"保存"按钮即可。

三、演示文稿窗口及组成

演示文稿窗口如图4-1所示。

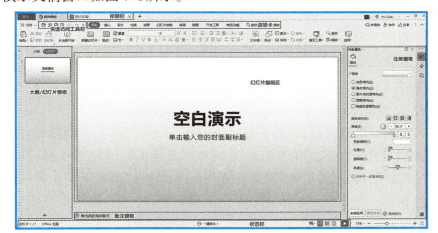

图4-1　演示文稿工作界面

(一)快速访问工具栏

快速访问工具栏用于显示常用的工具。默认包含了"保存""输出为PDF"

"打印""打印预览""撤销""恢复"6个快捷按钮,可以通过单击"文件"→"选项"→"快速访问工具栏"添加需要的常用命令。

(二)标题栏

标题栏用于演示文稿标题切换和窗口控制。标题栏用于访问、切换和新建演示文稿。窗口控制按钮可以切换、缩放和关闭工作窗口。

(三)选项卡

功能区包括选项卡、文件菜单、快速访问工具栏、快捷搜索框、协作状态区等。每个选项卡中包含了不同的工具按钮。位于标题栏下方,由"开始""插入""设计"等选项卡组成。单击各个选项卡名,即可切换到相应的选项卡。

(四)幻灯片编辑区

演示文稿窗口中间的灰白色区域为幻灯片编辑区,是内容编辑和呈现的主要区域。该区域包括演示文稿页面、标尺、滚动条、备注窗格等,是演示文稿的核心,用于显示和编辑当前显示的幻灯片。

(五)大纲/幻灯片窗格

大纲/幻灯片窗格位于幻灯片编辑区的左侧,显示所有幻灯片的缩略图、数量及位置。单击某张幻灯片缩略图,可跳转定位到该幻灯片进行浏览。单击大纲/幻灯片,可进行大纲/幻灯片导航窗格的切换。

(六)任务窗格

任务窗格位于编辑界面的右侧,可以执行一些附加的高级编辑命令。任务窗格默认收起只显示任务窗格工具栏,单击工具栏中的按钮可以展开或收起任务窗格,执行特定命令操作或双击特定对象时也可以展开相应的任务窗格。按Ctrl+F1组合键可以在展开任务窗格、收起任务窗格、隐藏任务窗格3种状态之间进行切换。

(七)备注窗格

位于幻灯片编辑区的下方,用于为幻灯片添加注释说明等。将光标停放在视图窗格或备注窗格与幻灯片编辑区之间的窗格边界线上,拖动鼠标可调整窗格的大小。

(八)状态栏

状态栏位于窗口底端,显示演示文稿的状态信息和进行视图控制。可以显示演示文稿的页数,进行"普通视图"/"幻灯片浏览视图"/"阅读视图"等不同视图之间的快速切换,以及设置"从当前幻灯片开始播放"和拖动滚动条调整页面显示比例等。

四、WPS演示的视图模式

WPS演示有5种视图模式,分别是普通视图、幻灯片浏览视图、备注页视图、阅读视图和幻灯片母版视图。

(一)普通视图

此视图模式下,可撰写或设计演示文稿。在该视图中可以同时显示幻灯片编辑区、"幻灯片/大纲"窗格及备注窗格。它主要用于调整演示文稿的总体结构、编辑单张幻灯片中的内容及在"备注"窗格中添加演讲者备注,便于对演示文稿进行编辑。

(二)幻灯片浏览视图

此视图下可以拖动幻灯片调整顺序,便于对幻灯片进行快捷更改与排版。在该视图模式下可浏览整个演示文稿中各张幻灯片的整体结构和效果,还可以改变幻灯片的版式、设计模式和配色方案等,也可以移动、复制或删除幻灯片等,但不能对单张幻灯片的具体内容进行编辑。

(三)备注页视图

此视图下可以对当前幻灯片添加备注。备注页视图主要用于为演示文稿中的幻灯片添加备注内容或对备注内容进行编辑修改。在该视图模式下无法对幻灯片的内容进行编辑。备注功能也可在普通视图模式下方备注窗格中"单击此处添加备注"处添加。

(四)阅读视图

阅读视图的作用是可以在 WPS 窗口播放幻灯片,该视图仅显示标题栏、阅读区和状态栏,主要用于浏览幻灯片的内容。在此视图下,演示文稿中的幻灯片将以窗口大小进行放映。用户所看到的演示文稿就是观众将看到的效果,方便查看动画的切换效果。

(五)幻灯片母版视图

母版在幻灯片制作之初就要设置,它决定着幻灯片的"背景"。有些新建幻灯片出现的是白色的幻灯片,有些出现的是灰色,原因在于母版设置不同。如果当前幻灯片的母版背景色为灰色,那么新建幻灯片出现的就是灰色背景。

五、文本编辑

添加文本是制作幻灯片的基础,同时还要对输入的文本进行必要的格式设置。

(一)输入文本

(1)直接将文本输入到幻灯片的占位符中,是向幻灯片中添加文字最简单的方式。打开空白演示文稿,在默认的标题幻灯片中,单击标题占位符,可以输入标题的内容。单击副标题占位符,输入相关的内容,即可为幻灯片添加副标题。

(2)通过文本框向幻灯片中输入文本,用于在占位符之外的其他位置输入文本。单击"插入"→"文本框"下拉按钮,从下拉列表中选择"横向文本框"选项。单击要添加文本框的位置,即可开始输入文本,输入完毕后单击文本框之外的任意位置即可。

笔记

笔记

（二）格式化文本

文本的格式化是指对文本的字体、字号、样式及色彩进行必要的设置。首先单击文本框的虚线边框，边框变为细实线，表示该文本及其全部内容被选定。若仅对文本框中的部分内容进行格式化，先拖动鼠标指针选择要修改的文本，被选中的文本呈高亮显示，再执行所需的格式化命令。

WPS演示提供了许多格式化文本工具，能够快速设置文本的字体、颜色、字符间距等。如图4-2所示。

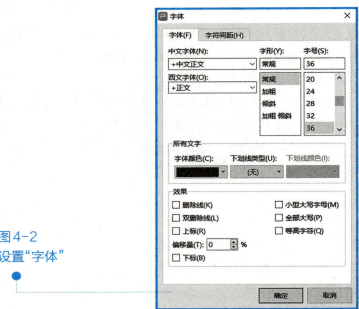

图4-2
设置"字体"

选定文本或文本占位符，在"开始"选项卡里的"字体"组中，可以对字体、字号、颜色等进行设置。单击"加粗""倾斜""下划线"等按钮为文本添加相应的效果，也可以在"开始"选项卡里的"字体"组中单击"对话框启动器"按钮，在打开的"字体"对话框中对文本的字体、字号、颜色等进行设置。

调整字符间距，适当增加或缩小字符间距，可以使标题看起来比较美观。

设置段落格式，可以改变段落的对齐方式、缩进、段间距和行间距等。

选中要修改的文本，切换到"开始"选项卡，单击"段落"下拉按钮，打开"段落"对话框。依次在"常规""缩进""间距"中进行设置即可。如图4-3所示。

笔记

图4-3
设置段落缩进

 任务实施

一、创建 WPS 演示文稿

小徐先熟悉WPS演示的工作界面,双击打开桌面快捷图标启动WPS Office。软件启动完成后,在WPS Office主界面中直接单击"＋"新建空白演示文稿。点击"新建"→"演示"→"新建空白文档",打开空白演示文稿。如图4-4所示。

图4-4　新建空白演示文稿

在打开的"演示文稿1"中的封面页幻灯片中单击标题"空白演示"处,输入标题"大学生职业规划大赛"。单击下方副标题占位符,输入"筑梦青春志在四方　规划启航职引未来",即可完成大赛演示文稿的创建。

可以利用WPS会员在演示文稿新建页搜索"大学生职业规划"需要的模板并完成下载,修改幻灯片首页标题为"大学生职业规划",输入副标题为"筑梦青春志在四方　规划启航职引未来";也可使用免费模板创建,新建空白文档后,选择"设计"菜单选项卡,然后点击"更多主题",打开窗口,选择"付费模式"下拉菜

笔记

单中的"免费"项，比如选择"绿色清新简约风"，点击"立即使用"即可创建选择的模板文档，如图4-5所示。

图4-5
使用WPS免费主题
创建文档

二、保存演示文稿

单击快速访问工具栏中的"保存"按钮，在"另存文件"对话框中输入文件名"大学生职业规划大赛"，点击"保存"。如图4-6所示。同样方法，保存用模板新建的"大学生职业规划"演示文稿。

图4-6
保存演示文稿

三、WPS演示的视图模式

在大学生职业生涯规划演示文稿中依次打开"普通视图""幻灯片浏览视图""阅读视图""幻灯片母版视图"等视图模式。

（一）普通视图

切换到"视图"选项卡，在"演示文稿视图"组中单击"普通"按钮，或者在状态栏上单击"普通视图"按钮 ，即可切换到演示文稿默认的普通视图，启动WPS演示文稿后将直接进入该视图模式。如图4-7所示。

图4-7
普通视图模式

(二)幻灯片浏览视图

切换到"视图"选项卡,在"演示文稿视图"组中单击"幻灯片浏览"按钮,或者在状态栏上单击"幻灯片浏览"按钮,即可切换到幻灯片浏览视图。如图4-8所示。

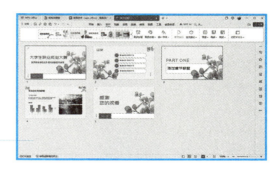

图4-8
幻灯片浏览视图模式

(三)阅读视图

切换到"视图"选项卡,在"演示文稿视图"组中单击"阅读视图"按钮,或者在状态栏上单击"阅读视图"按钮,即可切换到阅读视图。如图4-9所示。

图4-9
阅读视图模式

(四)备注页视图

切换到"视图"选项卡,在"演示文稿视图"组中单击"备注页"按钮,即可切换到备注页视图模式。

(五)幻灯片母版视图

在母版视图下,用户可以查看、编辑或关闭母版。切换到"视图"选项卡,在"演示文稿视图"组中单击"幻灯片母版"按钮,即可切换到幻灯片母版视图。如图4-10所示。

图 4-10
幻灯片母版视图模式

四、输入文本与编辑

（一）标题占位符设计

打开"大学生职业规划大赛"演示文稿,在封面页幻灯片中点击标题占位符"大学生职业规划大赛"。在"开始"→"字体"组中设置字体为"加粗、微软雅黑、字号60",字体颜色为"蓝色(5,151,228)";在右侧"对象属性"→"文本选项"任务窗格中设置字体轮廓为1.25磅单实线,颜色为蓝色(65,113,156);在"效果"中设置"外部"→"右下斜偏移"阴影,颜色为褐色(100,80,80),其他参照图示设置;在"形状选项"→"填充与线条"中均设"无",在"效果"中,阴影颜色可设置为黑色(0,0,0),其他效果可参考"文本选项"中的设置。适当调整标题占位符的位置,如图4-11所示。

图 4-11
标题占位符设置

（二）副标题占位符设计

和标题占位符文本框同样的操作方法。点击副标题占位符"筑梦青春志在四方 规划启航职引未来"。设置字体为"加粗、倾斜、宋体、字体40号","文本选项→"文本填充"颜色为褐色(100,79,78),透明度为20%。设置"梦""职"两字为"微软雅黑、54号",设置字体轮廓为1.25磅单实线;"形状选项"→"阴影"颜色为橘色(237,128,60)。其他效果可参考图4-12设置。

图4-12
副标题占位符设置

插入文本框输入"——让梦想启航",按上述方法设置字体为"加粗、倾斜、微软雅黑、32号",文本填充颜色为褐色(100,79,78),透明度为20%。文本轮廓为褐色(100,79,78)、1.25磅单实线,透明度为20%。

新建大学生职业规划大赛结束页幻灯片。单击"插入"→"新幻灯片",修改默认的"标题和内容"版式为"标题幻灯片"。输入标题"大学生职业规划大赛校赛邀请您",设置标题文本和封面页幻灯片标题文本相同格式。输入副标题"生也有涯　职业无涯",设置副标题文本和封面页幻灯片副标题文本"梦"和"职"相同格式。插入菱形框,设置文本框颜色为橘色(253,122,3),拖动鼠标至合适位置。输入文本"THANKS",设置字体为"黑体、加粗、倾斜、白色、32号",分散对齐。如图4-13所示。

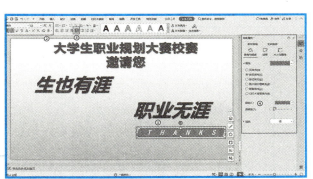

图4-13
形状文字设置

知识拓展

一、WPS演示文稿导入WPS文字大纲

WPS演示文稿添加需要进行演示的内容,可以通过导入WPS文字大纲的方式进行导入操作,即在新建幻灯片的窗口中通过导入文字大纲的方式将文字大纲导入进来,并对导入的文字内容进行格式的编辑和修改。如将《个人知识管理》WPS文字中的文字大纲导入到WPS演示文稿中,WPS文字内容需预先设置好各级标题样式。以下是具体步骤:

(1)双击打开WPS演示,在打开的窗口中,将鼠标放在需要插入大纲文件的

笔记

幻灯片的位置，打开"插入"→"新建幻灯片"选项。在打开的窗口中找到"从文字大纲导入"选项单击，如图4-14(a)所示。在弹出的"插入大纲"窗口，选择需要导入的《个人知识管理》WPS文字，单击"打开"进行添加。如图4-14(b)所示。

图4-14(a)
WPS演示导入大纲文件方法

图4-14(b)
WPS演示导入大纲文件方法

（2）添加后，导入的大纲文件内容会在需要插入的幻灯片位置后自动显示在新建的相关幻灯片中，如图4-15所示。

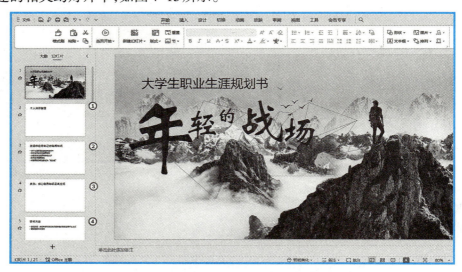

图4-15　WPS演示导入大纲文件效果

选中文字内容，可以对文字进行字体、段落的设置操作，包括对幻灯片版式的应用和设计等，让导入的大纲文件内容呈现具体的设计效果。

二、WPS演示文稿模板的使用

一套完整的PPT模板一般包括：封面页、目录页、章节页、正文页、结束页。打开"大学生职业规划大赛"演示文稿，单击"设计"→"更多设计"，打开在线设计方案,在搜索框中输入需要的模板类型,点击右侧"免费专区",选择合适的模板点击"应用本模板风格"即可完成整套幻灯片整体风格的变换。

单击"设计"→"导入模板",在"应用设计模板"对话框中,可以导入本机电脑上已有的模板,选择其中一种模板,点击"打开"即可应用。

单击"设计"→"本文模板",打开后选择其中的一种模板,单击可以选择"应用当前页""应用全部页""替换当前母版",即可对选中页幻灯片应用已有的模板。

▶ 任务评价

任务编号:WPS-4-1	实训任务:创建演示文稿		日期:
姓名:	班级:		学号:

一、任务描述

学会创建演示文稿,插入10张不同版式的幻灯片,演示文稿的主题为"大学生职业规划",保存路径为D:\wps\大学生职业规划.pptx,完成后的效果如【任务样张4.1.1】。选择不同的免费模板进行创建,完成后的效果如【任务样张4.1.2】(参考)。利用已下载的模板编辑修改标题、副标题,完成后的效果如【任务样张4.1.3】。

二、【任务样张4.1.1】

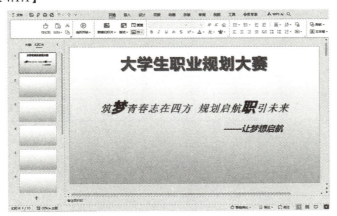

【任务样张4.1.2】

创建演示文稿

笔记

【任务样张4.1.3】

三、任务实施

1. 创建演示文稿。

2. 插入幻灯片10张，要求用不同版式。输入第一页标题"大学生职业规划"和副标题文本"筑梦青春志在四方　规划启航职引未来——让梦想启航"。

3. 学会应用WPS Office演示的主题、模板。

4. 输入或修改标题、副标题。

5. 保存文件。

四、任务执行评价

序号	考核指标	所占分值	备注	得分
1	任务完成情况	30	是否在规定时间内完成并按时上交任务单	
2	成果质量	70	按标准完成，或富有创意、合理性评价	
	总分			

指导教师：

日期：　　年　　月　　日

任务 ②

设计大学生技能竞赛演示文稿幻灯片母版

▶ 任务导航

知识目标	1.认识幻灯片母版 2.了解设置幻灯片版式的方法 3.了解选用演示文稿主题与设置幻灯片背景的方法
能力目标	1.会使用幻灯片母版对演示文稿进行设计和修改 2.会设置占位符格式 3.会调整幻灯片配色方案及设置幻灯片编号
素养目标	提升职业荣誉感,增强爱岗敬业意识
任务重点	1.占位符格式设置 2.幻灯片母版设计
任务难点	幻灯片母版设计

▶ 任务描述

　　本任务中,小徐认真梳理了本次大赛的方案,在演示文稿视图应用完成后,根据大赛宣传方案,准备在幻灯片母版中插入全国大学生职业规划大赛徽标,引导大学生在制定职业规划的过程中树立正确的成才观、就业观,提升职业荣誉感,增强爱岗敬业意识。

▶ 预备知识

一、幻灯片基本操作

(一)新建幻灯片

在打开的演示文稿中,单击鼠标右键,利用快捷菜单新建幻灯片;也可以在

笔记

"开始"选项卡里的"幻灯片"组中单击"新建幻灯片"按钮,选择新建幻灯片的版式进行创建。如图4-16所示。

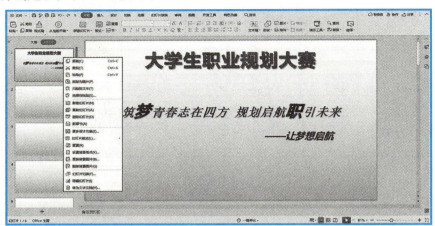

图4-16　幻灯片基本操作

(二)移动幻灯片

如果有多张幻灯片,可以调整幻灯片的次序。选中需要移动的幻灯片,按下鼠标左键拖动幻灯片到合适的位置释放鼠标左键即可移动幻灯片;也可以在幻灯片浏览视图中,选中需要移动的幻灯片,按住鼠标左键拖动到合适的位置释放鼠标即可。

(三)复制幻灯片

选中需要复制的幻灯片,单击鼠标右键,在弹出的快捷菜单中选择"复制幻灯片"命令,即可在该幻灯片之后插入一张具有相同内容和版式的幻灯片;也可以在"开始"选项卡里的"剪贴板"组中分别单击"复制"按钮和"粘贴"按钮,将选中的幻灯片复制到演示文稿的其他位置或其他演示文稿中。

(四)删除幻灯片

选中演示文稿中不需要的幻灯片,右键打开快捷菜单删除,也可以点击键盘上的Delete键删除幻灯片。

(五)隐藏幻灯片

在"大纲"或"幻灯片浏览"视图中选择需要隐藏的幻灯片,单击鼠标右键,在弹出的快捷菜单中,选择"隐藏幻灯片"即可。如需显示被隐藏的幻灯片,再次选中该幻灯片,点击鼠标右键,在弹出的快捷菜单中,再次选择"隐藏幻灯片"即可。

二、母版

WPS Office演示中有三种母版:幻灯片母版、讲义母版、备注母版。

(一)幻灯片母版

幻灯片母版用于设置幻灯片的样式,可供用户设定各种标题文字、背景、属性等,只需更改一项内容就可更改所有幻灯片的设计。幻灯片母版分为主母版和版式母版,更改主母版,则所有页面都会发生改变。

(二)讲义母版

讲义母版可以将多张幻灯片制作在同一张幻灯片中,在"讲义母版"视图中可查看页面上显示的多张幻灯片,也可设置页眉和页脚的内容,以及改变幻灯片的放置方向等,便于打印。

(三)备注母版

备注母版主要用于设置演讲者的备注页面的演示文稿,作用是自定义演示文稿用作打印备注的视图,是设置"备注视图"的母版,可以作为演示者在演示文稿时的提示和参考。可以向备注母版中添加图形和文字,也可以调整幻灯片区域的大小。

三、母版背景格式

点击"视图"→"幻灯片母版",进入幻灯片母版编辑模式,可以统一修改幻灯片的字体、颜色、背景等格式。

幻灯片母版背景格式的作用是统一修改幻灯片的背景。在演示文稿幻灯片母版中,对幻灯片设置背景是添加一种背景样式。在更改文档主题后,背景样式会随之更新。

如果内置的背景样式不符合需求,可以在幻灯片母版视图中通过背景进行更改,也可以在设计选项卡中进行背景的更改。

如果要清除幻灯片的背景,可以在幻灯片右侧"对象属性"窗格选择"重置背景"即可。

四、占位符

母版中的占位符可以对各幻灯片版式中的占位符的文字格式、位置、大小、显示和隐藏等属性进行设置。占位符共有五种类型:标题占位符、文本占位符、数字占位符、日期占位符和页脚占位符。幻灯片一般由标题占位符和内容占位符组成。

在幻灯片母版视图中,选择左侧幻灯片窗格中的主母版,可以通过更改主母版中的标题占位符属性,实现各版式标题占位符的同步更改。

可以设置标题占位符文本框的大小、位置、文本字体格式、填充等。具体设置方法和普通视图中的幻灯片文本框的设置方法相同。

五、应用主题

演示文稿主题是整个文档的主题设计,包括文稿的主题颜色、主题字体和主题效果等。演示文稿主题颜色主要指配色方案,主题字体主要指幻灯片中标题和正文字体,主题效果主要包括线条和填充效果。

在"幻灯片母版"选项卡中,单击"主题"下拉按钮,在弹出的下拉菜单中可以

笔记

进行不同主题的更换。如果文档内容比较多,应用主题可以快速统一更换文稿风格。除在"幻灯片母版"选项卡中进行主题颜色修改外,还可以单击"设计"选项卡中的"配色方案"下拉按钮进行选择。

六、幻灯片编号

演示文稿的页码可通过设置幻灯片母版"幻灯片编号"占位符及插入页眉和页脚等操作完成。

设置母版"幻灯片编号"占位符。在"幻灯片母版"选项卡中点击"母版版式"按钮,在弹出的"母版版式"对话框中勾选"幻灯片编号"复选框,即在所有母版版式中应用了"幻灯片编号"占位符。

在"页眉和页脚"对话框中勾选"幻灯片编号"复选框,即可根据演示文稿幻灯片的顺序显示幻灯片编号。

 任务实施

一、认识演示文稿母版

打开"大学生职业规划大赛"演示文稿,点击"视图"选项卡,可以看到演示文稿中有幻灯片母版、讲义母版、备注母版三种母版。如图4-17所示。

图4-17
WPS演示视图母版

二、设置母版背景格式

在幻灯片母版视图中,插入母版的作用是插入一个新的主母版,插入版式的作用是插入一个包括标题样式的幻灯片版式母版。在主母版中设置母版背景格式。

点击"幻灯片母版"→"背景",选择主母版,在右侧属性框中选择"图片或纹理填充"→"图片填充"→"本地文件",选择"冰川"作为背景图片,点击"全部应用"按钮,即可设置所有幻灯片背景为"冰川"图片,同时可以设置背景图片的透明度、放置方式和偏移。将"冰川"背景图片设置成透明度为80%。如图4-18所示。

图4-18
母版背景格式设置

笔记

三、在母版中插入logo

演示文稿中logo的使用可以让整个演示文稿更加美观。logo图标一般放在演示文稿的四角或者顶端、底端,通常使用母版完成这类对象的插入。

在幻灯片母版视图中,选择主母版,点击"插入"→"图片",选择本地素材logo图片,打开后调整图片大小,并将图片移动到幻灯片页面右上角,选择"图片工具"→"抠除背景"→"设置透明色"。单击"裁剪",选择椭圆形裁剪,去除文字只保留大赛徽标。关闭母版视图,即可发现应用该幻灯片母版的所有幻灯片都添加了logo图片。如图4-19所示。

图4-19
在母版中插入logo

在幻灯片母版左侧任务窗格中选中"空白版式"幻灯片母版,并勾选右侧"对象属性"任务窗格中"隐藏背景图形"菜单命令复选框,可隐藏此版式幻灯片母版中的logo图片。

四、设置占位符的格式

(一)编辑标题占位符

打开"大学生职业规划大赛"演示文稿,打开母版视图,在左侧幻灯片窗格中找到"标题幻灯片"版式母版,点击"重命名"命名为标题页。在幻灯片编辑区中选中标题占位符,在"开始"→"字体"组中设置字体为微软雅黑、字号为60、字型为加粗、字体颜色为蓝色。适当调整标题占位符的位置和大小。

(二)设计内容占位符

打开母版视图,在左侧幻灯片窗格中找到"标题和内容"版式母版,点击"重命名"命名为内容页。可以设置内容文本框的样式。

笔记

五、调整配色方案

演示文稿的色彩搭配是影响阅览者观感的直接因素。演示文稿主题是整个文档的主题设计,包括文稿的主题颜色、主题字体和主题效果等。在"幻灯片母版"选项卡中,单击"主题"下拉按钮,在弹出的下拉菜单中可以进行不同主题的更换,如图4-20所示。如果文档内容比较多,应用主题可以快速统一更换文稿风格。

图4-20
调整配色方案

六、设置演示文稿编号

在第一张封面页幻灯片后依次新建9张幻灯片。在幻灯片母版视图中选择幻灯片主母版,打开"母版版式"对话框,勾选"幻灯片编号"复选框,适当调节占位符的大小和编号的字号大小。如图4-21所示。

图4-21
设置编号位置和格式

插入页眉和页脚。在打开的"页眉和页脚"对话框中勾选"幻灯片编号"复选框,勾选"标题幻灯片中不显示"复选框,所有的设置都不在标题幻灯片中生效,则封面页不显示编号;单击"全部应用"按钮。

更改编号的起始值。选择"设计"→"自定义"→"幻灯片大小"菜单命令,在下拉列表中选择"自定义幻灯片大小"选项,在打开的"页面设置"对话框中"幻灯片大小"选项中将"幻灯片编号起始值"设置为"1",单击"确定"。如图4-22所示。

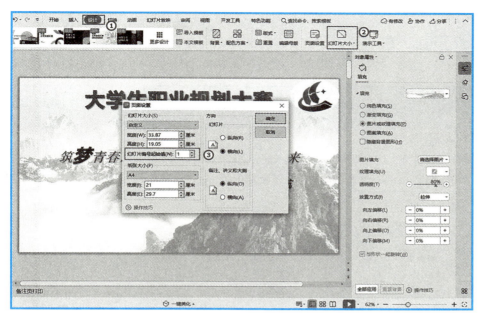

图4-22　更改编号起始值

　笔记

▶ 知识拓展

WPS演示文稿的合并

　　打开任务WPS-4-1里的封面页和结束页幻灯片,单击"开始"→"新建幻灯片"。在弹出的下拉选项窗口中,点击底部的"重用幻灯片"选项。此时在页面的右侧弹出"重用幻灯片"属性窗口,点击"请选择文件"按钮,找到需要合并的任务WPS-4-2里的大赛母版幻灯片并选中打开。此时即可在打开的窗口中,显示任务WPS-4-2的所有幻灯片,点击右侧导入进来的幻灯片,即可在页面上添加新幻灯片内容。点击左上角的"文件"→"另存为",输入文件名"演示文稿合并",完成演示文稿的合并。

笔记

 任务评价

任务编号:WPS-4-2	实训任务:设计演示文稿母版	日期:
姓名:	班级:	学号:

一、任务描述

打开任务样张 4.1.1"大学生职业规划"演示文稿,对幻灯片进行母版版式、背景、logo 的设置,保存路径为 D:\wps\大学生职业规划大赛母版 .pptx。完成后的效果如【任务样张 4.2】。

二、【任务样张 4.2】

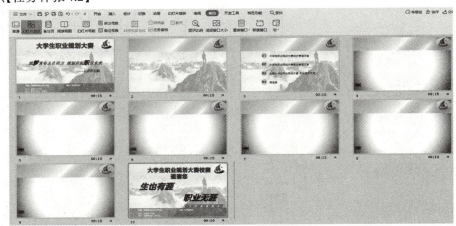

三、任务实施

1. 对 4.1.1 演示文稿中的幻灯片版式设置封面页、目录页、内容页、图表与标题四种版式,对幻灯片的标题、文字格式化。保存路径为 D:wps\大学生职业规划大赛母版 .dpt。
2. 对封面页、目录页、内容页、图表与标题版式中的文本、段落、图片、形状等对象属性进行设置。按要求设置不同的字体、字号、颜色及段落的对齐方式、段落行间距、项目符号等。
3. 按要求添加素材中的冰川图片为母版背景格式。
4. 设置除封面页均插入素材文件中的"大赛图标"logo。
5. 设置幻灯片编号从 1 到 10。
6. 保存文件。

四、任务执行评价

序号	考核指标	所占分值	备注	得分
1	任务完成情况	30	是否在规定时间内完成并按时上交任务单	
2	成果质量	70	按标准完成,或富有创意、合理性评价	
	总分			

指导教师:

日期: 年 月 日

设计演示文稿
母版

笔记

任务 ③

美化大学生技能竞赛演示文稿

▶ 任务导航

知识目标	1.了解插入和设置文本、图片、艺术字、形状、表格、超链接、多媒体对象等对象样式的方法 2.了解制作幻灯片动画的方法 3.了解设置切换效果的方法
能力目标	1.掌握图片、文本、图表、多媒体对象等对象样式的插入方法 2.会设计和制作幻灯片的动画效果 3.会设置幻灯片的切换效果
素养目标	1.激发学生的文化自信 2.提升职业荣誉感,增强爱岗敬业意识
任务重点	1.图片、文本、图表、多媒体对象等对象样式的插入方法 2.幻灯片自定义动画设置、幻灯片切换设置
任务难点	幻灯片自定义动画设置

▶ 任务描述

　　小徐认真了解了本次大学生技能竞赛演示文稿设计的基本要求,在演示文稿视图完成后,根据自己的设计思路,通过插入图片和表格、添加超链接、插入音频和视频文件,以及设置动画和切换效果等方式来编辑和美化大学生职业规划技能竞赛宣传演示文稿。

▶ 预备知识

一、插入图片

　　在演示文稿中插入图片,能够美化页面,增强画面的感染力。插入图片主要是指插入计算机中保存的图片。插入图片的方式,包括插入"本地图片""分页插

插入图片

笔记

图"和"手机图片"。

利用"分页插图"可以实现批量将图片分页插入到演示文稿的各个幻灯片中。

利用"手机图片/拍照"可以实现通过手机中的 WPS Office 程序扫码方式将手机相册里的图片上传，或者直接点击"拍照"上传手机实时拍摄的图片。

二、插入表格

表格不仅可以美化演示文稿，而且能够直观地展示数据之间的对比关系，简洁明了、易于理解。

（一）插入表格

选择要插入表格的幻灯片，单击"插入"→"表格"，在打开的下拉列表中直接拖动鼠标选择行、列数后单击即可完成表格的插入；也可以在弹出的下拉列表中选择"插入表格"命令，分别输入行数和列数即可完成表格的创建。

（二）输入表格内容并编辑美化表格

在插入的表格中输入文本和数据后，利用"表格工具"选项卡，对表格和单元格的宽、高等参数进行设置，也可以完成表格单元格的插入、删除以及合并等编辑操作。在"表格样式"选项卡里选择合适的主题样式来进行表格的美化，修改文本和表格填充效果及表格边框的设置，也可以利用智能表格功能进行一键排版和美化。

三、插入图表

用图表来表示数据，可以使数据更易理解。默认情况下，当创建好图表后，需要在关联的 WPS 表格数据表中输入图表所需的数据。如果事先准备好了数据表，也可以打开相应的 WPS 表格工作簿并选择所需的数据区域，然后将其添加到 WPS 演示文稿图表中。

四、添加超链接

超链接是指在其他网站或者网页之间进行链接，可以将文字与图形链接到网页、图形文件、电子邮件或者其他网站上。超链接一般用于网页制作，反映从一个网页指向一个目标的连接关系，这个目标可以是另一个网页，也可以是相同网页上的不同位置。在放映幻灯片时，单击添加链接的对象，即可快速跳转至所链接的页面或程序。

五、插入音频

音频是演示文稿中使用较多的一种多媒体元素。在演示文稿中添加合适的声音，能够吸引观众的注意力。插入音频有四种方式："嵌入音频""链接到音频"

"嵌入背景音乐""链接背景音乐"。如果需要在整个演示文稿中播放,可以选择嵌入方式。

"嵌入音频"是指将音频文件保存在PPT内。如果制作PPT与播放PPT的电脑不是同一台,或PPT需要发送给其他人使用,则嵌入的音频的播放不受影响。

"链接到音频"是指链接到本地电脑中保存的音频。如果制作和播放PPT不是同一台电脑,可能会出现链接失败,导致链接的音频不能播放的情况。因此,一般建议采用"嵌入音频"方式将音频插入幻灯片。

"音频"是指在当前页添加的音乐。"背景音乐"是指整个PPT的背景音乐,在切换下一页幻灯片时仍会持续播放。

"嵌入音频"默认设置"当前页播放",即音频只在此页放映时播放。如果播放特定的几页幻灯片,可以在"嵌入音频"方式下选择"跨幻灯片播放",输入要播放的页面数字即可。若要将此音频设置为在放映整个幻灯片时都播放,点击"设为背景音乐",此时系统会自动勾选"循环播放,直至停止"和"放映时隐藏"。点击放映PPT,音乐自动播放,直至幻灯片播放结束,音乐停止。或者直接选择"嵌入背景音乐",也可以在所有幻灯片中自动循环播放该音频文件。

六、插入视频

演示文稿中不仅需要文字、图片和声音,还需要动态画面即视频来增强演示文稿的视觉效果。单击"插入"→"视频",一般选择"嵌入视频"方式。通过"视频工具"控制视频文件的播放,通过右侧"对象属性"窗格可以调整视频文件画面的色彩、标牌框架以及视频样式、形状与边框等视频文件画面效果。

任务实施

一、修饰演示文稿

一个优秀的演示文稿,除了需要有杰出的创意和精致丰富的素材,还需要提供具有专业效果的外观。同时,动画和切换等效果的设置会使演示内容变得生动有趣。

图片和图形是构成幻灯片的重要元素,个性化的图形和图片的处理,能够美化页面,增强画面的感染力,获得意想不到的效果。

在演示文稿中正确使用表格和图表,可以有效地展示枯燥乏味的数据,使数据信息的传递更加快捷有效,也能让演示文稿更富有吸引力。

声音和视频是重要的媒体元素。合理使用音频和视频素材可以很好地渲染演讲氛围,并让演讲气氛得到升华。

动画和切换效果的设置,能够增强演示的效果,模拟语言无法清晰表达的信

笔记

息，能够更好地展示观点，吸引观众。

二、插入图片

打开"大学生职业规划大赛"演示文稿内容页，单击"插入"→"图片"，选择"本地图片"，如图4-23所示。在弹出的插入图片对话框中选择素材文件夹下的竞赛图片，单击"打开"。

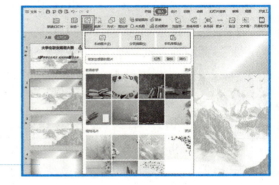

图4-23
插入图片

为了整体美观可以对图片进行属性设置。

选中图片，单击"图片工具"选项卡中的"裁剪"按钮对图片大小和形状进行裁剪，并拖动图片至合适位置。选中图片，在弹出的右键菜单中选择"设置对象格式"命令，或者双击图片，在弹出的"对象属性"任务窗格中，可以设置该图片的填充效果、大小、线条等属性。也可以利用"图片工具"选项卡中的"工具"按钮进行修饰，如旋转、调整亮度、设置对比度、改变颜色、应用图片样式等。如图4-24所示。

图4-24
图片属性设置

三、使用表格

打开第9张幻灯片，插入10×9表格，将素材内容输入或复制到表格中，利用表格工具对表格和单元格的形状进行设置，利用表格样式和智能表格功能对表格进行美化。完成"大学生职业规划大赛报名表"，如图4-25所示。

图4-25
插入表格

四、使用图表

打开内容版式幻灯片,单击内容占位符上的"插入图表"按钮,或者单击"插入"选项卡中的"图表"按钮,打开"插入图表"对话框。在对话框中选择图表的类型、子类型,然后单击"插入"按钮,如图4-26(a)所示。此时,图表自动添加到幻灯片中,切换到"图表工具"选项卡,单击"编辑数据"按钮,如图4-26(b)所示,系统会自动启动WPS表格,用户可以在工作表的单元格中直接输入数据,WPS演示文稿中的图表将自动更新。

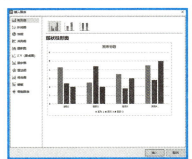 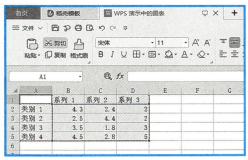

图4-26(a) 选择图表类型和子类型   图4-26(b) 在WPS表格中输入数据

五、添加超链接

在目录页幻灯片编辑区中选择要添加的超链接文本,单击"插入"→"超链接"→"本文档幻灯片页",打开"编辑超链接"对话框,如图4-27所示。在左侧的"链接到"列表中提供了3种链接方式,选择所需链接方式"请选择文档中的位置"为"幻灯片3",完成后单击"确定"即可。按上述方法依次为其他3行文本添加超链接效果。

图 4-27
添加超链接

六、插入音频文件

打开封面页幻灯片，选择"插入"→"音频"→"嵌入音频"，选中本地文件素材文件夹中的"背景音乐.mp3"，拖动播放器图标到合适位置，单击"裁剪音频"剪辑音频文件后，点击设为"背景音乐"，此时系统会自动勾选"循环播放，直至停止"和"放映时隐藏"。如图 4-28 所示。

图 4-28
插入音频"背景音乐"

七、插入视频文件

打开已插入图片的幻灯片，在右侧对称位置添加视频文件。选择"插入"→"视频"→"嵌入本地视频"，打开"插入视频文件"对话框，选择要插入的视频素材"职业生涯规划.mp4"，单击"插入"。选中视频，用鼠标拖曳，可适当调节视频显示区域的大小，并拖动鼠标移动到合适位置。选择"视频工具"→"开始"，在下拉列表中选择"自动"选项，即可实现该视频的自动播放。如图 4-29 所示。

图4-29
插入视频文件

WPS智能美化

(一)单页美化

WPS演示文稿可以通过AI智能技术,智能识别幻灯片的页面类型和内容从而推荐匹配的模板,高效地完成PPT不同页面的美化。单击幻灯片编辑页面下方"一键美化"按钮,可以分别对封面页、目录页、内容页和结束页等实现单页美化功能。单页美化功能支持根据正文内容自动配图、智能拼图或轮播图片。

(二)全文美化

点击"设计"选项卡下的"智能美化"按钮,在弹出的"全文美化"对话框内,可以对内容进行全文换肤、智能配色、整齐布局、统一字体的设置。

全文换肤即是对全部幻灯片进行统一外观的美化。可以通过点击分类,在风格、颜色、场景等维度快速寻找到个人喜好的模板类型,勾选需要的页面一键应用即可。WPS演示智能美化可以完成智能配色,单击即可应用更加科学专业的配色方案。整齐布局可将没有进行排版的文字或图文内容变得规整,可以批量调整,也可以针对某章节或单页设置不同的布局方式。统一字体是演示文稿中保持风格统一的重要元素,在智能美化功能中,已提供多种不同风格的字体,只需选择后一键应用即可实现字体统一,也可以选择设置"自定义字体"。

笔记

笔记

▶ 任务评价

任务编号：WPS-4-3	实训任务：编辑美化演示文稿	日期：
姓名：	班级：	学号：

一、任务描述

根据样张，对10张不同版式的幻灯片分别插入图片和表格、添加超链接、插入音频和视频文件等素材，保存路径为D:\wps\大学生职业规划大赛美化.pptx。完成后的效果如【任务样张4.3】。

二、【任务样张4.3】

三、任务实施

1. 根据所学知识和所给的素材，为10张封面页、目录页、内容页、图表与标题四种版式不同的幻灯片添加不同素材，完成后的效果如【任务样张4.3】。保存路径为D:wps\大学生职业规划大赛美化.pptx。

2. 设置封面页、目录页标题文字为微软雅黑、60磅、蓝色(5,151,228)，内容页标题文字为微软雅黑、36磅、褐色(127,104,100)。为封面页插入音频，并设置为背景音乐，播放时隐藏。

3. 在第二页幻灯片中插入图片和视频，设置图片和视频高度为10 cm、宽度为15 cm，外观均裁剪为圆角矩形。设置视频为全屏播放，播放完返回开头。

4. 在第三页目录页幻灯片中插入文本框和两个圆形形状。输入文本，并设置为微软雅黑、24磅、蓝黑色(38,101,126)，两个圆形分别设置灰色渐变和灰色纯色填充，直径大小分别为1.64 cm和2.14 cm。将两个灰色圆形组合，并添加蓝黑色序号"01"，字号为32磅；将组合的圆形和文本框再次组合，复制3次，序号分别修改为"02""03""04"，并按样张修改后面文本框对应的内容。选中序号和文本框，设置为左对齐。

5. 为第四至第八页内容页幻灯片插入素材中的图片，调整大小至合适位置。

6. 为第九页幻灯片插入表格，使用表格美化和排版功能对表格进行美化。为封面页和第十页幻灯片底部添加2行2列表格，表格边框设置为"无"。文本分2列显示。

7. 保存文件。

编辑美化演示
文稿

四、任务执行评价

序号	考核指标	所占分值	备注	得分
1	任务完成情况	30	是否在规定时间内完成并按时上交任务单	
2	成果质量	70	按标准完成,或富有创意、合理性评价	
总分				

指导教师：

日期：　　年　　月　　日

笔记

放映和导出大学生技能竞赛宣传演示文稿

▶ **任务导航**

知识目标	1.了解制作幻灯片动画的方法 2.了解设置放映方式和切换效果的方法 3.了解打包演示文稿的方法
能力目标	1.会设置目录页超链接 2.会添加动作按钮 3.会设计和制作幻灯片的动画效果 4.会设置排练计时 5.会打包演示文稿 6.会根据需求制作各式幻灯片
素养目标	提升职业荣誉感,增强爱岗敬业意识
任务重点	幻灯片动画设置和幻灯片放映
任务难点	幻灯片动画设置

笔记

任务描述

　　大赛的演示文稿经过前期的美化,已在各幻灯片中添加并设置好图片、表格、图表、音频、视频等素材。在本任务中,需要小徐做好幻灯片放映前的准备工作,包括图片、文字等动画效果的设置及超链接和动作按钮的使用,以及幻灯片播放时排练计时的正确使用,还包括从本地电脑打包后在学校职业教育活动周期间在学校各大屏幕正常循环展播。通过对本次大赛的全面宣传,引导全校同学积极参赛备赛,树立正确的成才观、就业观,把个人的理想融入到伟大的中国梦之中,培养社会责任感和创新精神,树立职业生涯规划理念。

预备知识

一、目录页

　　在演示文稿中,目录能清晰地展示整个演示文稿的内容脉络,方便演讲者在演讲的过程中能轻松跳转到指定页面。新建幻灯片时,利用幻灯片模板和设计功能可以为幻灯片提供不同风格的主题页设计,包括封面页、目录页、内容页和结束页的设计,也可以根据已有主题自定义制作目录页幻灯片。

　　常用的目录页版式,主要有左右结构和上下结构。此外,还可以使用多行排列、倾斜摆放、中心发散等结构搭配装饰物/背景、形状、文字、图片等,制作出更符合风格要求的目录页幻灯片。

二、动作按钮

　　动作按钮是预设的按钮形状,可将动作按钮插入到幻灯片中,也可以为动作按钮进行超链接设置。插入动作按钮后,会弹出一个"动作设置"窗口,根据需要可链接到某一张幻灯片、某个网站、某个文件、播放某种音效、运行某个程序等。通过点击动作按钮可以人为控制幻灯片的播放过程。

三、动画效果

　　动画效果的设置,可以帮助演讲者突出重点,控制展现流程并增加演示的趣味性。

（一）添加进入、退出、强调等单一动画

　　进入、退出动画可以为文本或其他对象设置多种动画效果进入或退出放映屏幕。强调动画是为了突出幻灯片中的某部分内容而设置的特殊动画效果。

　　设置进入、退出、强调动画的方法大致相同。选中要添加动画效果的对象,

单击"动画"选项卡,在下方的下拉列表框中选择要添加的动画特效即可。

(二)使用自定义动画

打开"自定义动画"窗格,选中对象,在弹出的"自定义动画"任务窗格中单击"添加效果"按钮,在弹出的下拉面板中可以选择进入、强调、退出、动作路径、绘制自定义路径动画效果。在"自定义动画"任务窗格中显示设置的不同的动画效果属性。此处以进入动画百叶窗效果为例,可以继续设置如动画开始方式、动画显示速度等属性。勾选"自动预览"复选框时,如果动画效果产生变化则会自动预览该动画。单击"播放"按钮时也可以预览动画效果。此外,在功能区单击"动画"选项卡中的"预览效果"按钮,也可预览动画效果。

选中"自定义动画"任务窗格中已设置的动画,单击"更改"按钮可以更改动画类型或者修改动画的属性,单击"删除"按钮可以删除选中的动画。

(三)设置动画选项

当在同一张幻灯片中添加了多个动画效果后,可以重新排列动画效果的播放顺序。切换到"动画"选项卡,在打开的"自定义动画"窗格中选定要调整顺序的动画,然后用鼠标将其拖到列表框中的其他位置。单击列表框下方的上下箭头按钮也能够改变动画播放序列。

动画的开始方式一般有3种:单击时、之前、之后。在为动画设置开始方式时,可以从开始列表框下拉菜单中选择上述3个命令之一。

预览当前幻灯片中设置动画的播放效果,选择"速度"可以调整动画的播放时间,选择"延迟"可以输入该动画与上一动画之间的延迟时间。

如果要在动画中播放声音,可以选择动画列表框的"效果"选项组中的"声音"进行设置。

此外,在"动画文本"的下拉列表框中,可以设置"按字母"或"按字词"选项,使文本按照字母或者逐字进行动画播放。

四、幻灯片切换效果

幻灯片切换效果是指两张连续幻灯片之间的过渡效果,可以控制每张幻灯片的播放速度,还可以添加声音。

在普通视图的"幻灯片"选项卡中单击某个幻灯片缩略图,单击"切换"选项卡,在下方列表框中选择一种幻灯片切换动画效果。在速度和声音下拉列表框可以分别设置幻灯片切换的速度和换页时的声音。单击"全部应用"按钮,则会将切换效果应用于整个演示文稿。

五、放映

制作演示文稿的最终目的就是将演示文稿展示给观众欣赏,即放映演示文稿。

笔记

(一)幻灯片放映方式

幻灯片放映有以下三种方式。

(1)从头开始播放。单击"幻灯片放映"，选择"从头开始"按钮，即可将所有幻灯片从头开始播放，也可使用F5快捷键实现该功能。

(2)从当前开始播放。单击"幻灯片放映"，选择"从当前开始"按钮，即可将所有幻灯片从当前页开始播放，也可使用Shift+F5组合键实现此功能。

(3)自定义放映。单击"幻灯片放映"，选择"自定义放映"按钮，弹出"自定义放映"对话框。单击"新建"按钮，在弹出"定义自定义放映"对话框中，"幻灯片放映名称"文本框中默认名称为"自定义放映1"。选择需要播放的幻灯片添加到放映列表中即可。

(二)幻灯片放映类型

幻灯片放映有以下两种类型：

(1)演讲者放映(全屏幕)。此选项可以运行全屏显示的演示文稿，是默认的放映方式。在这种放映方式下，幻灯片全屏放映，放映者有完全的控制权，可以控制放映停留的时间、暂停演示文稿放映，可以选择自动方式或手动方式放映。

(2)展台循环放映(全屏幕)。此选项可使演示文稿循环播放，并防止读者更改演示文稿。终止放映要按Esc键，适合无人管理的展台放映。

(三)结束放映

结束幻灯片放映有以下两种方法：

(1)按Esc键结束放映。

(2)右击，在弹出的右键菜单中选择"结束放映"命令来结束放映。

另外，在幻灯片放映过程中，用户可以通过键盘的方向键、鼠标左键、鼠标右键、编号+Enter键、翻页笔、手机遥控等方式对幻灯片进行翻页。

(四)播放操作

1.放映指针

在放映演示文稿时，为了增强效果，更清晰地表达演示者意图，经常需要在演示时借助放映指针来指示幻灯片内容，方便观众理解。

放映状态下，在空白处右击，在弹出的右键菜单中，选择"指针选项"命令，在弹出的子菜单中选择"箭头"命令即可设置放映显示指针。

2.使用放大镜

在放映演示文稿时，对于分析类、报告类，或者教学类的演示文稿，需要强调某个局部位置，可以通过使用放大镜，来放大局部需要突出讲解的位置。

在放映状态下，右击，在弹出的右键菜单中选择"使用放大镜"命令，即可在演示状态下放大幻灯片局部，在此界面中可以将幻灯片继续放大、缩小或恢复原大小。

3.墨迹注释

在幻灯片演示的时候,有时候需要在幻灯片上写注释。写注释前需先设置画笔样式和画笔颜色。在放映状态下,在右键弹出的菜单中选择"指针选项"命令,在弹出的子菜单中可以选择并设置画笔类型:箭头、圆珠笔、水彩笔或荧光笔。鼠标指针移动到"墨迹颜色"命令处,单击相应的颜色即可进行墨迹颜色的设置。结束幻灯片放映时,会弹出"是否保留墨迹注释?"对话框,可根据实际需要选择。

六、排练计时

设置排练计时可以自动记录每张幻灯片显示所需的时间。当制作好演示文稿后,用户可以通过"排练计时"功能进入排练模式,可以对演讲时间进行计时估算。

单击"幻灯片放映"选项卡中"排练计时"下拉按钮,在弹出的下拉菜单中选择"排练当前页"或"排练全部幻灯片",选择相应命令即可进入排练模式。

七、打包演示文稿

所谓打包是指将与演示文稿有关的各种文件整合到同一个文件夹中,只要将这个文件夹复制到其他计算机中,然后启动其中的播放程序,即可正常播放演示文稿。当演示文稿有链接外部的音视频时,可以使用文件打包功能将幻灯片打包以避免多媒体文件丢失。WPS演示可将演示文稿打包成文件夹或者压缩文件。

 **任务实施**

一、设置目录页的超链接

在演示文稿中,目录能清晰展示整个演示文稿的内容脉络,方便演讲者在演讲的过程中轻松跳转到指定页面。目录幻灯片的制作分为两步,首先在新建的目录幻灯片中绘制目录边框并添加文字,然后为文本框添加超链接。

选择"开始"→"新建幻灯片",点击"新建"→"主题页",根据需要选择"目录页"中的一种样式,点击"立即下载"新建目录页。或者点击"新建"→"母版",选择"自定义版式",即可应用该版式新建幻灯片。如图4-30所示。同时,可在母版视图中将"自定义版式"重命名为"目录页"。

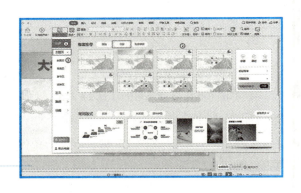

图 4-30
创建目录页

（一）绘制目录边框并编辑目录章节标题

在新建目录页幻灯片标题框中编辑目录主标题"大学生职业规划大赛校赛"。在下方空白区域插入 2 个圆形形状，将其中小圆形形状设置为"灰色"填充，"居中偏移"阴影效果；将大圆形形状设置为"灰色""左下到右上"渐变填充，无阴影。将 2 个圆形形状组合后输入编号文字"01"，字体为微软雅黑，字号为 32 磅，颜色为蓝黑色。在形状编号"01"设置完成后，再在右侧合适位置处插入横向文本框，输入"大学生职业规划大赛成长赛道方案"，字体为微软雅黑，字号为 24 磅，颜色为蓝黑色。调整两者位置为"垂直居中对齐"。选择 2 个圆形形状及数字编号"01"，按住 Ctrl 键，同时选择文字文本框，选择"绘图工具"→"组合"菜单命令，完成圆形形状和文本框的组合。选中组合图片，右击"复制"→"粘贴"，生成 3 个组合文本框的副本，并依次更改数字编号为"02""03""04"。按住 Ctrl 键的同时选择所有组合图形，选择"绘图工具"→"对齐"，在下拉列表中选择"左对齐""纵向分布"，即可实现对象整齐划一的对齐效果，如图 4-31 所示。

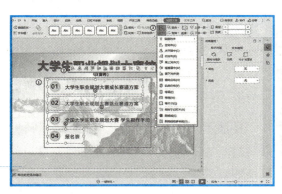

图 4-31
编辑目录页的章节标题

（二）设置目录页的超链接

选择目录页第一章节标题"大学生职业规划大赛成长赛道方案"文本框，右击鼠标打开"超链接"或选择"插入"→"链接"，选择"链接到"栏中的"本文档中的位置"选项，在"请选择文档中的位置"栏下的列表框中选择第 4 张幻灯片，单击"确定"即可。使用相同的方法，可分别为目录页上的其他章节标题设置超链接。

二、添加动作按钮

从章节幻灯片返回目录页时,可以通过添加动作按钮设置超链接来实现。

选择"视图"→"幻灯片母版",在幻灯片母版视图中,在左侧幻灯片任务窗格中选择"内容页"版式,选择"插入"→"形状",在下拉列表中选择"动作按钮"栏中的"动作按钮:后退或前一项"。在幻灯片底部左侧位置按住鼠标左键拖动绘制按钮,绘制完成后会自动打开"动作设置"对话框,在"链接到"下拉列表中选择"幻灯片"选项,在"超链接到幻灯片"对话框中选择目录页幻灯片"大学生职业规划大赛校赛(附件)"选项,单击"确定"按钮即可完成动作按钮的添加。选中"动作按钮:后退或前一项",在右侧"对象属性"任务窗格中,选择"形状选项"→"效果",选择下方的"内部居中"阴影效果。如图4-32所示。

图4-32
添加动作按钮

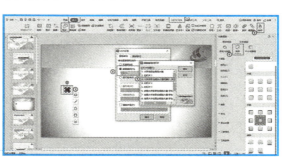

使用相同的方法,继续添加动作按钮"动作按钮:前进或后一项",并调整2个动作按钮大小并至合适的位置。

三、动画效果设置

(一)设置封面页对象的进入动画

参照效果图完成幻灯片封面页动画的创建。选择标题"大学生职业规划大赛",单击"动画",在下方的下拉列表框中选择"强调"→"放大/缩小"动画。选择副标题"筑梦青春志在四方　规划启航职引未来",单击"动画",在下方的下拉列表框中选择"进入"→"缓慢进入"动画。选择文本框"——让梦想启航",单击"动画",在下方的下拉列表框中选择"进入"→"盒状"动画。选择底部表格,设置缓慢进入动画效果。如图4-33所示。

图4-33
封面页标题动画设置

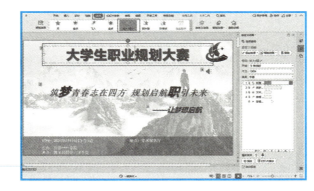

笔记

添加动作按钮

动画效果设置

(二)设置目录页对象的自定义动画

选择目录页目录文本,单击"动画"→"自定义动画"→"效果选项",在下拉菜单命令列表中选择"飞入",并在效果选项中选择显示高级日程表,依次设置4个目录文本框间隔1秒钟逐个飞入动画效果。如图4-34所示。

图4-34
目录页标题动画

除了可以对对象设置单一动画和自定义动画,还可以使用智能动画完成动画效果的设置。任选其中一种方式依次完成其他幻灯片页面对象的动画效果设置。

四、演示文稿切换效果的设置

选择"切换"→"形状"动画,在"切换效果"下拉列表中选择"扇形展开"选项,依次设置页面切换动画的类型和效果选项。

设置页面切换动画的换片方式。在"切换"→"计时"组中,勾选"换片方式"栏中"单击鼠标时"复选框和"自动换片"复选框,并设置时间为00:10。在放映幻灯片时,单击鼠标将进行切换操作,同时,在放映幻灯片时,从第一个对象的动画运行开始10秒之后,将结束本幻灯片的播放并自动切换到下一张。

选择"切换"→"计时"→"应用到全部"菜单命令,将设置的切换效果应用到当前演示文稿的所有幻灯片中。如图4-35所示。

图4-35
幻灯片切换动画

五、放映演示文稿

制作演示文稿的最终目的就是将演示文稿展示给观众欣赏,即放映演示文稿。

（一）添加自定义放映

单击"幻灯片放映"，选择"自定义放映"按钮，弹出"自定义放映"对话框。单击"新建"按钮，在弹出的"定义自定义放映"对话框中，"幻灯片放映名称"文本框中默认名称为"自定义放映1"。单击选中左侧的"在演示文稿中的幻灯片"列表里需要放映的幻灯片，单击中间的"添加"按钮即可将选中的幻灯片加入到右侧的"在自定义放映中的幻灯片"列表中，如图4-36所示。单击"确定"按钮后，会返回到"自定义放映"对话框，单击"放映"按钮即可放映在名称为"自定义放映1"的自定义列表中的所有幻灯片。

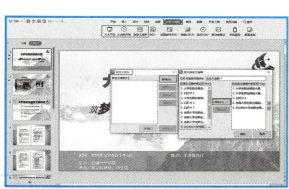

图4-36
自定义放映

（二）设置幻灯片放映方式

单击"幻灯片放映"选项卡中的"设置放映方式"下拉按钮，在弹出的下拉菜单中选择"设置放映方式"并打开，在"放映类型"栏中选择"演讲者放映（全屏幕）"。按如图4-37所示完成其他选项的设置。单击"确定"按钮。

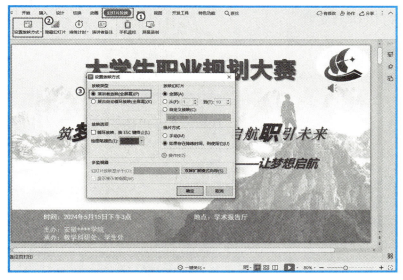

图4-37　幻灯片放映方式

六、设置排练计时

单击"幻灯片放映"选项卡中"排练计时"下拉按钮，选择"排练全部"。此时

笔记

笔记

屏幕上会出现"预演"计时器。左侧倒三角的功能是下一项，作用是对幻灯片进行翻页，如果要暂停计时就单击"暂停"按钮。如图4-38所示。预演计时器左侧的时长是本页幻灯片的单页演讲时间计时，右侧的时长是全部幻灯片演讲总时长计时。单击"重复"按钮，可以重新记录单页时长的时间，并且总时长会重新计算此页时长。

图4-38
排练计时预演

排练结束放映后，在出现的对话框中单击"是"按钮，即可接受排练的时间；如果要取消本次排练，单击"否"按钮即可。

如果需要查看为演示文稿中幻灯片设置的排练计时时间，可以单击"视图"，选择"幻灯片浏览"视图按钮，在每张幻灯片的右下角可以查看到该张幻灯片播放所需要的时间。如图4-39所示。

图4-39
查看排练计时

七、打包演示文稿

单击"文件"菜单，选择"文件打包"命令，可选择将演示文稿打包成文件夹或压缩文件包，如图4-40所示。

图4-40
打包演示文稿

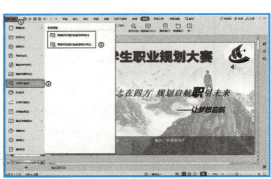

注意：如果文件未保存，会出现提示对话框，提示先保存文件。

当选择"将演示文档打包成文件夹"命令时，会弹出"演示文件打包"对话框，填写文件夹名称，选择文件夹保存位置，单击"确定"按钮即可完成演示文稿打包。

▶ 知识拓展

WPS动画刷和智能动画

(一)动画刷

WPS中对于不同的文字或图片需要相同的动画效果时,可以通过动画刷来实现。如将图片一的动画快速应用到图片二上:首先选中图片一,鼠标单击动画刷按钮,鼠标变成刷头模样时,点击图片二,就能将图片二的动画效果和图片一效果设置为一致。单击动画刷是复制作用,若想将动画应用至多个对象,可以双击动画刷,点击多个图片,就能将多个图片的动画效果设置为和刚才的图片效果一致。

(二)智能动画

传统的PPT动画制作需要理解各种动画关系并逐个添加。WPS智能动画,可以一键套用各种酷炫的动画效果,一键为所有图文智能添加动画。

选中PPT中的对象,点击"动画"→"智能动画",WPS会自动识别PPT内容,推荐动画效果,一键完成动画制作。此外,还可以使用WPS的智能模板来智能使用动画效果,如逐项强调内容、添加图片轮播动画等。

▶ 任务评价

任务编号:WPS-4-4	实训任务:动画设置和放映WPS演示文稿	日期:
姓名:	班级:	学号:
一、任务描述 按要求在封面页和目录页设置不同的动画效果,并为整个演示文稿设置切换动画效果,为幻灯片设置排练计时并放映幻灯片。保存路径为D:\wps\大学生职业规划大赛放映.pptx。完成后的效果如【任务样张4.4.1】和【任务样张4.4.2】。		
二、【任务样张4.4.1】 		

动画设置和放映
WPS演示文稿

笔记

【任务样张4.4.2】

三、任务实施

1. 打开任务 WPS-4-3 大学生职业规划大赛美化演示文稿,在封面页和末尾页幻灯片中标题设置放大/缩小动画,副标题和底部表格设置缓慢进入动画,文本设置为向内盒状展开动画。在目录页设置飞入动画,并设置显示高级日程表。完成效果如【任务样张4.4.1】。保存路径为 D:\wps\大学生职业规划大赛动画 .pptx。

2. 为所有幻灯片设置随机切换动画效果,切换动画时间为5秒,保存。

3. 打开"大学生职业规划大赛"动画演示文稿,设置排练全部计时。完成效果如【任务样张4.4.2】。保存路径为 D:\wps\大学生职业规划大赛放映 .pptx。

4. 打包演示文稿到桌面,文件名为大学生职业规划打包。桌面文件夹内有打包的演示文稿文件和插入的素材视频文件。

四、任务执行评价

序号	考核指标	所占分值	备注	得分
1	任务完成情况	30	是否在规定时间内完成并按时上交任务单	
2	成果质量	70	按标准完成,或富有创意、合理性评价	
总分				

指导教师:

日期: 年 月 日

任务⑤

掌握PDF文件的应用

▶ 任务导航

知识目标	1.熟悉使用WPS打开和查看PDF文件 2.了解WPS中的PDF辅助功能 3.掌握PDF文件的编辑
能力目标	1.能用WPS打开和创建PDF文件 2.能对PDF文件进行页面辅助功能管理
素养目标	培养团队协作意识与安全意识
任务重点	PDF文件的编辑
任务难点	PDF文件页面辅助功能管理

▶ 任务描述

为了更好更有效地保护自己的文件信息内容不会被更改和盗用,很多文件格式都可以转换成PDF格式。通过合理的PDF文件管理和共享,可以提高工作效率和团队协作能力。小徐在完成"大学生职业规划技能竞赛"宣传演示文稿制作任务后,准备利用WPS PDF文件来管理"大学生职业规划技能竞赛"宣传演示文稿,更好地管理和共享PDF文件。

▶ 预备知识

一、工作界面

WPS PDF是针对PDF文档的阅读和处理软件,具有PDF文档的阅读功能,有播放模式和阅读模式。WPS PDF可以执行旋转文档页面、设置页面显示方式、设置文档背景色等个性化操作,还具有文档拆分功能。

WPS PDF的工作界面主要由标签栏、功能区、编辑区、导航窗格、任务窗格、状态栏6个部分组成，如图4-41所示。

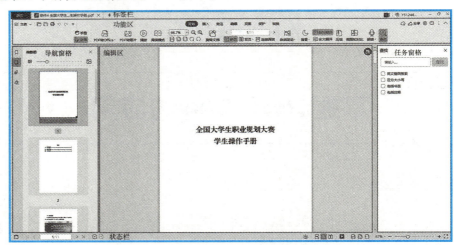

图4-41　PDF界面

标签栏：主要用于标签的切换和窗口控制。标签切换是指在不同标签之间单击进行切换或关闭标签。窗口控制主要是登录/切换/管理账号，以及切换/缩放/关闭工作窗口。

功能区：主要包括阅读选项卡、文件菜单、快速访问工具栏、协作状态区等。

编辑区：是内容呈现的主要区域。

导航窗格：主要提供文档缩略图、附件、标签视图的导航功能。

任务窗格：提供一些高级功能的辅助面板，如执行查找操作时将自动展开。

状态栏：提供文档状态和视图控制。例如，在状态栏可以显示PDF文档总的页数，进行文档的翻页或页面跳转，也可以提供页面缩放和预览方式设置等操作。

二、新建PDF文件

利用WPS Office创建PDF文件主要有四种方法。

（一）从已有的Office文件新建

选择本地已有的WPS文字（Word）、WPS演示（PPT）、WPS表格（Excel）文档，每次只能选择一个文档，选好后可直接转换为PDF文件。类似于从相应的WPS套件中打开了这个文档，按F12键另存为PDF文件的效果。

（二）从扫描仪新建

连接扫描仪后，可以把扫描仪的文件转换为PDF。选择"从扫描仪新建"，选择联机的扫描仪，点击"确定"即可。大部分扫描仪都提供了扫描为PDF的功能。

（三）新建空白文件

在新建PDF的界面，选择第三个"新建空白页"，可以新建一个内容空白的A4大小的PDF文件。

笔记

(四)从已有的PDF文档快速打开

选择本地已有的PDF文档,可直接打开。也可以选择本地已有的WPS文字(Word)、WPS演示(PPT)、WPS表格(Excel)文档,选好后可直接转换为PDF文件。

此外,还可以打开本地已有PDF文件的对话框,选择"页面"→"合并",选中一个或多个不同的PDF文件进行合并来创建新的PDF文件。

三、查看PDF文件

使用WPS PDF查看PDF文件主要有阅读和播放两种模式。

(一)阅读模式

阅读模式下,在"视图"下拉菜单中可以选择单页、多页、连续阅读模式。"单页"或"双页"显示的时候,编辑区中纵向仅显示一页,页与页之间是断开的。"连续阅读"是指不间断地滚动页面进行浏览。在阅读PDF文档时,自动滚动功能可让文档按照一定的速度自动滚动。单击"开始"选项卡中"自动滚动"下拉按钮,在弹出的下拉菜单中可选择"-2倍速度""-1倍速度""1倍速度""2倍速度",选择正数的倍速是向下滚动,选择负数的倍速是向上滚动。

"旋转"下拉菜单中,可以设置当前页面顺时针旋转90度、逆时针旋转90度或是对整篇文档进行旋转。

若是文档有书签,单击"书签"按钮打开"书签"导航窗格,可以快速定位到指定的文档位置,如图4-42所示。单击"查找"快捷搜索框,可以在文本框中输入要查找的内容,按Enter键进行查找。

单击右侧的"退出阅读模式"按钮,即可退出阅读模式。也可以按下Esc键,退出阅读模式。

图4-42
PDF阅读模式-书签

在阅读模式下单击"批注模式"按钮,可以快速切换到批注模式,单击"注释工具箱"按钮,在右侧显示所有的注释工具。单击某个工具,打开相应的任务窗格,可以便捷地添加各种批注。如图4-43所示。

笔记

图 4-43
PDF 阅读模式-批注

（二）播放模式

播放模式下，右上角会浮动工具栏，可以单击"放大""缩小""上一页""下一页"按钮进行相应放大、缩小、翻页操作。和 WPS 幻灯片播放功能类似，也可以在播放时进行上下翻页、定位和墨迹注释等操作。

可以单击右上角自动显示出浮动工具栏中"退出播放"按钮，退出播放模式。也可以按 Esc 键，退出播放模式。

四、WPS 中的 PDF 辅助功能

WPS 是一款功能丰富的办公软件，提供了便捷、高效的文件编辑、排版和转换服务，如图 4-44 所示。WPS PDF 主要有以下 6 种辅助功能。

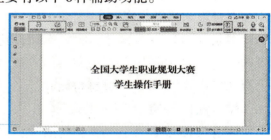

图 4-44
PDF 辅助功能

（一）PDF 文件打开与编辑

WPS 支持直接打开 PDF 文件查看 PDF 内容，还可以直接在 WPS 中对 PDF 文件进行如添加文字、插入图片、绘制形状等编辑操作。编辑完成后，可以保存为新的 PDF 文件或覆盖原文件。

（二）PDF 转换与提取

WPS PDF 支持与其他格式文件的互转。WPS 可以将 PDF 文件转换为 Word、Excel、PPT 等格式，也可以将其他格式的文件转换为 PDF 格式，还可以从扫描仪创建 PDF 文件，方便进行电子存储和管理。此外，WPS 还支持从 PDF 文件中提取图片、文字等信息。

（三）PDF 合并与拆分

WPS 支持将多个 PDF 文件合并为一个文件，或者将一个 PDF 文件拆分为多个部分。合并后的 PDF 文件保持了原有的页面格式和布局，在浏览或打印时可以保持一致。

(四)PDF批注与签名

通过在PDF文件上添加文字批注、绘制批注框、插入箭头等,可以方便地对文件内容进行标注和说明。此外,WPS还支持在PDF文件上添加电子签名,确保文件的真实性和完整性。

(五)PDF文件的安全与保护

为了保护PDF文件的安全性和隐私性,WPS可以为PDF文件设置密码保护,防止未经授权的访问和修改。同时,WPS还支持对PDF文件进行加密处理,确保文件的安全性。

(六)PDF优化与压缩

通过优化PDF文件的页面布局、字体嵌入等,可以缩小文件,加快文件加载速度。同时,还支持对PDF文件进行压缩操作,以便更好地保存和分享文件。

五、编辑PDF文件

利用WPS PDF的编辑和批注功能可以快速修改PDF文件中的文字和图片。

(一)编辑功能

打开WPS PDF文件,单击"编辑"→"编辑文字"按钮,此时PDF文件的内容会以一个个文本框的方式呈现。双击即可对文本框中文字内容进行编辑和删除,还可以调整字号、间距、颜色等。

单击"编辑"→"编辑图片"按钮,拖动图片可以移动图片的位置,也可以对PDF中图片的翻转、旋转、透明度等进行设置,还可以插入图片、删除图片、替换图片、提取图片内的文字或是将图片转换成PDF。

(二)批注功能

成为WPS会员才可使用完整的"插入"和"编辑"功能。如果不是会员,可以通过"批注"功能来完成内容的修改,在PDF文件上圈出重点部分或补充内容。单击"批注"→"文本框"按钮,点击文本框,设置字体大小、颜色和文本框边框,输入文字内容,即可修改PDF内容。或者单击"批注"→"形状批注"按钮,在下拉命令列表中选择"矩形"命令。在PDF文件中框选想删除的内容,填充矩形颜色即可遮盖原有内容。再选择"文字批注",即可以修改PDF内容。如图4-45、图4-46所示。

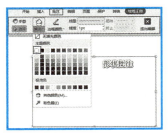

图4-45　编辑文本框批注　　　　图4-46　编辑形状批注

笔记

笔记

六、PDF文件安全保护

在进行PDF文档编辑时，若需要对PDF文档进行密码保护设置，使用WPS软件对PDF文件进行签名和保护是一种便捷且安全的方式。在操作时，需要注意保护签名文件和密码的安全性，以及对签名和密码进行核对，确保文件的完整性和安全性。

WPS验证签名功能的使用，需要先对被保护的PDF文件添加签名。打开PDF文件后，单击"插入"→"PDF签名"，在弹出的窗口中，可以选择使用手写签名、图片签名或文字签名。创建好签名后，将其拖动至PDF文件中的适当位置，确认无误后，点击"嵌入文档"即可。

 任务实施

一、用WPS打开和创建PDF文件

（一）打开PDF文件

在已打开的PDF文档界面，选择"文件"菜单中"打开"命令或单击快速访问工具栏中的"打开"按钮，即可弹出"打开文件"对话框，在对话框中选择要打开的《全国大学生职业规划大赛–学生操作手册》文件即可打开PDF文档。或者单击桌面WPS Office快捷方式，在"首页"中找到要打开的PDF文档路径，选中后双击即可打开PDF文档。

（二）创建PDF文件

在WPS Office"首页"点击左侧"+"新建按钮，即可进入"新建"界面，也可以直接点击标签栏最右边的"+"新建标签，或者按下"Ctrl+N"，进入"新建"界面，点击"Office文档"下的PDF图标即可进入"新建PDF"界面，如图4-47所示，然后根据提示来新建PDF文件即可。

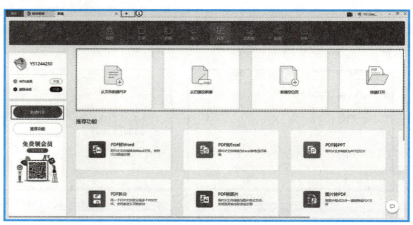

图4-47　创建PDF文件

二、查看PDF文件

使用WPS PDF可以采用阅读和播放两种模式查看PDF文件。打开《全国大学生职业规划大赛-学生操作手册》PDF文件:

(1)单击"开始"→"阅读模式"按钮即可进入阅读模式查看文档内容。

(2)单击"开始"→"播放"按钮即可进入播放模式查看文档内容。

(3)还可以通过拖动鼠标滚轮,逐页查看PDF文档。可以选择合适的百分比比例来放大或缩小页面,或是点击"旋转"按钮对整篇文档或单页文档进行旋转查看。单击"上一页"或"下一页"箭头可进行前后翻页查看,也可以在数字框里直接输入数字跳转到指定页面查看指定内容。还可以利用截图和对比功能,对截图区域的内容和文档中其他部分内容进行查看和比对。

三、WPS中的PDF辅助功能

(一)PDF转换与提取

打开素材附件中的《成长赛道方案》PDF文件,单击"转换"选项卡中的"PDF转Word"按钮,设置转换文件存放路径,即可转换为Word文件(非会员只可以转换5页内容)。单击"转换"选项卡中的"PDF转图片"按钮,即可将3页的PDF文件打包转换为3张图片。单击"转换"选项卡中的"PDF转图片型PDF"按钮,即可将3页的PDF文件转换为3页图片,选中第一页中的图片,点击"提取文字",会员即可在"图片转文字"中的"效果预览"中查看到图片文字,点击"复制全部"文字。

(二)PDF合并与拆分

打开素材附件中的《成长赛道方案》PDF文件,单击"页面"选项卡中的"PDF合并"按钮,在弹出的"PDF转换与合并"对话框中,点击"添加文件",选择要合并的《就业赛道方案》文档,设置好合并后的文件名《竞赛方案汇总》和文件存放路径,点击"开始合并"即可。也可以点击"页面"选项卡中的"插入页面"下拉菜单中的"从文件选择",完成PDF文件合并。

打开汇总的5页PDF文件,单击"页面"选项卡中的"PDF拆分"按钮,拆分方式选为每隔2页保存为一份文档,则5页PDF文件可以打包拆分成3个PDF文件(非会员只能拆分5页以内的PDF文件)。

四、编辑PDF文件

打开素材附件中的《就业赛道方案》PDF文件,复制标题文本,单击"批注"选项卡中的"文本框"按钮,选中需要修改的标题文本区域,标题文本被空白的文本框遮盖,将复制的标题文本粘贴在文本框内并选中文本,在弹出的文本工具选项下方设置微软雅黑、二号字,完成PDF文件标题字体字号的修改。

笔记

选中标题文本，单击"批注"选项卡中的"文本框"按钮，选择矩形，选中要修改的标题文本区域，单击"绘图工具"选项卡中的"填充"，设置填充色为白色矩形，标题文本就被矩形框遮盖了。单击"批注"选项卡中的"文字批注"按钮，输入标题文字，在"批注工具"中选择黑体、小二号字。

五、PDF文件安全保护

　　打开需要保护的《全国大学生职业规划大赛–学生操作手册》PDF文件，单击"保护"选项卡中的"文档加密"按钮，在弹出的"加密"对话框中，设置打开密码"ABC123456"，不设置编辑及页面提取密码，不勾选"全选"及下方的打印、复制等复选框。如图4-48所示。

图4-48
PDF文件保护

　　使用WPS验证签名功能，需要先对被保护的PDF文件添加签名。打开PDF文件后，单击"插入"选项卡中的"PDF签名"按钮，在弹出的窗口中，可以选择使用手写签名、图片签名或文字签名。创建好签名后，将其拖动至PDF文件中的适当位置，确认无误后，点击"嵌入文档"即可。

 知识拓展

WPS电子签名

　　将手写纸质签名拍照后传到电脑上，打开PDF文档，插入纸质签名图片。点击图片右上角"布局"选项，选择"浮于文字上方"。点击鼠标右键，选择"裁剪"，将图片裁剪到合适的大小，鼠标右键选择"设置图片格式"，点击"图片"选项，将清晰度设置为100%，亮度设置为50%，对比度设置为100%，关闭窗口之后再点击设置透明色，鼠标变成吸管状，再点击一下图片，签名就变成透明色，将它拖动到签名的位置，再调整一下大小即可。

▶ **任务评价**

笔记

任务编号:WPS-4-5	实训任务:编辑和转换PDF文件		日期:
姓名:	班级:		学号:

一、任务描述

将创业赛道PDF文件转换为图片,并保存在D:\wps\PDF转换编辑,完成后的效果如【任务样张4.5.1】。打开素材附件中的《就业赛道方案》PDF文件,将标题文本修改为微软雅黑、二号字,完成后的效果如【任务样张4.5.2】。

二、【任务样张4.5.1】

t (C:) › 用户 › 123 › 桌面 › 项目四 › 素材 › 附件 › 附件1 2023年大学生职业规划大赛成长赛道方案

附件1 2023年大 学生职业规划大 赛成长赛道方案 _00.png　　附件1 2023年大 学生职业规划大 赛成长赛道方案 _01.png　　附件1 2023年大 学生职业规划大 赛成长赛道方案 _02.png

【任务样张4.5.2】

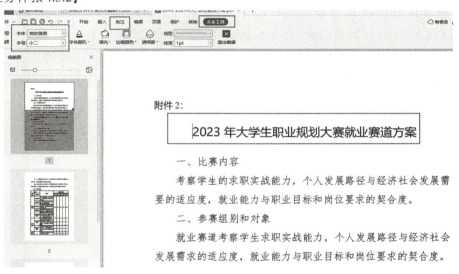

三、任务实施

1. 打开素材附件中的《成长赛道方案》PDF文件,单击"转换"选项卡中的"PDF转图片"按钮,即可将3页PDF文件打包转换为3张图片。
2. 打开素材附件中的《就业赛道方案》PDF文件,复制标题文本,单击"批注"选项卡中的"文本框"按钮,遮盖住标题文本框,将复制的标题文本粘贴在文本框内并选中文本,设置为微软雅黑、二号字。
3. 保存文件。

编辑和转换PDF 文件

笔记

四、任务执行评价

序号	考核指标	所占分值	备注	得分
1	任务完成情况	30	是否在规定时间内完成并按时上交任务单	
2	成果质量	70	按标准完成，或富有创意、合理性评价	
总分				

指导教师：

日期： 年 月 日

本项目通过制作大学生职业规划技能竞赛宣传演示文稿介绍了演示文稿的创建、编辑、美化和PDF文件的应用。

在制作和设计WPS演示文稿部分，主要介绍了WPS演示文稿的5种视图模式，以及如何设计幻灯片母版背景格式对幻灯片样式进行统一修改；在美化WPS演示文稿部分，讲解如何插入文字、图片、图表、动画音频、视频等，让整个演示文稿更加生动、美观；在幻灯片的放映和导出设置中，主要讲解了幻灯片动画效果的设置、切换及幻灯片放映方式和排练计时等操作。最后利用WPS PDF文件来管理大学生职业规划技能竞赛宣传演示文稿。

通过本项目的学习，读者不但可以掌握设计并制作、打包WPS演示文稿，而且通过合理的PDF文件管理和共享，提高工作效率。

一、单选题

1.下列关于WPS演示中文本框的描述，其中错误的是（　　）。

　　A.在插入选项卡中，可以插入文本框

　　B.插入文本框时，只能选择插入横向文本框

　　C.文本框内文本的字体可以在开始选项卡中进行调整

　　D.文本框内文本的字体可以在文本工具选项卡中进行调整

2.下列关于WPS演示中对象组合的描述，其中错误的是（　　）。

A.按住 Shift 键不放,可以同时选中多个对象,在文本工具选项卡下,单击组合按钮即可将对象进行组合

B.按住 Shift 键不放,可以同时选中多个对象,在绘图工具选项卡下,单击组合按钮即可将对象进行组合

C.选中多个对象后,在右键菜单中可以选择组合命令来组合对象

D.选中多个对象后,在弹出的浮动工具栏中可以进行对象组合

3.下列关于隐藏和显示幻灯片相关内容的描述,其中错误的是(　　　)。

A.当用户不想放映演示文稿中的某些幻灯片时,可以在不删除的情况下将其隐藏

B.在幻灯片导航窗格中,在想要隐藏的幻灯片上点击右键,选择隐藏幻灯片命令即可在放映时把幻灯片隐藏

C.隐藏的幻灯片只是在幻灯片放映时不显示,并未真实删除掉

D.幻灯片浏览视图下隐藏的幻灯片不可见

4.制作好幻灯片后,演讲者想对演讲时间进行估算,可以利用(　　　)进行。

A.动画设置　　　　B.排练计时　　　　C.幻灯片切换　　　　D.幻灯片版式

5.WPS 演示文稿中,在设置幻灯片背景格式的任务窗格中可以设置(　　　)。

A.字体字号　　　　　　　　　B.幻灯片视图

C.纯色填充、透明度　　　　　D.对齐方式

6.在 WPS 演示中可以给幻灯片中的对象添加动画,可以添加的动画不包括(　　　)。

A.进入动画　　　　B.退出动画　　　　C.强调动画　　　　D.切换动画

7.演示文稿有链接外部的音视频时,可以使用(　　　)功能以避免多媒体文件丢失。

A.幻灯片切换　　　　B.文件打包　　　　C.复制　　　　　　D.幻灯片放映

8.在演示文稿中,从当前幻灯片开始放映,应执行(　　　)操作。

A.单击"视图"选项卡中"幻灯片放映"按钮

B.单击"幻灯片放映"选项卡中"从头开始"按钮

C.按 Shift+F5 组合键

D.按 F5 键

9.在演示文稿中,从头播放幻灯片文稿时,需要跳过第 5～9 张幻灯片接着播放,应设置(　　　)。

A.删除第 5～9 张幻灯片　　　　　B.设置幻灯片版式

C.幻灯片切换方式　　　　　　　　D.隐藏幻灯片

10.演示文稿可存为多种文件格式,其中不包括(　　　)。

笔记

A.pptx   B.dps   C.psd   D.pdf

二、多选题

1.下列关于WPS演示中文本框属性的设置描述,其中正确的是(   )。

A.在绘图工具选项卡中可以设置文本框形状填充和形状轮廓

B.在绘图工具选项卡中可以旋转文本框

C.在文本框对象属性任务窗格中可以设置文本框形状填充和形状轮廓

D.在文本框对象属性任务窗格中可以设置文本框旋转的角度

2.下列关于WPS演示中项目符号与编号的描述,其中正确的是(   )。

A.在项目符号与编号对话框中可以自定义符号

B.在项目符号与编号对话框中可以设置编号的开始值

C.在设计选项卡下,可以为段落设置项目符号和编号

D.在项目符号与编号对话框中可以设置编号的颜色

3.在WPS演示文稿放映时,可以切换到下一张幻灯片的操作是(   )。

A.Enter键   B.鼠标单击   C.Tab键   D.键盘方向键

4.下列关于WPS演示任务窗格相关内容的描述,其中正确的是(   )。

A.任务窗格默认位于编辑界面的下方

B.任务窗格中,可以执行一些附加的高级编辑命令

C.执行特定命令操作或双击特定对象时也将展开相应的任务窗格

D.Ctrl+F1组合键可以在展开任务窗格、收起任务窗格、隐藏任务窗格三种状态之间进行切换

5.下列关于新建演示文稿方法的说法,其中正确的是(   )。

A.在已打开的WPS演示中,通过快速访问工具栏中"新建"按钮,新建演示文稿

B.在已打开的WPS演示中,单击标题栏中"+"按钮可以新建一个演示文稿

C.在已打开的WPS演示中,使用Ctrl+M快捷键新建一个演示文稿

D.在WPS首页左侧主导航区,单击"新建"按钮可以新建一个演示文稿

6.WPS演示中,在(   )下,可以用鼠标拖动的方法改变幻灯片顺序。

A.普通视图   B.阅读视图

C.幻灯片浏览视图   D.备注页视图

7.在WPS演示文稿中,可以通过(   )方式给演示文稿添加视频文件。

A.嵌入本地视频   B.链接网络视频

C.链接到本地视频   D.从其他演示文稿中复制视频

8.在WPS演示文稿中,对象的强调动画包括(   )。

A.更改填充颜色　　　　　　B.更改线条颜色

C.放大/缩小　　　　　　　D.百叶窗

9.在WPS演示文稿中,下列关于超链接的说法中正确的是(　　　)。

A.可以链接到本演示文稿的某页幻灯片上

B.可以链接到其他演示文稿的某页幻灯片上

C.可以链接到网页地址上

D.可以链接到其他文件上

10.在WPS演示中,下列关于交互动画的描述中正确的是(　　　)。

A.可以通过触发器,在同一个幻灯片上实现动画交互

B.可以通过超链接实现不同幻灯片页面的动画交互

C.可以在效果选项中设置交互动画

D.可以在高级日程表中设置交互动画

三、填空题

1.要想在WPS演示文稿正文中每张幻灯片上的固定位置显示本公司的标志,最方便的方法是把这个标志图形添加到演示文稿的_____母版。

2.在WPS演示文稿中,在_____选项卡中可以编辑公式。

3.在WPS演示文稿中,在文件选项卡下的_____命令下打开备份管理。

4.WPS演示中,根据不同用户对幻灯片浏览的需求提供了多种视图,_____视图是WPS演示默认的视图方式。

5.如果在演示过程中终止幻灯片的演示,则随时可按的终止键是_____。

6.从第一张幻灯片开始放映的快捷键是_____。

7.WPS演示文稿共有_____、_____、_____、_____、_____5种视图模式。

8.用户编辑演示文稿的主要视图是_____视图。

9.在已打开的WPS演示中,使用_____快捷键可以新建一个演示文稿。

四、判断题

1.在WPS演示文稿中,动画出现的顺序不可以调整。　　　　　(　　)

2.在WPS演示中,将音频的淡入选项设置为5.00,表示在音频开始的5秒内使用淡入效果。　　　　　　　　　　　　　　　　　　(　　)

3.在WPS演示文稿中,不能对表格颜色进行填充。　　　　　(　　)

4.在WPS演示中,路径动画不可以设置播放速度。　　　　　(　　)

5.在WPS演示中,在段落对话框中可以设置文字方向。　　　　(　　)

6.在文本框对象属性任务窗格中可以设置文本框形状填充和形状轮廓。

(　　)

7.在WPS演示中,在段落对话框中可以设置项目符号。　　　　　　（　　）

8.退出排练计时模式时,若是保存本次排练时间,则会进入浏览视图。

（　　）

9.单击快速访问工具栏中"退出"按钮,可以退出WPS演示文稿。　（　　）

10.WPS演示任务窗格默认位于编辑界面的下方。　　　　　　　（　　）

五、操作题

操作要求:

（1）编辑母版,以图片填充的方式设置母版背景（"背景.jpg"）,设置背景透明度为60%。

（2）在演示文稿开头新增2张幻灯片。第一张作为封面,添加标题"《红楼梦》",设置样式为"楷体,字号90磅,深红",添加副标题"中国四大名著导读系列之红楼梦",设置样式为"宋体,字号24磅,黑色"。

（3）在第二张幻灯片中,插入图片（"红楼梦插画.jpg"）,设置图片大小为高8厘米、宽12厘米,并对图片按"椭圆"剪裁,设置蓝色边框,添加"居中偏移"阴影。

（4）在第二张幻灯片中,插入3个文本框,分别录入文字"作品介绍""作者简介""主要人物",字体样式为"宋体,字号28磅,深红",将文本框都填充为标准"橙色"。

（5）第一张幻灯片中,做如下操作:

①对标题"《红楼梦》"添加"放大/缩小"强调动画,对副标题"中国四大名著导读系列之红楼梦"添加"百叶窗"进入动画,并设置副标题动画播放效果"开始:之后"。

②应用高级日程表设置两个动画播放时间:标题"《红楼梦》"为1秒,副标题"中国四大名著导读系列之红楼梦"为1秒;并且先让标题"《红楼梦》"动画播放完,副标题"中国四大名著导读系列之红楼梦"动画再开始播放。

（6）第二张幻灯片中,为图片添加路径动画（"六边形"）。

（7）分别给文本框"作品介绍""作者简介""主要人物"设置超链接,实现如下效果:在幻灯片放映过程中,当鼠标单击文本框"作品介绍"时,页面跳转至第三张幻灯片;当鼠标单击文本框"作者简介"时,页面跳转至第四张幻灯片;当鼠标单击文本框"主要人物"时,页面跳转至第五张幻灯片。

（8）为第五张幻灯片添加批注,文字内容是"其中涉及的四大家族分别为贾家、王家、史家、薛家"。

（9）为演示文稿添加背景音乐（"红楼梦序曲.mp3"）。

项目五
信息检索

导读

　　作为新时代的大学生,要想成为一个有用的人才,就必须要保持与社会发展同步的知识储备和思维方式,具有终身学习的能力。信息检索是培养独立学习能力的途径之一,是在互联网世界中获得有用信息的主要方式,掌握信息检索的各种常用方法和工具是身处信息化社会的必备技能。本项目将通过搜索引擎的应用和引擎平台搜索案例两个任务介绍信息检索的过程。

笔记

搜索引擎的应用

▶ 任务导航

知识目标	1.了解搜索引擎的概念 2.掌握常用的检索方法 3.使用搜索引擎检索信息 4.使用浏览器浏览网页
能力目标	1.能使用搜索引擎的常用技巧,在常用搜索引擎中快速完成相应关键词的搜索 2.能够快速使用信息检索技术全面准确地完成信息检索
素养目标	1.培养良好的职业道德和爱岗敬业精神 2.培养良好的自学能力和获取信息能力
任务重点	1.掌握信息检索技术 2.掌握搜索引擎的使用方法
任务难点	搜索引擎指令

▶ 任务描述

某校计算机专业的陈同学想为自己的家乡安徽黄山制作一个主题名为"美丽家乡"的演示文稿,在互联网上介绍家乡的风土人情、特色美食,宣传当地的特色民族文化。根据前期的设计,需要以图片、文字和视频的形式展示出家乡的风貌。他现在向老师请教如何上网查找资料来制作家乡的宣传演示文稿。

▶ 预备知识

一、搜索引擎的概念

搜索引擎是帮助用户搜索他们需要内容的一个计算机程序。其可以根据用户需求与一定算法,运用特定策略从互联网检索出指定信息并反馈给用户。搜索引擎依托于多种技术,如网络爬虫技术、检索排序技术、网页处理技术、大数据处理技术、自然语言处理技术等,为信息检索用户提供快速、高相关性的信息服务。搜索引擎技术的核心模块一般包括爬虫、索引、检索和排序等,同时可添加其他一系列辅助模块,为用户创造更好的网络使用环境。

二、常用的搜索引擎

网络提供的信息资源极其丰富,使用"搜索引擎"可以方便快捷地找到所需要的信息。常用的搜索引擎有百度、Google、搜狗、Bing、360搜索等。

(一)百度

百度是中国最大的搜索引擎,成立于2000年。百度提供了网页、图片、音乐、视频、贴吧、知道等多个搜索服务,满足了绝大多数中文互联网用户的需求。除搜索服务外,百度还提供了很多其他的互联网服务,如百度地图、百度百科、百度文库等。如图5-1所示。

图5-1　百度首页

(二)Google

Google是全球最大的搜索引擎,成立于1998年。Google提供了网页、图片、视频、新闻等多种搜索服务。Google不仅提供了面向个人的搜索服务,还为企业和个人提供了广告服务和云计算服务等。如图5-2所示。

图5-2　谷歌首页

(三)搜狗搜索

搜狗是中国第二大搜索引擎,成立于2004年。搜狗提供了网页、图片、音乐、视频、贴吧等多种搜索服务,并且针对中文语言的特点进行了特别的优化。除了搜索服务外,搜狗也提供了输入法、浏览器等多种互联网服务。如图5-3所示。

图5-3　搜狗首页

（四）Bing

　　Bing是由微软公司推出的搜索引擎，成立于2009年。Bing提供了网页、图片、视频、新闻、地图等多种搜索服务。Bing除了提供面向个人的搜索服务，还为企业和个人提供了广告服务和云计算服务等。如图5-4所示。

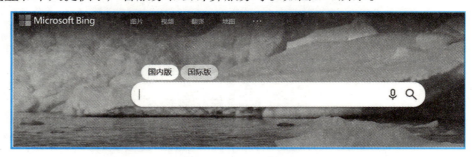

图5-4　Bing首页

（五）360搜索

　　360综合搜索，属于元搜索引擎，是通过一个统一的用户界面帮助用户在多个搜索引擎中选择和利用合适的搜索引擎来实现检索操作，是对分布于网络的多种检索工具的全局控制机制，如图5-5所示。而360搜索+，属于全文搜索引擎，是奇虎360公司开发的基于机器学习技术的第三代搜索引擎，具备"自学习、自进化"和发现用户最需要的搜索结果的能力。

图5-5　360搜索引擎

▶ 任务实施

一、分析任务

对陈同学的任务进行分析,发现他需要学习并掌握搜索引擎的使用方法,熟练使用信息检索技术,查阅并保存制作幻灯片所需的各种文字、图片、视频等资料。

二、选择搜索引擎

上述介绍的搜索引擎都有各自的特点和优势,可以根据需求选择适合自己的搜索引擎。经过考虑,陈同学决定使用百度进行搜索。

三、搜索资料

搜索资料需要熟练掌握搜索引擎的使用方法,包括基本查询、高级搜索、截词检索和搜索指令。

(一)基本查询

使用搜索引擎时最简单的搜索方式就是输入关键词进行查询。以百度搜索为例,打开浏览器输入百度网址,打开百度首页,在搜索框输入"黄山"单击"百度一下"按钮即可看到搜索后的结果,如图5-6所示。

图5-6
关键词查询

单击网页右上角"搜索工具"中的"所有网页和文件",可以选择想要的格式文件,如"Word(.doc)",此时搜索后看到的只有 Word 文件,还可以根据需求选择最近的文件,在"时间不限"下拉菜单里选择"一年内",设置以上条件后搜索结果如图5-7所示。

笔记

图5-7
基本查询结果

（二）高级搜索

在网页查询时，使用基本查询方式往往搜索结果不太准确，为了更精准地查询想要的内容，可以采用高级搜索的方式。以百度搜索引擎为例，打开百度首页，单击右上角"设置"中的"高级搜索"对话框，如图5-8所示，设置搜索结果："包含全部关键词"输入"黄山 风景区"，"包含完整关键词"输入"宏村"，"不包括关键词"输入"西递"，点击"高级搜索"，查询后的结果如图5-9所示。

图5-8
高级搜索

图5-9
高级搜索结果

（三）截词检索

截词检索就是用截断的词的一个局部进行的检索，并认为凡满足这个词局部中的所有字符（串）的文献，都为命中的文献。按截断的位置来分，截词可有后截断、前截断、中截断三种类型。

一般情况下，用"?"表示截断一个字符，用"*"表示截断多个字符。

后截断，前方一致。如:comput*表示 computer、computers、computing 等。

前截断，后方一致。如: *computer 表示 minicomputer、microcomputer 等。

中截断,中间一致。如: *comput*表示 minicomputer、microcomputers 等。

(四)搜索引擎指令

1.site 搜索

site 搜索是将搜索的内容限定在特定的网页中。site 搜索指令的格式为"关键词　site:特定网页。"

例如,在浏览器搜索栏中输入"Python 程序设计 site:zhihu.com",则会在知乎这个网站上查找与 Python 程序设计相关的网页,如图 5-10 所示。

图 5-10
site 搜索

2.intitle 搜索

intitle 搜索出来的都包含指定的关键词。intitle 搜索指令的格式为"intitle:关键词"

例如,在浏览器搜索栏输入"intitle:计算机应用基础",搜索出来的网页标题中都包含了"计算机应用基础"这个关键词,如图 5-11 所示。

图 5-11
intitle 搜索

3.filetype 搜索

filetype 搜索只搜索指定文件类型的内容,如 DOC、PPT、PDF 等。filetype 搜索指令的格式为"filetype:文件类型　关键词。"

例如,在浏览器搜索栏输入"filetype:pdf 三国演义",搜索到的内容就是名称

笔记

笔记

中包含"三国演义"的 PDF 文档资料，如图 5-12 所示。

图 5-12
filetype 搜索

四、搜索图片或视频

使用信息平台检索网页中的图片或视频，以百度搜索引擎为例，使用浏览器打开百度首页，在搜索栏中输入所要查询的关键词，如"黄山景点"，单击"百度一下"按钮，即可打开一个网页，该网页显示了与搜索关键词有关的网页信息，在该页面导航条上选择"图片"或"视频"，即可查询与"黄山景点"相关的图片（图 5-13）和视频信息（图 5-14）。

图 5-13
搜索图片

图 5-14
搜索视频

如果想要保存网页中的某个图片文件，可以在该图片上单击鼠标右键，选择"将图像另存为"命令，设置好路径后保存在本地电脑，如图 5-15 所示。

图 5-15
保存图片

▶ 知识拓展

使用搜索引擎小技巧

（1）使用特定词汇作关键词。选择合适关键词,是成功检索的第一步。应该选择与检索主题相关且更具体的词汇。

（2）使用多个含义相近的关键词。对于热门信息,搜索结果会返回过多条目,而对于冷门事件或事物则恰恰相反。此时,可使用同义关键词(含关联关键词)进行检索,以达到更全面的搜索结果。

（3）使用具体网站或网站频道。为避免对同一热门事件有大量相同名称的文章,可使用网站或频道搜索,从而提高搜索效率。

（4）巧用快照。有时会搜到访问不了的"死链接网页"或过期文件,但看其内容摘要即可满足需要。"网页快照"功能可以满足此需求。

（5）使用不同的搜索引擎。不同的搜索引擎,其信息覆盖范围有差异,搜索结果也会不同。因此,可用不同的搜索引擎实现信息检索。

▶ 任务评价

任务编号:WPS-5-1	实训任务:搜索资料		日期:
姓名:	班级:		学号:
一、任务描述 学会利用常用的搜索引擎搜索数据,熟练掌握基本查询、高级查询等操作,查询结果截图保存在自定义文件夹中。			
二、任务实施 1.打开常用的搜索引擎。 2.使用基本查询搜索"安徽美食"关键词的网页。 3.使用高级搜索查询"安徽美食"关键词,包含"臭鳜鱼""毛豆腐"关键词,不包含"淮南牛肉汤"关键词。 4.使用搜索指令搜索只包含"黄山烧饼"网页内容。			

搜索资料

笔记

三、任务执行评价

序号	考核指标	所占分值	备注	得分
1	任务完成情况	30	是否在规定时间内完成并按时上交任务单	
2	成果质量	70	按标准完成，或富有创意、合理性评价	
总分				

指导教师：

日期：　　年　　月　　日

任务②

引擎平台搜索案例

 任务导航

知识目标	1.熟悉中国知网的检索类型 2.掌握中国知网的检索方法 3.掌握中国知网的检索结果显示方式
能力目标	1.熟悉中国知网的操作界面 2.了解中国知网的检索类型 3.掌握中国知网的快速检索、高级检索等检索方式 4.掌握中国知网检索结果的查看与下载方式
素养目标	1.培养独立学习、思考和解决问题的能力 2.提高对专业的全面了解、对专业最新发展方向的认知
任务重点	1.中国知网检索方法 2.中国知网检索结果
任务难点	中国知网专业检索方法

 **任务描述**

　　某高校即将毕业的学生需要撰写毕业论文,该校计算机专业的沈同学经过考虑,决定写一篇关于"信息安全技术"方向的毕业论文,现在需要学习信息安全技术相关的前沿理论,扩大知识储备、搜集参考文献。他向毕业论文指导老师请教该如何检索文献资料。

▶ **预备知识**

常用中文数据库

　　对期刊、论文、专利、商标及数字资源等信息的查找,需要到专业平台进行检索。中国知网(CNKI)、万方数据知识服务平台、维普中文期刊服务平台是最常用的三大中文文献数据库。

(一)中国知网

　　中国知网是我国最大的知识门户网站,提供网络出版、论文数据、文献数据、知识检索、查重、数字图书馆等多种服务,是集期刊杂志、硕博论文、会议论文、专利、海外文献等资源为一体,包含工业类、农业类、经济类和教育类等多种类别数据库,面向全社会提供资源共享、知识传播与数字化学习的综合性平台。官方网址为"https://www.cnki.net",如图5-16所示。

图5-16 中国知网官网

(二)万方数据知识服务平台

　　万方数据知识服务平台是由万方数据公司开发的,涵盖期刊、会议纪要、论

笔记

文、学术成果、学术会议论文的大型网络数据库，为用户提供专业文献检索、多途径全文获取、云端文献管理及多维度学术分析等功能。官方网址为"https://www.wanfangdata.com.cn/"，如图5-17所示。

图5-17　万方数据知识服务平台官网

（三）维普中文期刊服务平台

维普中文期刊服务平台由维普资讯有限公司出品，是以数据挖掘与分析为特色，为专业用户提供一站式文献服务的期刊大数据服务平台。其面向教、学、产、研等多应用场景，是我国数字图书馆建设的核心资源之一。官方网址为"http://qikan.cqvip.com/"，如图5-18所示。

图5-18　维普中文期刊服务平台官网

 任务实施

一、选择引擎平台

中国知网、万方、维普等检索引擎各有特点，均能满足沈同学的要求。经过对比，他决定以知网为主、万方和维普为辅进行检索。

二、检索相关数据

每个数据库提供的系统界面、功能和检索方式有所不同,但使用上有许多相似之处。下面以中国知网为例,介绍文献检索和结果显示方式。

(一)检索类型

中国知网有三种检索类型,分别为:文献检索、知识元检索和引文检索。文献检索用于检索中外学术期刊、论文、会议、专利、图书等文献资料。知识元检索用于检索关键词的含义、相关文档等。引文检索用于检索参考文献。如图5-19所示,沈同学使用知识元检索方式检索"信息安全"关键词的相关资料。

图5-19　知识元检索方式

(二)检索方法

1.一框式检索

一框式检索是最常用也是最便捷的一种检索方法。在中国知网首页的检索框中输入检索内容,单击检索框右侧的"放大镜"即可快速实现检索。一框式检索的检索范围包含学术期刊、硕博论文、会议、专利等多个库,可以选择主题、关键词、篇名、作者等检索字段。如图5-20所示,沈同学使用一框式检索方法检索主题为"信息安全技术"的文献。

图5-20
一框式检索

2.高级检索

高级检索支持使用运算符进行多个检索条件的组合运算,可以通过主题、作者、文献来源、摘要、单位等条件组合检索,还可以限定文献发表的时间段。点击首页检索框右侧的"高级检索",即可进入高级检索界面。如图5-21所示,沈同学检索清华大学学报2022年发表的名称包含"信息安全技术"的所有文献。

信息检索

笔记

图5-21
高级检索

3.专业检索

专业检索可以使用关系运算符和检索词构造检索公式进行检索。在高级检索页切换"专业检索"标签，可进行专业检索。如图5-22所示，沈同学检索2022年之后、标题中含有"信息安全技术"、关键词含有"网络安全"、"张"姓作者写的文献。

图5-22
专业检索

4.作者发文检索

作者发文检索通过作者姓名、单位等信息，查找作者发表的文献及被引用和下载情况。在高级检索页切换"作者发文检索"标签，可进行作者发文检索。如图5-23所示，沈同学检索中国科学技术大学的张磊教授在2022年之后发表的文献。

图5-23
作者发文检索

5.句子检索

句子检索通过输入两个检索词，在全文范围内查找同时包含这两个词的句子。在高级检索页切换"句子检索"标签，可进行句子检索。如图5-24所示，沈同学检索在全文中同一段话含有"大数据"和"数据泄露"、同一句话含有"信息安全"和"数据安全"的文献。

笔记

图5-24
句子检索

三、处理检索结果

检索结果包含检索文献名称、作者、来源、发表时间等信息，可按照相关度、发表时间、被引用次数和下载次数等条件对检索结果进行排序显示，还可在结果中二次检索，如图5-25所示。

图5-25
检索结果

单击要浏览的文献进入文献界面，可以查看文献的目录、摘要、关键词和相似文档，还可以对文献进行全文阅读与下载。中国知网提供了手机阅读、HTML阅读、CAJ下载、PDF下载等多种阅读与下载方式（阅读和下载全文需要登录中国知网账号，个人用户需要付费）。如图5-26所示。

图5-26
文献阅读与下载

笔记

 **知识拓展**

使用CAJViewer阅读文献

CAJViewer是最常用的阅读和处理CAJ格式文件的应用软件,它支持CAJ、NH、KDH和PDF等多种文件类型,提供文献阅读、文献管理、文本图像摘录、提取目录、文档翻译等功能,是一站式的阅读和管理平台。进入CAJViewer官网,下载相应版本的安装包,根据提示完成安装,即可使用CAJ阅读器阅读和编辑下载的文献,如图5-27所示。

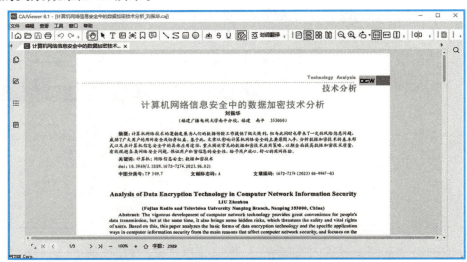

图5-27　CAJ阅读器

 任务评价

任务编号:WPS-5-2	实训任务:文献检索		日期:
姓名:	班级:		学号:
一、任务描述 学会利用中国知网检索文献,掌握一框式检索、高级检索等多种检索方法,将检索结果资源下载到本地进行阅读。			
二、任务实施 1.进入中国知网首页。 2.使用一框式检索方法检索"区块链技术"的相关文献。 3.使用高级检索方法检索近三年来电子科技大学学报上刊登的关于"区块链技术"的相关文献。 4.对检索结果按照引用次数排序。 5.下载阅读引用次数最多的文献。			

文献检索

三、任务执行评价

序号	考核指标	所占分值	备注	得分
1	任务完成情况	30	是否在规定时间内完成并按时上交任务单	
2	成果质量	70	按标准完成,或富有创意、合理性评价	
	总分			

指导教师：

日期：　年　月　日

 笔记

项目小结

　　本项目内容主要介绍了常用的搜索引擎和搜索方法、常用文献检索引擎平台和检索方法及检索结果的处理方法。通过本项目的学习,读者基本了解了搜索引擎和文献检索引擎,掌握了常用搜索引擎和文献检索引擎的使用方式。这为读者在互联网上学习专业知识提供了基本方法,有利于读者了解行业前沿技术和未来发展方向,提高信息获取、加工能力和自学能力,为将来的职业发展奠定基础。

项目评价

一、选择题

　　1.搜索引擎是一个帮助用户搜索他们需要内容的(　　　)。

　　A.软件　　　　　　　　　B.计算机程序

　　C.硬件设备　　　　　　　D.服务器

　　2.下列不属于搜索引擎的是(　　　)。

　　A.百度　　　　　　　　　B.搜狗

　　C.Google　　　　　　　　D.qt

　　3.搜索资料需要熟练掌握搜索引擎的使用方法,其中不包括(　　　)。

　　A.关键字查询　　　　　　B.目录搜索

　　C.高级搜索　　　　　　　D.搜索引擎指令

笔记

4.使用搜索引擎指令搜索指定文件类型的内容,如"朝花夕拾"pdf资料,可在浏览器输入(　　　)进行搜索。

A.filetype:pdf 朝花夕拾
B.filetype:朝花夕拾 pdf
C.filetype:朝花夕拾
D.intitle:朝花夕拾

5.下列不属于文献检索引擎的是(　　　)。

A.知网
B.百度
C.万方
D.维普

6.下列不是中国知网的检索方法的是(　　　)。

A.目录检索
B.作者发文检索
C.句子检索
D.一框式检索

7.下列不是一篇文献必要的组成部分的是(　　　)。

A.摘要
B.作者姓名
C.目录
D.参考文献

二、操作题

1.搜索资料。

(1)打开搜索引擎:在桌面打开百度搜索引擎。

(2)关键词查询:在搜索栏搜索要查询的内容,"天柱山风景名胜区"。

(3)保存网页图片:保存与"天柱山风景名胜区"有关的图片到桌面。

(4)收藏网页:将"天柱山风景名胜区"网址添加到收藏夹。

2.文献检索。

(1)使用中国知网检索"区块链技术"的相关文献。

(2)使用中国知网句子检索功能,检索近5年来,名称为"区块链技术应用",同一段中含有"应用场景"和"社会评价"的文献。

(3)下载检索出的第一篇文献到本地,使用CAJViewer阅读。

项目六
新一代信息技术

导读

　　党的二十大报告指出，要"推动战略性新兴产业融合集群发展，构建新一代信息技术、人工智能、生物技术、新能源新材料、高端装备、绿色环保等一批新的增长引擎"。新一代信息技术产业的主要发展内容概括为：加快建设宽带、泛在、融合、安全的信息网络基础设施，推动新一代移动通信、下一代互联网核心设备和智能终端的研发及产业化，加快推进三网融合，促进物联网、云计算的研发和示范应用；着力发展集成电路、新型显示、高端软件、高端服务器等核心基础产业；提升软件服务、网络增值服务等信息服务能力，加快重要基础设施智能化改造；大力发展数字虚拟等技术，促进文化创意产业发展。本项目将通过八个任务介绍新一代信息技术及其代表技术的基本概念、结构特点、典型应用、发展前景等内容。

笔记

人工智能技术

 **任务导航**

知识目标	1.了解人工智能的基本概念 2.了解人工智能的发展历程 3.掌握人工智能的应用领域及对现代社会发展的影响
能力目标	1.识别人工智能核心技术 2.掌握人工智能技术在现实生活中的应用
素养目标	1.激发爱国热情，提升"四个自信" 2.提升家国情怀
任务重点	1.人工智能技术的应用领域 2.人工智能技术对现代社会发展的影响
任务难点	人工智能技术对现代社会发展的影响

 **任务描述**

　　李文同学是一名高职院校大一新生，通过专业认知教育，了解了人工智能的基本概念。但他对人工智能技术的认识比较模糊，想简单了解一下人工智能技术，为今后的学习打下基础。

 **任务实施**

一、认识人工智能

　　人工智能（artificial intelligence，AI）是研究、开发用于模拟、延伸和扩展人的智能的理论、方法、技术及应用系统的一门新的技术科学。人工智能涉及数学、经济学、哲学、仿生学、生物学、心理学、语言学、医学和信息论、控制论、自动化等多学科、多领域。

二、人工智能的发展历程

（一）萌芽期（1956年以前）

长期以来，制造具有智能的机器一直是人类的重大梦想。早在1950年，艾伦·图灵（Alan Turing）在《计算机器与智能》中就提出了"机器能思考吗"这个问题，文中第一次提出了"机器思维"的概念，预言了创造出具有真正智能机器人的可能性，还对智能问题从行为主义角度给出定义，由此提出了一个假想：如果一台机器能够与人类展开对话（通过电传设备）而不能被辨别出其机器身份，那么这台机器具有智能。这就是著名的"图灵测试"，如图6-1所示。

图6-1　图灵测试

（二）黄金期（1956—1974）

1956年8月，在美国汉诺斯小镇达特茅斯学院中，约翰·麦卡锡（John McCarthy，达特茅斯学院数学助理教授）、马文·明斯基（Marvin Minsky，哈佛大学数学与神经学初级研究员）、克劳德·香农（Claude Shannon，IBM信息研究经理）、艾伦·纽厄尔（Allen Newell，计算机科学家）、赫伯特·西蒙（Herbert Simon，贝尔电话实验室数学家）等科学家召开研讨会：用机器来模仿人类学习以及其他方面的智能。会上正式提出了"人工智能"这一概念，标志着"人工智能"作为一个研究领域的正式诞生。

1959年，阿瑟·萨缪尔（Arthur Samuel，美国计算机科学家）提出了机器学习，机器学习将传统的制造智能演化为通过学习能力来获取智能，推动人工智能进入了第一次繁荣期。

1963年，美国国防高级研修计划局（DARPA）等政府机构向这一新兴领域投入大批资金，开启了新项目Project MAC。当时人工智能领域最著名的科学家明斯基和麦卡锡也加入了这个项目，并推动了在视觉和语言理解等领域的系列研究。在巨大的热情和投资驱动下，一系列成果在这个时期诞生。

1966年，麻省理工学院在维森鲍姆发布了世界上第一个聊天机器人——ELIZA。ELIZA 的智能之处在于它能通过脚本理解简单的自然语言，并能产生类似人类的互动。

1966—1972年，斯坦福大学国际研究所研制出机器人 Shakey，这是首台采用人工智能的移动机器人。

（三）瓶颈期（1974—1980）

由于先驱科学家们乐观的估计一直无法实现，到了20世纪70年代，对人工智能的批评越来越多，人工智能遇到了很多当时难以解决的问题，如计算机有限的内存和处理速度不足以解决任何实际的人工智能问题，视觉和自然语言理解中巨大的可变性与模糊性等问题在当时的条件下构成难以逾越的障碍。人工智能发展陷入困境。

20世纪60年代末期专家系统的出现，实现了人工智能从理论研究走向实际应用，从一般思维规律探索走向专门知识应用的重大突破，将人工智能的研究推向了新高潮。然而，机器学习的模型仍然是"人工"的，也有很大的局限性。随着专家系统应用的不断深入，专家系统自身存在的知识获取难、知识领域窄、推理能力弱、实用性差等问题逐步暴露。从1974年开始，人工智能的研究进入长达6年的低谷期。

（四）繁荣期（1980—1987）

20世纪80年代中期，随着美国、日本立项支持人工智能研究，以及以知识工程为主导的机器学习方法的发展，出现了具有更强可视化效果的决策树模型和突破早期感知机局限的多层人工神经网络，由此带来了人工智能的第二次繁荣。

（五）第二次低谷期（1987—1993）

当时的计算机难以模拟复杂度高及规模大的神经网络，仍有一定的局限性。1987年，由于 LISP 机市场崩塌，美国取消了人工智能预算，日本第五代计算机项目失败并退出市场，专家系统进展缓慢，人工智能第二次进入低谷期。

（六）崛起（1993年至今）

20世纪90年代后，研究人工智能的学者开始引入不同学科的数学工具，如高等代数、概率论与数理统计、最优化理论与方法，为人工智能打下坚实的数学基础。统计学习理论、支持向量机、概率图模型等一大批新的数学模型和算法被发展起来。

这一时期，随着计算机硬件水平的提升，以及大数据分析技术的发展，机器采集、存储、处理数据水平有了大幅提高。

从2010年开始，人工智能进入增长爆发期，最主要的驱动力是大数据时代的到来，运算能力及机器学习算法得到提高。人工智能快速发展，产业界也开始不断涌现出新的研发成果。

2016年3月，阿尔法围棋（AlphaGo）机器人以 4:1 的成绩战胜围棋世界冠军、职业九段棋手李世石,是第一个击败人类职业围棋选手、第一个战胜围棋世界冠军的人工智能机器人。同年,深度学习在图像识别、自然语言处理、计算机视觉、自动驾驶等多个领域取得突破性成绩。因此,2016年被称为"人工智能元年",标志着人工智能黄金时代的到来。

2022年,8个国家算力枢纽节点相继获批,"东数西算"工程全面启动,为人工智能发展提供强大算力支持。

2024年,中国在人工智能领域取得诸多成就,如AI助力天舟货运飞船与空间站精准对接,建成近万家数字化车间和智能工厂,研发心脑血管介入手术机器人等,充分展示了人工智能技术在各个行业的强大潜力。

三、人工智能核心技术

(一)机器学习

机器学习是研究机器如何模拟人类学习活动、自动获取知识和技能以改善系统性能的一门学科,是人工智能的核心,是使机器具有智能的根本途径。

根据训练方法的不同,机器学习的算法可以分为有监督学习、无监督学习、半监督学习和强化学习。

(二)人工神经网络

人工神经网络(artificial neural networks,ANNs)是一种模拟人脑的神经系统对复杂信息的处理机制的一种数学模型。该模型以并行分布的处理能力、高容错性、智能化和自学习等能力为特征。

神经网络是一种运算模型,由大量的神经元相互连接构成。每个神经元代表一种特定的输出函数,称为激活函数。

四、人工智能主要应用场景

近年来,人工智能技术已经被广泛用于各个领域。未来人工智能相关技术的发展,不仅将带动大数据、物联网、云计算等产业升级,还将全面渗透到城市社区、金融、教育、医疗、零售、制造业等传统产业中去。

(一)智慧安防

智慧安防目前已经在公安系统和各类智慧空间广泛应用,如城市安防、社区/楼宇安防、园区安防、厂区安防、景区安防、校园安防等。此外,还有针对诸如演唱会等大型活动场所、机场、火车站等公共枢纽的安防等。智慧安防涉及的人工智能技术主要有视频结构化(视频数据的识别和提取)、生物识别(指纹识别、虹膜识别、人脸识别、步态识别)和物体特征识别(车辆识别),产品包括智能摄像头、刷脸闸机、智能门锁、智能猫眼、红外探测器等硬件,以及配套的视频格式化数据处理方案和软件系统等。

笔记

(二)智慧金融

金融业关注度较高的落地场景,主要集中在银行业,包括银行线上线下的身份认证、智能风控、智能客服、智慧网点、刷脸支付等。此外,投资理财、保险、监管等领域也广泛利用人工智能技术作为创新工具,催生出智能投顾、智能投研、保险科技、监管科技等金融科技新业态。

(三)智慧教育

人工智能在教育领域的应用和发展主要有3个方向,分别是针对教学活动、教学内容和教学环境管理提供的AI辅助教学工具、人工智能学科教育和教育物联网解决方案。AI辅助教学工具是利用人工智能技术开发出各类应用于教学活动的工具,从而提升教学效率和效果,包括自适应的人工智能教学、个性化练习,以及拍照搜题、组卷阅卷、作业批改等。人工智能学科教育是将人工智能学科知识作为学习内容,面向学生群体设计课程内容,提供教材、教具、教师等教学相关的产品和服务。教育物联网解决方案是利用人工智能、物联网等技术对学校、教室等教育场所的人、物和环境进行统一管理,包括多媒体设备管理、学生在各类场景下的签到注册管理和行为状态识别,以及校园安防和校园生活服务等。

(四)智慧医疗

人工智能在医疗领域具有广泛的应用,包括医疗影像分析、智能诊疗、语音病历录入、医疗机器人、医学药物研发等。医疗影像分析是利用计算机视觉算法结合医疗影像大数据训练出能够识别B超、CT等医疗影像的算法和应用,辅助医生进行诊断,降低误诊率并减少重复工作。智能诊疗是通过计算机视觉、自然语言、知识图谱等技术,整合病理、生理知识,并结合病人的实际健康状态信息进行诊断、预测和生成治疗方案等。语音病历录入是通过语音识别高效记录并生成电子病历,推进医院的信息化进程,提升数据采集能力。医疗机器人包括手术机器人和康复机器人等,能够提高手术精度、辅助康复治疗等。此外,人工智能技术可以对药物结构、疾病病理生理机制、现有药物的功效、显微镜下的样本观察等结果进行快速分析,为药物研发提供支持,缩短新药研发时间,降低研发成本。

(五)智慧零售

智慧零售是利用人工智能、大数据等新科技为线上线下的零售场景提供技术手段,实现包括门店、仓储、物流等整个零售体系的数字化管理和运营。在仓储、物流环节,主要是搬运、配送等各类实体机器人;在交易环节,其智能化场景主要有商品智能搜索、智能客服、个性化推荐与精准营销、经营数据分析,以及各种小型零售便利店、大型连锁商超、无人门店和智能货柜等。

(六)智能制造

人工智能能够大幅提升劳动生产力,进而推动GDP增长。在市场销售层面,人工智能基于对海量交易数据的计算和分析,帮助企业制定自动化、智能化的生产计划;在生产制造层面,通过对产品数据、生产设备数据的收集和分析,实现智能化诊断产品良品率、远程检测设备寿命等。例如通过机器学习建立产品的健康模型,识别各制造环节参数对最终产品质量的影响,最终找到最佳生产工艺参数;又如借助机器视觉识别,快速扫描产品质量,提高质检效率。在产品流通层面,大量传感器所采集的流通数据能够让企业的生产决策、市场计划实现自动化和智能化。

▶ 知识拓展

讯飞星火认知大模型

2023年5月6日,科大讯飞正式发布星火认知大模型,并由科大讯飞研究院院长刘聪现场实时展示了包括文本生成、语言理解、知识问答、逻辑推理、数学能力、编程能力、多模态等多项能力。

Spark Desk 即讯飞星火认知大模型(官网地址:https://xinghuo.xfyun.cn/),是以中文为核心的新一代认知智能大模型。大模型能够在与人自然的对话互动过程中,同时提供以下能力:

(1)文本生成能力:可以进行多风格多任务长文本回复,例如邮件、文案、公文、作文、对话等。

(2)语言理解能力:可以进行多层次跨语种语言理解,实现语法检查、要素抽取、语篇归整、文本摘要、情感分析、多语言翻译等。

(3)知识问答能力:可以回答各种各样的问题,包括生活知识、工作技能、医学知识等。

(4)逻辑推理能力:拥有基于思维链的推理能力,能够进行科学推理、常识推理等。

(5)多题型步骤级数学能力:具备数学思维,能理解数学问题,覆盖多种题型,并能给出解题步骤。

(6)代码理解与编写能力:可以进行代码理解、代码修改以及代码编写等工作;此外,还具备对话游戏、角色扮演等特色能力。

(7)对多元能力实现融合统一,对真实场景下的需求,具备提出问题、规划问题、解决问题的闭环能力。进一步地,可以持续从海量数据和大规模知识中不断学习进化,这些能力使得大模型能够在多个行业和领域发挥越来越重要的作用。

基于以上能力,大模型将结合科大讯飞以及行业生态伙伴的相关产品,完成多模态理解和扩展等相关工作。

笔记

任务评价

任务编号:WPS-6-1	实训任务:了解人工智能技术		日期:
姓名:	班级:		学号:

一、任务描述
利用互联网查询人工智能技术相关资料,学会使用讯飞星火大模型。

二、任务实施
1.利用浏览器查询我国人工智能技术发展前景。
2.利用浏览器了解讯飞星火大模型。

三、任务执行评价

序号	考核指标	所占分值	备注	得分
1	任务完成情况	30	是否在规定时间内完成并按时上交任务单	
2	成果质量	70	按标准完成,或富有创意、合理性评价	
	总分			

指导教师:

日期:　年　月　日

任务 ②

云计算技术

任务导航

知识目标	1.了解云计算技术的基本概念 2.了解云计算技术的发展历程 3.掌握云计算技术的应用领域及对现代社会发展的影响
能力目标	1.识别云计算技术 2.掌握云计算技术在现实生活中的应用

了解人工智能技术

素养目标	1.激发爱国热情,提升"四个自信" 2.提升家国情怀
任务重点	1.云计算技术的应用领域 2.云计算技术对现代社会发展的影响
任务难点	云计算技术对现代社会发展的影响

笔记

▶ 任务描述

李文同学是一名高职院校大一新生,用U盘存储文件,U盘要随身携带,非常不方便。听说可以云存储,但他对云存储技术的认识比较模糊,想简单了解一下云技术,为今后的学习和工作打下基础。

▶ 任务实施

一、认识云计算

互联网自1960年开始兴起,主要用于军方、大型企业等之间的纯文字电子邮件或新闻集群组服务。直到1990年才开始进入普通家庭,随着Web网站与电子商务的发展,网络已经成为目前人们离不开的生活必需品之一。云计算这个概念首次在2006年8月的搜索引擎会议上被提出,成了互联网的第三次革命。

云计算是一种模型,它可以随时随地、便捷地、随需应变地从可配置计算资源共享池中获取所需的资源,资源能够快速供应并释放,使管理资源的工作量和服务提供商的交互减少到最小。

二、云计算的发展历程

1956年,克里斯托弗·斯特雷奇(Christopher Strachey,牛津大学计算机教授)发表了一篇有关虚拟化的论文,正式提出了虚拟化的概念。虚拟化是今天云计算基础架构的核心,是云计算发展的基础。而后随着网络技术的发展,逐渐孕育了云计算的萌芽。

20世纪90年代,计算机网络出现了大爆炸,出现了以思科为代表的一系列公司,随即网络出现泡沫时代。

2004年,Web2.0会议举行,Web2.0成为当时的热点,这也标志着互联网泡沫破灭,计算机网络发展进入了一个新的阶段。在这一阶段,让更多的用户方便快捷地使用网络服务成为互联网发展亟待解决的问题。与此同时,一些大型公司也开始致力于开发大型计算能力的技术,为用户提供了更加强大的计算处理服务。

2006年8月9日,Google首席执行官埃里克·施密特(Eric Schmidt)在搜索引擎大会（SES San Jose 2006）上首次提出"云计算"（cloud computing）的概念。这是云计算发展史上第一次正式提出这一概念，有着巨大的历史意义。

2007年以来，"云计算"成为计算机领域最令人关注的话题之一，同样也是大型企业、互联网建设着力研究的重要方向。因为云计算的提出，互联网技术和IT服务出现了新的模式，引发了一场变革。

2008年，微软发布其公共云计算平台（Windows Azure Platform），由此拉开了微软的云计算大幕。同样，云计算在国内也掀起一场风波，许多大型网络公司纷纷加入云计算的阵列。

2009年1月，阿里软件在江苏南京建立首个"电子商务云计算中心"。同年11月，中国移动云计算平台"大云"计划启动。到现阶段，云计算已经发展到较为成熟的阶段。

2015年，《国务院关于促进云计算创新发展培育信息产业新业态的意见》《云计算综合标准化体系建设指南》《关于积极推进"互联网+"行动指导意见》等相关利好政策相继出台，为我国云计算市场注入了创新活力，促使国内的云计算市场规模进一步扩大。

2024年，《信息技术　云计算　参考架构》（GB/T 32399—2024）发布，规定了云计算的参考架构，包括用户视图、功能视图、实现视图等内容，为云计算系统的设计、开发、部署和管理提供了指导。

三、云计算特点

（一）按需自助服务

按需自助的前提是用户了解自己的需求，知道哪款产品能够满足这个需求。用户根据需求下载不同的App或者在公有云网站上购买服务，在下载或者购买过程中，基本不需要他人帮忙，可以自行完成。

（二）广泛的网络接入

云计算的载体非常广泛，在办公室可以使用PC，在机场、车站可以使用手机，没有有线网络可以用Wi-Fi代替，没有Wi-Fi可以用手机流量解决。总之，在可以接入网络的地方，就有云计算。

（三）资源池化

资源池化是实现按需自助服务的前提之一，通过资源池化可以把同类资源放在一起。所谓资源池化，是指除将同类的资源转换为资源池的形式外，还将所有资源分解到最小单位。如在自助餐厅，将果汁按照不同口味分开，客户需要多少就拿多少。

（四）快速弹性伸缩

企业为了应对热点事件的突增大流量，可以购买服务器进行扩容；当访问流量下降时，可以将这些服务器释放进行减容。这种行为就是典型的快速弹性伸缩。快速弹性伸缩包括多种类型，如人为手动扩容或减容，或是根据预设的策略进行自动扩容或减容。伸缩可以是增减服务器数量,也可以对单台服务器的配置进行增减。

在云计算中,快速弹性伸缩对用户来说,最大的好处是在保证业务或者应用稳定运行的前提下节约成本。

(五)可计量服务

计量是利用技术和其他手段实现单位统一和量值准确可靠的测量。即云计算中的服务都是可测量的,有的是根据时间,有的是根据资源配额,有的是根据流量。服务可测量可以准确地根据客户的业务进行自动控制和优化资源配置。对用户来说,可以清晰地看到自己购买的服务使用情况,还可以根据需求来购买相应的数量服务。如弹性云服务器,可以是1个CPU、1GB内存或400GB硬盘,使用时间为1个月。

四、云计算的典型应用

(一)云存储

云存储是以数据存储和管理为核心的云计算系统。云存储通过集群应用、分布式文件系统的功能,将网络中数量庞大且种类繁多的存储设备通过应用软件集合起来协同工作,共同对外提供数据存储和业务访问的功能,保证数据的安全性并节约存储空间。例如,百度网盘是就百度推出的一项云存储服务,如图6-2所示。

图6-2
百度网盘

(二)云物联

云物联是基于云计算技术的物物相连。云物联是将传统物品通过传感设备感知的信息和接受的指令接入互联网中,并通过云计算技术实现数据存储和运算,从而建立起物联网。如米家系列智能开关,基本实现了人与物交互,可以应用于家庭、医院、酒店等场所,无论身在何处,都可以通过手机、平板电脑等实现场景远程控制,随时随地掌控家居照明。

(三)云安全

云安全融合了并行处理和未知病毒行为判断等新兴技术,通过网状的大量客户端对互联网中软件异常的行为进行监测,获取互联网中木马、恶意程序的最新信息,并传达到服务器进行自动分析和处理,再把病毒和木马的解决方案分发到每一个客户端,从而将整个互联网变成一个超级大的杀毒软件。金山、360、瑞星等公司都拥有相关技术和服务,如图6-3所示。

笔记

笔记

图6-3
360云安全

（四）云办公

云办公作为IT业界的发展方向，正在逐渐形成其独特的产业链。云办公更有利于企事业单位降低办公成本和提高办公效率。目前，云计算的在线办公软件Web Office已经进入了人们的生活。如金山办公旗下的WPS Office是国内比较有代表性的办公软件之一，如图6-4所示。

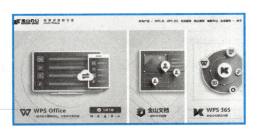

图6-4
WPS office 在线办公

 任务评价

任务编号：WPS-6-2	实训任务：了解云计算技术		日期：
姓名：	班级：		学号：

一、任务描述
利用互联网查询云计算技术相关资料，利用百度网盘进行相关操作设置。

二、任务实施
1.利用百度网盘注册一个云盘账户。
2.利用注册的百度网盘进行上传文件、下载文件和删除文件操作。

三、任务执行评价

序号	考核指标	所占分值	备注	得分
1	任务完成情况	30	是否在规定时间内完成并按时上交任务单	
2	成果质量	70	按标准完成，或富有创意、合理性评价	
总分				

指导教师：

日期：　　年　　月　　日

了解云计算技术

任务 ③

大数据技术

▶ 任务导航

知识目标	1.了解大数据技术的基本概念 2.掌握大数据技术的应用领域及对现代社会发展的影响
能力目标	1.区分大数据技术 2.掌握大数据技术在现实生活中的应用
素养目标	1.激发爱国热情,提升"四个自信" 2.提升家国情怀
任务重点	1.大数据技术的应用领域 2.大数据技术对现代社会发展的影响
任务难点	大数据技术对现代社会发展的影响

▶ 任务描述

　　李文同学是一名高职院校大一新生,在学习中经常听到老师提到大数据这个名词。但他对大数据的认识比较模糊,想简单了解一下大数据技术,为今后的学习和工作打下基础。

▶ 任务实施

　　用户在淘宝、京东等电商平台搜索一件商品,在以后很长一段时间内,当用户再次进入平台时,平台会自动为用户推荐搜索过的产品;用手机App或浏览器阅读文章,App或浏览器会主动推荐类似文章;在明星演唱会上,依靠人脸识别系统,陆续抓捕多名犯罪嫌疑人。基于用户搜索行为、浏览行为、评论历史和个人资料等数据,企业得以洞察消费者的整体要求,进而进行针对性的产品生产、改进和营销……这些都是大数据的应用案例。随着科技的发展,大数据技术已经广泛地应用到金融、消费、教育、医疗等行业中,深刻地影响着我们的生活。

笔记

一、认识大数据技术

大数据（big data）是指无法在一定的时间范围内使用常规软件工具进行捕捉、管理和处理数据集合，而是需要新处理模式才能具有更强的决策力、洞察发现力和流程优化能力的海量、高增长率和多样化的信息资产。

现在的社会是一个高速发展的社会，科技发达、信息流通，人与人之间的交流越来越密切，生活也越来越方便，大数据就是这个高科技时代的产物。在如今的社会，大数据的应用越来越彰显它的优势，应用的领域也越来越多，如电商平台、物流配送等。各种利用大数据进行发展的领域正在协助企业不断发展新业务，创新运用模式。有了大数据这个概念，对消费者行为的判断，产品销售预测，精确的营销范围以及存货的补给都可以得到全面改善与优化。

二、大数据的特征

（一）体量大

具有海量的数据规模，数据单位一般都是PB、EB、ZB级别。

1 ZB=1 024 EB　　1 EB=1 024 PB　　1 PB=1 024 TB　　1 TB=1 024 GB

1 GB=1 024 MB　　1 MB=1 024 KB　　1 KB=1 024 bit

（二）种类多

大数据不仅是常规意义上的数字、图片、视频、音频，还包括机器和传感器数据、地理位置数据、网络日志数据、社交数据等各类数据。

从应用的角度看，大数据的种类有很多。从技术的角度看，大数据大体上可分为结构化的数据、非结构化的数据和半结构化的数据。

所谓结构化的数据就是高度组织和整齐格式化的数据。直观上看，它是一种可以用表格的方式进行管理的数据类型。结构化的数据通常有固定格式，数据的长度是有限的。

（三）高速度

高速度体现在数据增长速度、需要处理数据的速度方面。数据产生速度越快，所要求的处理速度和实效性就越高。如金融市场的交易数据必须以秒级的速度进行处理，搜索和推荐引擎需要在分钟级将时事新闻推送给用户。更快的处理速度，才能让人们基于最新的数据作出更加准确和有效的决策。

（四）价值密度低

一般来说，数据的价值主要取决于事件发生的规律和概率，因此通过收集尽可能多的数据及进行长时间的存储能够有效提高数据的价值。但是，真正有用的数据往往隐藏在大量无用数据之中，需要不断地进行加工、挖掘、筛选。

三、大数据的应用

近年来,由于移动互联网、云计算、物联网等的发展,使得大数据在商业、金融、通信、医疗等行业的应用和发展不断深入,并引起广泛关注。这些领域大数据的应用直接深刻地影响着我们的生活、工作和学习。使用大数据技术对由多种类型数据构成的数据集进行分析和研究,提取有价值的信息,能够帮助我们在解决问题的同时进行科学决策。

目前,教育、医疗、政府办公等已经成为大数据发展应用的重点领域,"大数据+"一词也应运而生。大数据技术的应用前景非常巨大,也必将是未来各行各业发展的主要趋势。随着理论研究的完善、技术的发展、环境的成熟,大数据技术必将开创一个产业革新的全新时代。

(一)大数据与医疗

随着医疗卫生信息化建设进程不断加快,医疗大数据是大数据增长速度最快的领域之一。从挂号开始,医院便将患者姓名、年龄、家庭住址、联系电话等信息输入数据库;诊断过程中,患者的身体状况、医疗影像等信息会被录入数据库;诊断结束后,费用、报销、医保使用情况等信息也被添加到数据库里面。这就是医疗大数据最基础、最庞大的原始资源。这些数据可以用于临床决策支持,如药物分析、药品不良反应、疾病并发症、治疗效果相关分析,或用于疾病诊断与预测,以及制订个性化治疗方案。

大数据在健康领域的终极运用是预测医学,该项技术可以深入解析一个人的健康状况与遗传信息,使医生更好地预测特定疾病在特定个体上发生的可能性,并预测患者对于某种治疗方式的反应。

2016年,北京大学医院、北京大学计算机中心联合北京哈维香农信息技术有限公司,建立了"北京大学健康医疗大数据研究中心"。该中心以人体健康、疾病预防诊疗信息为基础数据,采用国际前沿的数据处理和分析技术,及时对个体及群体进行健康评估、疾病诊断防治,目的是真正实现健康评估科学化、医护诊疗规范化、患者就诊个体化、医生病人可视化、群防群治一体化和临床研究前瞻化。

(二)大数据与教育

在学校教育中,数据成为教学改革最为显著的指标。通常,这些数据不仅包括教师、学生的个人信息以及学生的考试成绩,同时也包括入学率、出勤率、升学率等。对于具体课堂教学来说,数据应该能说明教学效果,如学生作业的正确率及课堂提问回答次数、时长与准确率,以及师生互动的频率与时长。

(三)大数据与执法

大数据带来执法手段的革新。监控及存储成本的大大降低为执法部门的数据收集和记录监控提供了极大的便利,同时为执法部门的电子证据采集、情报研

笔记

判、犯罪预测提供了丰富的数据基础。

（四）大数据与智能交通

智能交通系统中的固定检测器（微波宙达、电子眼）、移动探测器（装载 GPS 的出租车、公共汽车等）、各种智能终端负责采集交通信息、管控信息、运营信息、GPS 定位信息和 RFID 识别信息数据，警用地理信息系统负责对数据进行快速分析处理，以构建多个信息系统，如交通视频监控系统、公路车辆智能记录监控系统、交通信息采集系统等。智能交通系统旨在实时监测和协调区域内的各类交通流，确保路网交通负荷处于最佳状态，及时发现和处理各类突发事件，疏导交通。根据该系统可科学配置警力，提高应急救援和路障清理能力，从而快速有效地处理突发事件，纠正有关违法行为。

 任务评价

任务编号：WPS-6-3		实训任务：了解大数据技术		日期：	
姓名：		班级：		学号：	
一、任务描述 利用互联网查询大数据技术相关资料。					
二、任务实施 1.利用浏览器查询我国大数据技术发展前景。 2.利用浏览器查询我市大数据技术产业的发展。					
三、任务执行评价					

三、任务执行评价

序号	考核指标	所占分值	备注	得分
1	任务完成情况	30	是否在规定时间内完成并按时上交任务单	
2	成果质量	70	按标准完成，或富有创意、合理性评价	
总分				

指导教师：

日期：　　年　　月　　日

了解大数据技术

任务 ④

现代通信技术

▶ 任务导航

知识目标	1.了解现代通信技术的基本概念 2.了解现代通信技术的发展历程 3.掌握现代通信技术的应用领域及对现代社会发展的影响
能力目标	1.区分现代通信技术 2.掌握现代通信技术在现实生活中的应用
素养目标	1.激发爱国热情,提升"四个自信" 2.提升家国情怀
任务重点	1.现代通信技术的应用领域 2.现代通信技术对现代社会发展的影响
任务难点	现代通信技术对现代社会发展的影响

▶ 任务描述

　　李文同学是一名高职院校大一新生,经常在新闻里听到"中国已建成全球规模最大、技术领先的5G网络"。但是他对5G的认识比较模糊,想简单了解一下5G等现代通信技术的发展历程,以及最新通信技术,为今后的学习打下基础。

▶ 任务实施

一、现代通信技术简介

　　在电产生以前,人们采用烽火、击鼓、旗语等方式来进行通信;在电产生后,人们采用电报、传真、电话、手机、计算机网络等方式来进行通信。随着科学技术的不断发展,人们对信息的需求日益丰富和多样化,为现代通信的发展提供了条件。现代通信所指的信息已经不再局限于电话、电报、传真等单一媒体信息,而是将声音、文字、图像、数据等合为一体的多媒体信息,即通过人的各种感官,或通过传感器等仪器、仪表对现实世界的感知,形成多媒体或新媒体信息,再将这些信息通过通信手段进行传递。因此,现代通信技术就是如何采用最新的技术来不断优化通信的方式,让人与人之间的通信变得更为便捷、有效。

二、通信技术的发展历程

(一)古代通信

烽火传讯、信鸽传书、击鼓传声、旗语等都是广为人知的古代通信方式。它们都是利用自然界的基本规律和人的基础感官可达性而建立的通信系统,是人类基于需求的最原始的通信方式。

(二)近代通信

近代通信与古代通信的分界点就是电磁技术的引入。电磁技术最早用于电报,1835年世界上第一台电报机问世;1876年,亚历山大·贝尔发明了世界上第一台电话机,并在1878年的长途电话实验中获得成功,后来成立著名的贝尔电话公司,20世纪60年代出现了按键式电话机,并一直沿用至今。

(三)当代通信

移动通信和互联网带领人们进入当代通信的大门,语音业务不再是人们的主要诉求,取而代之的是全新的数据业务,如高清视频(4K)、虚拟现实、智慧家庭、云计算、物联网、大数据等。

以下是移动通信的标志性大事件,如图6-5所示。

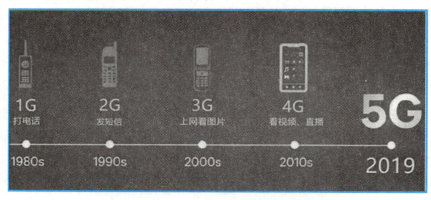

图6-5　移动通信的发展

1978年底,美国贝尔实验室研制成功了全球第一个移动蜂窝电话系统——先进移动电话系统(advanced mobile phone system,AMPS)。由于当时各国通信标准不统一,还未能实现全球漫游,因此只能实现语音信号的传输,不能上网。摩托罗拉移动电话是1G时代的代表。

1982年,第二代移动通信系统(2G)被提出,分别是欧洲标准的GSM、美国标准的D-AMPS和日本标准的D-NTT。2G时代主要采用窄代码分多址和时分多址技术。手机短信、彩铃是2G时代最典型的通信业务。

2000年,第三代移动通信系统(3G)被提出,分别是欧洲的WCDMA、美国标准的 CDMA2000 和中国的 TD-SCDMA。2007 年，国际电信联盟（International Telecommunication Union，ITU）将 WIMAX 补选为第三代移动通信标准。3G 采用基于扩频通信的码分多址技术（CDMA），使数据传输速率大幅提升，实现了通话和移动互联网的接入，从此手机可以通过移动信号访问互联网。

2012 年，ITU 将 LTE-Advanced 和 Wire lessMAN-advanced（80.16 m）技术规范确立为第四代移动通信技术（4G）国际标准（中国主导制定的 TD-LTE-Advanced 和 FDD-LTE-Advanced 同时并列为 4G 国际标准）。4G 采用 LTE 系统引入正交频分复用技术和多输入输出等关键技术，采用全 IP 核心网，使数据传输速率、频谱利用率和网络容量得到大幅提升，具备更高的安全性、智能性和灵活性，并且时延得到降低。

2018 年，第五代移动通信系统技术（5G）独立组网标准正式成立。

三、其他通信技术

（一）蓝牙

蓝牙是一种支持设备近距离无线连接技术，能在手机、无线耳机、车载音响、笔记本电脑、相关外部设备等设备间实现方便快捷、灵活安全、低成本、低功耗的数据通信和语音通信。

蓝牙技术已经应用到社会生活的各个领域，如智能门锁、智能手环、车辆胎压、工业自动化控制等。

（二）Wi-Fi

Wi-Fi 是一种近距离无线通信技术，能够在百米范围内支持设备互联接入，技术标准为 IEEE 802.11。Wi-Fi 是一种帮助用户访问电子邮件、Web 和流式媒体的互联网技术，为用户提供一种无线宽带互联网访问模式。

Wi-Fi 主要应用于无功耗约束的场景中，如家庭、校园、医院、超市、咖啡厅、图书馆等人员流动频繁但又有数据访问需求的场景。

（三）ZigBee

ZigBee 是基于 IEEE802.15.4 标准的低功耗局域网协议，ZigBee 技术是一种短距离、低功耗的无线通信技术，又称紫蜂协议。其特点是近距离、低复杂度、自组织、低功耗、低数据速率。主要适用于自动控制和远程控制领域，可以嵌入各种设备。

ZigBee 通信技术可支持数千个微型传感器之间相互协调实现通信。它以接力方式通过无线电波将数据从一个传感器传到另一个传感器，通信效率非常高。ZigBee 技术在工业、农业、智能家居等领域得到大规模应用。

笔记

笔记

四、5G网络的应用场景

（一）增强型移动宽带

增强型移动宽带是指在4G移动宽带的基础上，进一步提升用户体验，让4G时代受限制的体验在5G时代全面上线，如增强现实（AR）、虚拟现实（VR）、4K高清视频、8K高清视频等。

（二）海量机器类通信

网络等待时间性能是5G技术在物联网应用市场上的重要衡量指标，如与医院联机的穿戴式血压计。

（三）低时延高可靠通信（URLLC）

低时延高可靠通信主要满足人–物连接需求，对时延要求低至1 ms，可靠性高至99.99%，主要应用包括车联网的自动驾驶、工业自动化、移动医疗等。

 任务评价

任务编号：WPS-6-4	实训任务：了解现代通信技术		日期：
姓名：	班级：		学号：
一、任务描述 利用互联网查询现代通信技术相关资料。			
二、任务实施 1.利用浏览器查询我国现代通信技术发展前景。 2.利用浏览器查询我省十四五规划中关于5G技术的发展规划。			

三、任务执行评价

序号	考核指标	所占分值	备注	得分
1	任务完成情况	30	是否在规定时间内完成并按时上交任务单	
2	成果质量	70	按标准完成，或富有创意、合理性评价	
	总分			

指导教师：

日期：　　年　　月　　日

了解现代通信
技术

任务 ⑤

物联网技术

▶ 任务导航

知识目标	1.了解物联网技术的基本概念 2.了解物联网技术的发展历程 3.掌握物联网技术的应用领域及对现代社会发展的影响
能力目标	1.区分物联网技术 2.掌握物联网技术在现实生活中的应用
素养目标	1.激发爱国热情,提升"四个自信" 2.提升家国情怀
任务重点	1.物联网技术的应用领域 2.物联网技术对现代社会发展的影响
任务难点	物联网技术对现代社会发展的影响

▶ 任务描述

　　李文同学是一名高职院校大一新生,通过专业认知教育了解到工信部、网信办等8部门联合印发了《物联网新型基础设施建设三年行动计划(2021—2023年)》,明确提出到2023年底,在国内主要城中初步建成物联网新型基础设施。但他对物联网技术的认识比较模糊,想简单了解一下物联网技术,为今后的学习打下基础。

▶ 任务实施

一、物联网的概念

　　物联网是指将各种信息传感器、射频识别技术、全球定位系统、红外感应器等信息传感设备与技术,通过互联网实时采集、传输和处理信息,从而实现世界上所有人、机、物在任何时间、任何地点都可以互联互通。

笔记

1999年，麻省理工学院（MIT）建立了自动识别中心，提出"万物皆可通过网络互联"，阐明了物联网的基本含义。

2005年，在突尼斯举行的信息社会世界峰会上，国际电信联盟（ITU）发布了《ITU互联网报告2005：物联网》，正式提出了"物联网"的概念。报告指出，无所不在的"物联网"通信时代即将来临，世界上所有的物体，从轮胎到牙刷、从房屋到纸巾都可以通过因特网主动进行交换。

2010年，我国政府工作报告提出，大力培育战略性新兴产业，并加大投入和政策支持力度，其中包括加快物联网的研发应用。

2024年，工信部印发《关于推动移动物联网"万物智联"发展的通知》，明确一系列举措提升移动互联网行业供给水平、创新赋能能力和产业整体价值。

二、物联网的特点

（一）全面感知

全面感知是指利用无线射频识别、GPS、摄像头、智能传感器、定位器和二维码等手段，随时随地对物体进行信息采集和获取。

全面感知解决的是人与物理世界的数据获取问题。这一特征相当于人的五官和皮肤。主要功能是识别物体、信息采集。其技术手段是利用条形码、射频识别设备、智能传感器、摄像头等各种感知设备对物品的信息进行采集和获取。

（二）可靠传输

可靠传输是指通过互联网、无线网络等通信技术，将物体信息实时准确地传送出去，以便信息交流与分享。通常需要用到现有电信网络，包括有线网络和无线网络。网络传感器是一个局部无线网，故4G、5G网络等移动通信网络也作为承载物联网的有力支撑载体。

（三）智能处理

智能处理是指利用模糊识别、云计算等智能计算技术，实现对海量数据的快速处理和挖掘，提升对经济社会中各种活动、物理世界和变化的洞察力，实现智能化的决策和控制。

三、物联网体系结构

（一）感知层

感知层是物联网的核心，是联系物理世界和虚拟信息世界的纽带。具体来说，感知层是智能物体和感知网络的集合体。其中，智能物体上贴有电子标签，可供感知网络进行识别。智能物体上可同时装有多种传感器，这些传感器可以感知物体的状态信息和外部环境信息。在获取数据信息后，感知网络发挥信息传输、交互通信的作用。

感知层的关键技术：传感器技术、RFID技术、ZigBee技术、蓝牙等。

笔记

（二）网络层

网络层主要承担着传输功能,由互联网、私有网络、无线和有线通信网、网络管理系统和云计算等组成。网络层相当于人的大脑和神经中枢,主要负责传递和处理感知层获取的信息。

网络层的关键技术:Internet、移动通信网、无线传感器网络。

（三）应用层

应用层的任务是对感知和传输来的信息进行分析和处理,做出正确的控制和决策,实现智能化的管理、应用和服务。

应用层是物联网和用户(包括个人、组织和其他系统)的接口,它与行业发展应用需求相结合,实现物联网智能化服务。该层主要解决信息处理与人机界面的问题。

应用层的关键技术:云计算、人工智能、数据挖掘。

四、物联网的关键技术

（一）RFID技术

RFID(radio frequency identification)技术,又称无线射频识别,是一种通信技术,俗称电子标签。RFID技术可通过无线电信号识别特定目标并读写相关数据,而无须识别系统与特定目标之间建立机械或光学接触。

无线电信号通过调成无线电频率的电磁场,把数据从附着在物品上的标签上传送出去,以自动辨识与追踪该物品。有些标签在识别时,从识别器发出的电磁场中就可以得到能量,并不需要电池;有些标签则本身就拥有电源,并可以主动发出无线电波(调成无线电频率的电磁场)。标签包含了电子存储的信息,数米之内都可以识别。与条形码不同的是,射频标签不需要处在识别器视线之内,可以嵌入被追踪物体之内。

RFID系统主要由RFID标签、RFID读写器、计算机应用系统组成。

（二）传感器技术

传感器是一种能够感知到被指定部分,并将其转换成可用信息的装置,一般由传感原件和转换原件组成。传感器能够将自然界中的各种声、光、电、热等信号转换成可用电信号,为互联网系统提供最原始的数据信息。

五、物联网的应用领域

（一）智能家居

智能家居覆盖照明、智能电器、智能影音娱乐、智能环境监控系统、智能安防系

图6-6 智能家居

统,以及智能门窗控制等日常生活功能需求。人们可以通过墙装控制面板、智能手机或者平板电脑等终端设备管理和控制自己的家,如图6-6所示。

图6-7 智能物流

(二)智能物流

利用物联网先进的信息采集、处理、流通、管理、分析技术,智能化地完成包装、仓储、运输、配送和装卸等基本环节,实时反馈物品流动状态。如将传感器安装在移动的卡车和正在运输的各个独立部件上,从中央系统可以全流程追踪这些货物,如图6-7所示。

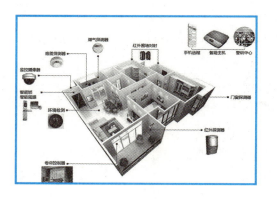

图6-8 智慧农业

(三)智慧农业

通过采集温室内温度、土壤温度、二氧化碳浓度、湿度信号,以及光照及叶面湿度等环境参数,根据农业生产的实际需求,自动开启或关闭指定设备,从而实现农业生产过程中综合生态信息的自动监测、自动控制及智能化远程管理,如图6-8所示。

(四)智能安防

智能安防最核心的部分在于智能安防系统,该系统是对拍摄的图像进行传输与存储,并对其进行分析与处理。一个完整的智能安防系统主要包括门禁、报警和监控三大部分,实现机器智能化判断,降低安防系统对人的依赖性,实现真正的智能化安全管理,如图6-9所示。

图6-9 智能安防

(五)智能交通

智能交通系统将各种先进的数据通信技术、传感器技术及计算机技术有效地应用于整个交通管理体系,提高交通运输效率,缓解交通堵塞,减少交通事故。如ECT不停车收费系统。

（六）智能医疗

智能医疗利用先进的物联网技术、计算机技术等实现医疗信息的智能化采集、处理、存储、运输及各项医疗环节的数字化运输，逐步实现医疗信息化。

（七）智能工业

物联网在智能工业中的应用包括生产过程控制、供应链跟踪、生产环境监测、产品安全生命周期检测、产品质量控制等。例如，钢铁生产企业利用传感器和通信网络，在生产过程中对产品宽度、厚度、温度等进行实时监控，可以提高产品质量，优化生产流程。

（八）智慧城市

智慧城市是指在物联网技术的帮助下，交通、水电、卫生、电子政务等城市基本功能实现信息化，实现城市智慧式管理运行，促进城市和谐与持续发展，为居住在城市中的人们创造更美好的生活。

▶ 任务评价

任务编号：WPS-6-5		实训任务：了解物联网技术		日期：	
姓名：		班级：		学号：	
一、任务描述					
利用互联网查询物联网技术相关资料。					
二、任务实施					
1.利用浏览器查询我国物联网技术发展前景。					
2.利用浏览器查询我省十四五规划中关于物联网技术的发展规划。					
三、任务执行评价					

序号	考核指标	所占分值	备注	得分
1	任务完成情况	30	是否在规定时间内完成并按时上交任务单	
2	成果质量	70	按标准完成，或富有创意、合理性评价	
总分				

指导教师：

日期： 年 月 日

笔记

了解物联网技术

虚拟现实技术

任务导航

知识目标	1.了解虚拟现实技术的基本概念 2.了解虚拟现实技术的发展历程 3.掌握虚拟现实技术的应用领域及对现代社会发展的影响
能力目标	1.区分虚拟现实技术 2.掌握虚拟现实技术在现实生活中的应用
素养目标	1.激发爱国热情，提升"四个自信" 2.提升家国情怀
任务重点	1.虚拟现实技术的应用领域 2.虚拟现实技术对现代社会发展的影响
任务难点	虚拟现实技术对现代社会发展的影响

任务描述

　　李文同学是一名高职院校大一新生，通过专业认知教育了解到《中华人民共和国国民经济和社会发展第十四个五年规划和2035年远景目标纲要》中将"虚拟现实和增强现实"列入数字经济重点产业。但他对虚拟现实技术的认识比较模糊，想简单了解一下虚拟现实技术，为今后的学习打下基础。

任务实施

一、虚拟现实技术的概念

　　虚拟现实技术（virtual reality，VR）是20世纪发展起来的一项全新的实用技术。虚拟现实技术囊括计算机、电子信息、仿真技术，其基本实现方式是计算机模拟虚拟环境从而给人以环境沉浸感。随着社会生产力和科学技术的不断发展，各行各业对VR技术的需求日益旺盛。VR技术也取得了巨大进步，并逐步成为一个新的科学技术领域。

　　虚拟现实技术就是利用现实生活中的数据,通过计算机技术产生的电子信号,将其与各种输出设备结合,使其转化为能够让人们感受到的现象,这些现象既可以是现实中真真切切的物体,也可以是肉眼看不到的物质,通过三维模型表现出来。这些现象不是用户直接看到的,而是通过计算机技术模拟出来的现实中的世界,故称虚拟现实。

二、虚拟现实技术的发展历程

(一)蕴含虚拟现实思想的阶段(有声动态模拟)(1963年以前)

　　1929年,美国发明家爱德华·林克(Edwin A.Link)设计出一款简单的机械飞行模拟器,在室内某一固定的地点训练飞行员,使乘坐者的感觉和坐在真的飞机上一样,使受训者可以通过模拟器学习飞行操作。

　　1956年,电影导演莫顿·海利希(Morton Heilig)发明了一台名为Sensorama的机器。这款机器具有三维显示及立体声效果。它是模拟电子技术在娱乐方面的具体应用。莫顿·海利希将其称为"立体剧院"。

(二)虚拟现实萌芽阶段(1963—1972)

　　1968年,计算机图形学之父、著名计算机科学家伊兰·苏泽兰(Ivan Sutherland)设计了第一款头戴式立体显示器,并以自己的名字Sutherland为其命名。Sutherland的诞生,标志着头戴式虚拟现实设备与头部位置追踪系统的确立,并为如今的虚拟技术奠定了坚实的基础。受当时硬件技术限制,Sutherland无法独立穿戴,必须在天花板上搭建支撑杆。如图6-10所示。

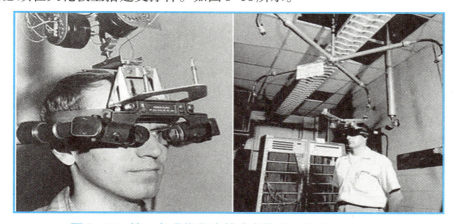

图6-10　第一台现代化头戴式立体显示器Sutherland

(三)虚拟现实概念产生和理论初步形成阶段(1973—1989)

　　1984年,NASA Ames研究中心虚拟行星探测实验室开发了用于火星探测的虚拟世界视觉显示器,将火星探测器发回的数据输入计算机,为地面研究人员构造了火星表面的三维虚拟世界。

　　1984年,杰伦·拉尼尔(Jaron Lanier)组建出第一款真正投放市场的虚拟现

笔记

笔记

实商业产品，价值10万美金。1989年，杰伦·拉尼尔提出用 Virtual Reality 来表示虚拟现实。作为首次定义虚拟现实的先驱，他也被称为"虚拟现实之父"。

（四）虚拟现实理论进一步完善和应用阶段（1990年至今）

1993年，游戏厂商世嘉株式会社（SEGA Corporation）计划发布基于其MD游戏机的虚拟现实头戴式显示器。

1995年，美国伊利诺伊大学实验室开发了 CAVE 虚拟现实显示系统，这是一种基于投影的沉浸式虚拟现实显示系统。

2012年，帕尔默·拉奇（Palmer Luckey）创办了 Oculus VR 公司，筹集超过240万美元的资金用于第6代虚拟现实原型机的研发。2015年，Oculus 宣布将把 Oculus Rift 带入大众消费领域，并于2016年1月开始在20多个国家或地区销售。

2014年，消费级虚拟现实设备出现井喷，各大公司纷纷推出自己的产品，三星推出 Gear VR、谷歌推出廉价易用的 Cardboard 等。

三、虚拟现实技术的应用

（一）在医学领域的应用

虚拟现实技术在医学领域应用广泛，特别是在医疗培训、临床诊疗、医学干预、远程医疗等方面具有一定优势。2020年11月，我国首个"虚拟现实医院计划"正式启动，该计划将采用 VR/AR/MR、全息投影、人机接口、神经解码编码等技术，促进医、教、研、产一体化，提出未来新医疗全套解决方案。

（二）在军事领域的应用

虚拟现实技术应用于军事领域，通过虚拟现实技术模拟训练场、作战环境、灾难现场等，训练士兵在军事实战和危险应急的情况下做出快速有效的反应，对提高训练和演习效果起到至关重要的作用。

（三）在教育领域的应用

虚拟现实技术能够将抽象或者现实中不存在的事物直观呈现在人们面前。正是虚拟现实的这种技术优势，使得其成为当下创新课堂、创客教育等多种教学环境的新趋势。通过 VR 的交互环境、再现能力及一对一的实践，对学生学习中的抽象概念和原理进行可视化表现，可以有效提高学生的学习兴趣和学习效果。

（四）在设计领域的应用

虚拟现实技术在设计领域小有成就，例如室内设计，人们可以把室内结构、房屋外形通过虚拟现实技术表现出来，使之变成可以看得见的物体和环境。

（五）在影视娱乐领域的应用

近年来，由于虚拟现实技术在影视业的广泛应用，以虚拟现实技术为主而建立的第一现场9D VR体验馆得以实现。体验馆可以让观影者体会置身于真实场景之中的感觉。随着虚拟现实技术的不断创新，其在游戏领域也得到了快速发展。虚拟现实技术是利用电脑产生的三维虚拟空间，而三维游戏刚好建立在此技术之上,三维游戏几乎包含了虚拟现实的全部技术,使得游戏在保持实时性和交互性的同时,大幅提升了游戏的真实感。

▶ 知识拓展

元宇宙

(一)元宇宙的概念

元宇宙(Metaverse)是人类运用数字技术构建的,由现实世界映射或超越现实世界,可与现实世界交互的虚拟世界,具备新型社会体系的数字生活空间。

"元宇宙"本身并不是新技术,而是一个理念和概念,其集成了一大批现有技术,包括5G、云计算、人工智能、虚拟现实、区块链、数字货币、物联网、人机交互等。

"元宇宙"思想的源头是美国数学家和计算机专家弗诺·文奇教授,其在1981年出版的小说《真名实姓》中,创造性地构思了一个通过脑机接口进入并获得感官体验的虚拟世界。

"元宇宙"概念首次提出是在1992年,尼尔·斯蒂芬森在科幻小说《雪崩》中提出了"Metaverse"(元宇宙)和"Avatar"(阿凡达,虚拟人物角色)这两个概念。书中讲述了现实人通过VR设备与虚拟人共同生活在一个虚拟世界的故事,这个虚拟世界就是Metaverse。它脱胎于现实世界,并平行于现实世界,让人沉浸其中,可以做任何想做的事,比起现有虚拟世界,它是一种高纬度的交互性体验。

(二)元宇宙的八大特征

1.数字身份

进入元宇宙后,每个人都会在元宇宙中获得一个或者多个数字身份,每一个数字身份都是与现实中的人一一对应且独一无二的。虚拟身份与现实身份不一定相关。

2.社交属性

元宇宙囊括社交网络,在元宇宙中,我们可以像在现实中一样与其他人的数字身份沟通交流,并且通过虚拟现实(VR)、增强现实(AR)等技术让我们在元宇宙中体验到与现实同等的社交体验。

3.沉浸感体验

在元宇宙中,通过VR等技术的支持,我们可以从感官上体验到非常拟真的沉浸式体验,达到"身在元宇宙,但却丝毫感觉不到自己在元宇宙"的效果。

4.低延迟

在元宇宙中发生的一切都是基于时间线同步发生的。在元宇宙中所见所得与别人正在经历的相同。需要较好的网络状态,网络状态越好,服务器响应越快,就越容易实现同频刷新。

5. 多元化

元宇宙对用户没有限制,各行各业的人都可以在元宇宙中创作内容,展示自己。因此,元宇宙不是由 PGC(专业生产内容)主导的,而是由 UGC(用户原创内容)主导的包罗万象的虚拟空间。

6. 随地性

元宇宙不受时间地点的限制。任何人都能在任何时间、任何地点利用终端链接元宇宙,畅游元宇宙的世界。

7. 经济属性

真正的元宇宙一定拥有自己的经济系统,并且这一系统会和现实已有的经济系统挂钩。经济要素包括数字创造、数字资产、数字市场、数字货币、数字消费等内容。

8. 文明

真正的元宇宙有自己的文明体系,人们在里面可以生活、组成社区、构建城市,并认识到构建城市需要大家制定出共同遵守的规则,在生存的同时逐渐演化成一个文明的社会。

(三)元宇宙的现实应用场景

1. 游戏领域

游戏作为现实世界的模拟和延伸,有可能成为元宇宙最先应用的场景。游戏作为虚拟电子形式存在,与元宇宙有相互吸引力。元宇宙将现实生活的真实感带入游戏中,虚拟游戏中的装备和游戏币都是真金白银,玩家能够在游戏中随意构建自己的地盘,甚至可以通过持有游戏代币改变游戏的模式和未来的走向。

2. 商业领域

越来越多零售业者、时尚品牌(Gucci、Balenciaga)、运动品牌(Nike、Adidas)等开始默默布局元宇宙。例如零售龙头沃尔玛在2021年底向美国专利商标局申请与元宇宙销售有关的商标,甚至开出数位货币产品策略、加密投资。

3. 教育领域

元宇宙可被用来在任何地方和任何历史点进行实地考察。元宇宙可以让学习变得更加简单、更加有趣。进入元宇宙,教学不再依赖于时空条件和真实设备,教育资源缺少和不均衡的问题得到改善,且各种创意课堂能够被激发,教学效果将获得质和量的提升,让所有人不再束缚于校园。

4. 房地产领域

元宇宙可用于拟真的虚拟房屋参观。购房者将可以在自己家里通过元宇宙参观位于世界任何地点的房屋。当然 NFT 虚拟房地产亦为一个新市场。

5. 音乐领域

元宇宙中的演唱会对于粉丝来说是一种新的追星方式。传统演唱会中,粉丝的观看视觉有限,与偶像互动方式单一。元宇宙中的演唱会可以突破限制,粉丝能够建立虚拟身份的方式参与,与偶像亲密互动,NFT 化的演出门票、虚拟道具、数字周边等也能够满足粉丝的想象。近年来,有部分艺人在 Decentraland、Sandbox、堡垒之夜等游戏中举行元宇宙演唱会,令人印象深刻。

6. 艺术领域

创作者或商家可以在元宇宙创建线上画廊,供游客参观,同时可以直接跳转到 Opensea 等平台进行交易,所有者在拍卖会上展示和出售他们的 NFT 艺术品。

7. 办公领域

元宇宙可用于虚拟办公平台,用户可在模拟办公环境的 3D 环境中进行虚拟协作。Crypto 企业可以在元宇宙中建立数字办公室,员工可以在那里见面和协作。目前传统的远程办公仍然面临一些问题,比如缺少实时互动、沟通效率低等,而元宇宙能够使得虚拟办公以面对面互动的方式进行。

8. 影视领域

传统影院 2D 和 3D 的视觉感受已不能够满足大众,虽然目前已知的 4D 动感影院的出现弥补了一些短板,但当元宇宙与电影的结合生成沉浸式影院,观影的身临其境感就会再提升一个层次,通过虚拟世界打造多人参与的沉浸式影院将提升观众的体验。

▶ 任务评价

任务编号:WPS-6-6	实训任务:了解虚拟现实技术		日期:	
姓名:	班级:		学号:	
一、任务描述 利用互联网查询虚拟现实技术相关资料。				
二、任务实施 1.利用浏览器查询我国虚拟现实技术发展前景。 2.利用浏览器查询我省虚拟现实技术产业的发展。				

三、任务执行评价

序号	考核指标	所占分值	备注	得分
1	任务完成情况	30	是否在规定时间内完成并按时上交任务单	
2	成果质量	70	按标准完成,或富有创意、合理性评价	
总分				

指导教师:

日期:　　年　　月　　日

了解虚拟现实技术

笔记

任务 ⑦

区块链技术

任务导航

知识目标	1.了解区块链技术的基本概念 2.了解区块链技术的发展历程 3.掌握区块链技术的应用领域及对现代社会发展的影响
能力目标	1.区分区块链技术 2.掌握区块链技术在现实生活中的应用
素养目标	1.激发爱国热情，提升"四个自信" 2.提升家国情怀
任务重点	1.区块链技术的应用领域 2.区块链技术对现代社会发展的影响
任务难点	区块链技术对现代社会发展的影响

任务描述

李文同学是一名高职院校大一新生，在新闻里经常听到"使用区块链技术可以更好地实现产品溯源"。但他对区块链技术的认识比较模糊，想简单了解一下区块链技术，为今后的学习打下基础。

任务实施

一、区块链技术的基本概念

区块链作为一种底层协议或技术方案可以有效解决信任问题，实现价值的自由传递，在数字货币、金融资产的交易结算、数字政务、存证防伪数据服务等领域具有广阔前景。通过利用点对点网络和分布式时间戳服务器，区块链数据库能够进行自主管理。

区块链是一种按照时间顺序将数据区块以顺序相连的方式组合成的一种链

式数据结构,并以密码学方式保证的不可篡改和不可伪造的分布式账本。通俗地说,区块链可以在无需第三方背书的情况下实现系统中所有数据信息公开透明、不可篡改、不可伪造、可追溯。

二、区块链技术的发展历程

从2008年开始,区块链技术一直在不断升级与演进,其发展历程可分为三个阶段:1.0模式、2.0模式、3.0模式。

(一)区块链1.0

处于此模式的区块链技术主要应用于数字货币中,是可编程货币,是与转账、汇款和数字化支付相关的密码学货币应用。通过这一层次的应用,区块链技术首先起到搅动金融市场的作用。大型金融机构,如纽交所、高盛、芝交所、花旗、纳斯达克等都已进入区块链领域。

(二)区块链2.0

处于此模式的区块链技术是将数字货币与智能合约相结合,使区块链技术在金融领域得到更广泛的应用,并在流程上得到优化。2.0模式中最大升级之处在于植入了智能合约技术。

早在1995年,尼克·萨博(Nick Szabo)就提出了智能合约。智能合约定义为一套以数字形式定义的承诺(promises),包括合约参与方可以在上面执行这些承诺的协议。智能合约通过一串代码在计算机中形成规则,要求参与方严格执行。由于当时缺少可信的执行环境,所以没有被广泛地应用于实际产业中,直到几种较为成熟的数字货币诞生后,人们发展基于区块链技术的平台可以为智能合约提供可信的执行环境,从而有了诸多区块链2.0的代表技术应用。

(三)区块链3.0

目前,区块链技术正处于此模式阶段。在3.0模式阶段中,区块链技术将推向金融领域以外的更多应用场景,真正实现为各行各业提供去中心化解决方案的"可编程社会"。

三、区块链的应用案例

(一)数字货币

数字货币是数字经济时代的发展方向。相对于实体货币,数字货币具有易携带存储、低流通成本、使用便利、易于防伪和管理、打破地域限制、能更好整合等优点。

(二)数字政务

区块链的分布式技术可以让政府部门集中到一个链上,所有办事流程交付智能合约,办事人只要在一个部门通过身份认证以及电子签章,智能合约就能自动处理并流转,顺序完成后续所有审批和签章。利用区块链技术的公开透明、可

笔记

笔记

溯源、不可篡改等特性,实现资金的透明使用、精准投放和高效管理。

（三）存证防伪

区块链可以通过哈希时间戳证明某个文件或者数字内容在特定时间的存在,加之其公开、不可篡改、可溯源等特性,为司法鉴证、身份证明、产权保护、防伪溯源等提供了完善的解决方案。在知识产权领域,通过区块链技术的数字签名和链上存证可以对文字、图片、音频视频等进行确权。在防伪溯源领域,通过供应链跟踪区块链技术可以被广泛应用于食品医疗、农产品、酒类、奢饰品等领域。

（四）数据服务

未来,互联网、人工智能、物联网都将产生海量数据,现有中心化数据存储将面临巨大挑战,基于区块链技术的边缘存储有望成为未来解决方案。区块链对数据的不可篡改和可追溯机制保证了数据的真实性和高质量,这成为大数据、人工智能、物联网等一切数据应用的基础。区块链可以在保护数据隐私的前提下实现多方协助的数据计算,有望解决"数据垄断"和"数据孤岛"问题,实现数据流通价值。

 任务评价

任务编号:WPS-6-7	实训任务:了解区块链技术		日期:	
姓名:	班级:		学号:	
一、任务描述 利用互联网查询区块链技术相关资料。				
二、任务实施 1.利用浏览器查询生活中的区块链技术应用案例。 2.利用浏览器查询我国发布的支持区块链技术的政策。				
三、任务执行评价				

序号	考核指标	所占分值	备注	得分
1	任务完成情况	30	是否在规定时间内完成并按时上交任务单	
2	成果质量	70	按标准完成,或富有创意、合理性评价	
	总分			

指导教师:

日期:　　年　　月　　日

了解区块链技术

任务 ⑧

程序设计基础

▶ 任务导航

知识目标	1.了解程序设计的基本概念 2.掌握程序设计语言和方法的发展
能力目标	1.区分程序设计语言 2.掌握程序设计方法的发展
素养目标	1.激发爱国热情,提升"四个自信" 2.提升家国情怀
任务重点	1.程序设计语言的发展 2.程序设计方法的发展
任务难点	面向对象程序设计的优点

▶ 任务描述

　　李文同学是一名高职院校大一新生,在课程学习中用到了个人计算机,了解到计算机程序。但他对计算机程序认识比较模糊,想简单了解一下程序设计情况,以便为今后的学习打下基础。

▶ 任务实施

一、程序设计的概念

　　程序设计是设计和构建可执行的程序以完成特定计算结果的过程,是软件构造活动中的重要组成部分,一般包含分析、设计、编码、调试和测试等不同阶段。专业的程序设计人员通常被称为程序员。

二、程序设计语言

　　程序设计语言经历了从机器语言、汇编语言到高级语言的发展历程。

笔记

（一）机器语言

机器语言又称二进制代码语言，由计算机能够识别的二进制代码指令构成，不同的 CPU 具有不同的指令系统，CPU 的电子元器件能够直接识别并执行这些指令。程序设计人员使用机器语言编写程序，不仅要熟悉硬件的组成部分及其指令系统，还必须熟记计算机的指令代码。

（二）汇编语言

汇编语言是任何一种用于电子计算机、微处理器、微控制器或其他可编程器件的低级语言，又称为符号语言。在汇编语言中，用助记符代替机器指令的操作码，用地址符号或标号代替指令或操作数的地址。这种由助记符和地址符号组成的指令集合称为汇编语言（包括 Intel 汇编语言、Motorola 汇编语言、IBM 汇编语言以及 ARM 汇编语言）。

汇编语言不能被计算机直接识别，必须经过翻译转换为机器语言程序，才能被计算机执行。人们把完成这一翻译任务的程序称为汇编程序，它是系统软件，一般是和计算机设备一起配置的。汇编语言离不开计算机的指令系统。对于不同型号的计算机，有着不同的汇编语言，而且对于同一问题所编制的汇编语言程序，在不同种类的计算机间是互不相通的。

（三）高级语言

由于汇编语言依赖于计算机硬件系统，且助记符量大难记，于是人们又发明了更加易用、不依赖于计算机硬件系统的高级语言。

高级语言与计算机的硬件系统结构和指令系统无关，可方便地表示数据运算和程序的控制结构，能更好地描述各种算法，而且容易学习和掌握。包括 C、C++、C#、Java、BASIC、Python 等。

三、程序设计方法

（一）结构化程序设计

结构化程序设计由迪克斯拉特在 1969 年提出，是以模块化设计为中心，将待开发的软件系统划分为若干个相互独立的模块，这样使完成每一个模块工作变得单纯而明确，为设计一些较大的软件打下良好的基础。

结构化程序设计又称面向过程程序设计。在面向过程程序设计中，问题被看作一系列需要完成的任务，函数用于完成这些任务，解决问题的焦点集中于函数。

结构化程序设计的基本思想是采用"自顶向下，逐步求精"的程序设计方法和"单入口单出口"的控制结构。自顶向下、逐步求精的程序设计方法从问题本身开始，经过逐步细化，将解决问题的步骤分解为由基本程序结构模块组成的结构化程序框图；单入口单出口的思想认为一个复杂的程序，如果它仅是由顺序、选择和循环三种基本程序结构组合、嵌套组成，那么这个新构造的程序一定是一个单入口单出口的程序。结构化程序的代表性语言有 C、BASIC、FORTRAN。

（二）面向对象程序设计

面向对象设计方法以对象为基础,利用特定的软件工具直接完成从对象客体描述到软件结构之间的转换。面向对象设计方法的应用解决了传统结构化开发方法中客观世界描述工具与软件结构不一致性问题,缩短了开发周期,解决了从分析和设计到软件模型结构之间多次转换映射的繁杂过程,是一种很有发展前途的系统开发方法。

面向对象程序设计中的概念主要包括:对象、类、数据抽象、继承、动态绑定、数据封装、多态性、消息传递。通过这些概念,面向对象的思想得到了具体的体现。

面向对象的语言中一部分是新发明的语言,如JAVA、Smalltalk。另外一些是对现有语言进行改造,增加面向对象的特征演化而来的,如由Pascal发展而来的Object Pascal,由C发展而来的C++,由Ada发展而来的Ada95等。

 笔记

▶ 任务评价

任务编号:WPS-6-8	实训任务:了解程序设计		日期:	
姓名:	班级:		学号:	
一、任务描述 利用互联网查询常见的高级语言。				
二、任务实施 1.利用浏览器查询C语言。 2.利用浏览器查询我国高职院校目前开设的高级语言课程。				
三、任务执行评价				

序号	考核指标	所占分值	备注	得分
1	任务完成情况	30	是否在规定时间内完成并按时上交任务单	
2	成果质量	70	按标准完成,或富有创意、合理性评价	
	总分			

指导教师:

日期:　　年　　月　　日

 项目小结

本项目对新一代信息技术进行了全面的介绍与探讨。新一代信息技术,涵盖大

了解程序设计

笔记

数据、云计算、物联网、人工智能、区块链等前沿技术，是当今世界创新发展的重要引擎。通过本项目的学习，读者不仅对这些技术的概念、原理和应用有了深刻的理解，还认识到了它们在社会经济发展中的巨大潜力。新一代信息技术正推动社会向智能化、数字化、网络化方向演进，同时也带来了数据安全、隐私保护等新挑战。

一、选择题

1.AI 的英文全称是（　　）。

A.Automatic Intelligence　　　　　B.Artifical Intelligence

C.Automatic Information　　　　　D.Artifical Information

2.（　　）年，中国将物联网写入了《政府工作报告》。

A.2000　　　　B.2008　　　　C.2009　　　　D.2010

3. 1TB=（　　）GB。

A.1000　　　　B.1024　　　　C.100　　　　D.102

4.新一代信息技术不包含（　　）。

A. 大数据　　　B. 物联网　　　C. 计算机网络　　　D. 人工智能

5.下列选项中，（　　）不是区块链的应用。

A.数字货币　　　B.存证防伪　　　C.数字政务　　　D.智慧交通

6.（　　）是一种近距离无线通信技术，能够在百米范围内支持设备互联接入。

A.Wi-Fi　　　B.RFID　　　C.传感器技术　　　D.紫峰

7. 虚拟现实技术简称（　　）。

A.AR　　　　B.VR　　　　C.MR　　　　D.XR

8.下列属于当代通信技术的是（　　）。

A.电话　　　　B.电报　　　　C.信鸽传书　　　D.5G

9.世界上第一个击败人类职业围棋选手的机器人是（　　）。

A.AlphaGo　　　B.Swumanoid　　　C.Deep Blue　　　D.Watson

10. 下列不属于虚拟现实应用的是（　　）。

A.虚拟物理实验室　　　　　　B.计算机博弈

C.三维虚拟社区　　　　　　　D.飞行仿真系统

二、操作题

在百度云盘中新建一个文件夹，命名为"中国"，在其中新建一个 Word 文档，命名为"新一代信息技术"。

项目七
信息素养与社会责任

导读

随着网络技术和通信技术的进步,互联网获得飞速发展,伴随着工作生活日益数字化,大部分现代人都从事着和信息相关的工作,现在的社会就是信息社会。古往今来,信息其实一直都是社会中的重要组成部分,它可以是情报,可以是知识,也可以是文献等。信息素养与社会责任是指在信息技术领域,通过对信息行业相关知识的了解,内化形成的职业素养和行为自律能力。信息素养与社会责任对个人在各行各业的发展起着重要作用。学会掌握和分析信息的人,总会在信息中获益和取得成就。本项目将通过四个任务详细介绍信息素养内涵以及计算计网络和信息安全知识,把握信息伦理和职业行为自律。

任 务 ①

信息素养概述

 任务导航

知识目标	1.了解信息素养的含义、特点和要素 2.熟悉信息平台的特点
能力目标	1.理解信息素养及社会责任的重要性 2.掌握信息平台的应用方法
素养目标	1.增强信息素养，强化社会责任感 2.认识信息技术的发展对日常工作的重要影响，提升社会责任感 3.激发爱国之情，增强"四个自信"
任务重点	1.信息素养的含义和社会责任感培养 2.信息平台的应用
任务难点	信息素养的要素理解及信息平台的选择

 任务描述

　　明远科技公司技术部小陈最近遇到一个难题。公司因为业务发展，决定购买信息平台来帮助公司员工编写标书、文案以及提升技能，采购的任务就落到了小陈的头上。目前市场上有很多信息平台，小陈决定先完成市场调研，对各平台进行数据统筹比较，分析优劣势以后，再由公司领导统筹决定选购。

　　我国信息平台建设种类丰富且居世界领先地位，不仅仅在我国使用十分广泛，在全球范围内，用户也十分广泛。一些高水平、高质量的数据平台为日常工作中的学术研究、信息比较、文案撰写等提供了极大的便利。国内最常用的信息平台主要有中国知网、万方数据知识服务平台、超星集团及维普中文期刊服务平台等。为此，小陈需要做如下工作：

　　（1）了解知名数据平台，并进行数据分析，完成数据统筹比较。

　　（2）选择适合本公司的数据平台，推荐给决策者。

▶ 预备知识

笔记

一、信息素养基础知识

（一）信息素养的概念

信息素养（information literacy，IL）的本质是全球信息化需要人们具备的一种基本能力。信息素养简单的定义来自1989年美国图书协会（American Library Association，ALA），它包括文化素养、信息意识和信息技能三个层面，即能够判断什么时候需要信息，并且懂得如何去获取信息，如何去评价和有效利用所需的信息。

信息社会中每个人每天都要面对大量的信息，在众多信息中找到有用的信息，或者使用信息提升自己的知识和见识都属于基本的信息素养。由此可见，信息素养是一个含义广泛且不断发展变化的综合性概念。信息素养的概念最早是由美国信息产业协会主席保罗·泽考斯基（Paul Zurkowski）于1974年提出的：利用大量的信息工具及原始信息源使问题得到解答的技术和技能。2015年，人们对信息素养进行了新的定义：信息素养是指包括对信息的反思性发现，对信息如何产生和评价的理解，以及利用信息创造新知识并合理参与学习团体的一组综合能力。信息素养既是一种基本能力，更是一种综合能力，信息素养教育已经成为人才培养的重要环节。

信息素养是一种对信息社会的适应能力。美国教育技术CEO论坛2001年第4季度报告提出，21世纪的能力素质包括基本学习技能（读、写、算）、信息素养、创新思维能力、人际交往与合作精神、实践能力。信息素养是其中一个方面的能力，涉及信息意识、信息能力和信息应用。

信息素养又是一种综合能力。信息素养涉及方方面面的知识，是一个特殊的、涵盖面很宽的能力，包含人文、技术、经济、法律等诸多因素，和许多学科有着紧密的联系。信息技术支持信息素养，通晓信息技术强调的是对技术的理解、认识和使用技能，而信息素养的重点是内容、传播、分析，包括信息检索以及评价，涉及更宽的方面。信息素养是一种了解、搜集、评估和利用信息的知识结构，既需要通过熟练的信息技术，也需要通过完善的调查方法并经过鉴别和推理来完成。

（二）信息素养的含义

信息素养的含义包含技术和人文两个层面。

（1）从技术层面来说，信息素养反映了人们利用信息的意识和能力。

（2）从人文层面来说，信息素养反映了人们面对信息的心理状态，即面对信息的修养。

笔记

（三）信息素养的特征

在信息社会中，物质世界正在隐退到信息世界的背后，各类信息组成人类的基本生存环境，影响着人们的日常生活方式，成了人们日常经验的重要组成部分。信息素养通常具有捕捉信息的敏锐性、评估信息的准确性、筛选信息的果断性、应用信息的独创性以及交流信息的自如性等五大特征。

（四）信息素养的要素

信息素养是在信息化社会中个体成员所具有的各种信息品质，主要包括信息意识、信息知识、信息能力和信息伦理四个要素。

1.信息意识

信息意识是指对信息的敏感度，是对各种行为、现象、观点等从信息的角度去理解、感受和评价。信息时代处处蕴藏着信息，掌握和利用信息资料、在众多信息中整理发现有用信息、使用信息技术解决工作和生活问题的意识，是信息素养中的关键。

2.信息知识

信息知识是信息科学技术的理论基础，是学习信息技术的基本要求。掌握了信息技术的知识，可以为自己服务，创造价值。

3.信息能力

信息能力不仅包括信息系统的基本操作能力（对信息的收集、加工、存储、传播及应用），还包括对信息系统与信息的评价能力，也是信息社会的生存能力。身处信息社会，如果只是具有强烈的信息意识和丰富的信息知识，而不具备较高的信息能力，将无法有效地使用信息工具和信息平台去搜集、整理、传递有价值的信息，更加无法提高学习质量和适应信息社会。

4.信息伦理

信息伦理又称信息道德，是指在信息收集、加工、存储、传播及应用的各个环节中，用来规范其间产生的各种社会关系的道德意识、道德规范和道德行为的总和。它通过社会舆论、行为习惯、传统认知等，使人们形成一定的信念、价值观和习惯，从而自觉地规范自己的信息行为。

信息素养的四个要素构成一个完整的整体，信息意识是先导，信息知识是基础，信息能力是核心，信息伦理是保证。

（五）学习信息素养的主要目的

学习信息素养主要有三个方面的目的：

（1）能认识到何时需要信息，并能有效检索、评估和利用信息。

（2）能将获得的信息和自己已有的知识相融合，构建新的知识体系，解决所遇到的问题与任务。

（3）能注重利用信息所涉及的经济、法律和社会问题，合理合法地获取和应用信息。

二、信息平台简介

在许多国家,对于信息素养的认知,人们首先想到的就是国家丰富的馆藏资源和优秀的网络数据平台。在我国,数据平台的使用为企业、公司和学校提供了巨大的便捷。信息社会的竞争越来越表现为信息素养的竞争,越来越多的国家对信息素养的培养重视起来,而专业的学术知识、丰富的馆藏书籍是提高信息素养的优质信息源。

我国拥有众多优秀数据平台,这些主流信息平台内容丰富、数据库庞大,且是多学科的融合。想要精准地进行数据分析,首先要对这些主流平台有个基本了解,特别是要从数据源角度分析数据、总结数据,再结合信息素养有针对性地选择数据平台。

各信息平台数据看起来相似,却不完全相同,每个平台都有自己的优势和信息特点。

1.中国知网

中国知网(网址:www.cnki.net)是中国知识基础设施工程,由清华大学发起,由清华同方知网技术产业集团承担建设,始建于1999年,被国家科技部等五部委确定为"国家重点新产品重中之重"项目。中国知网不仅在国内拥有广泛的用户,而且在欧洲、大洋洲、东南亚,以及美国等国家或地区也都是权威的信息资源平台,真正实现了国内数据整合、国际信息传播。中国知网的学科和信息收录范围包括学位论文、学术期刊、报纸、专利、会议、年鉴、图书、法律法规、政府文件、企业标准、科技报告、政府采购等。网站首页如图7-1所示。

图7-1　中国知网网站首页

2.万方数据知识服务平台

万方数据知识服务平台(网址:www.wanfangdata.com.cn)始建于1997年,前身是万方数据资源系统。近年来,万方数据知识服务平台取得飞速发展,形成了具有自己特色的信息资源平台。通过万方数据知识服务平台进行高效率的信息搜索,有很多增值产品纷纷呈现在用户面前。万方数据知识服务平台的设计理

笔记

念也日趋人性化和贴近人们的使用习惯，如图7-2所示。

图7-2　万方数据知识服务平台首页

3.超星集团

超星集团旗下产品丰富，众多产品中的超星期刊（网址：www.chaoxing.com）的出版模式是一种新型的出版模式——域出版，从传统的出版模式演变成智能手机和移动网络出版的新型模式。针对当前焦点问题，通过文章、视频进行深入的解析和阐述，这样的新模式在期刊业开辟了一片新天地，如图7-3所示。

图7-3　超星网站首页

 任务实施

一、中国知网数据库数据汇总

中国知网的数据库主要包含源数据库、行业知识库、特色资源数据库，同时还有作品欣赏、指标索引以及国外资源等扩展数据库，如图7-4所示。

图7-4　CNKI总库主要文献类型及特点

（一）源数据库

源数据库主要包含期刊、学位论文、会议论文以及报纸等。

（1）期刊：包括中国学术期刊、国外期刊等。

（2）学位论文：包括中国博士学位论文全文数据库、中国优秀硕士学位论文全文数据库。

（3）会议论文：包括中国重要会议论文全文数据库、国际会议论文全文数据库。

（4）报纸：包括中国重要报纸全文数据库。

（二）行业知识库

行业知识库主要包含医药、农业、教育、城建、法律以及党和国家大事等知识数据库。

（1）医药：包括人民军医知识库、人民军医出版社图书数据库等。

（2）农业：包括"三新农"图书库、"三新农"视频库、"三新农"期刊库、现代农业产业技术一万个为什么、科普挂图资源库等。

（3）教育：包括中国高等教育期刊文献总库、中国基础教育文献资源总库等。

（4）城建：包括中国城市规划知识仓库、中国建筑知识仓库等。

（5）法律：包括中国法律知识资源总库、中国政报公报期刊文献总库等。

（6）党和国家大事：包括中国党建期刊文献总库、党政领导决策参考信息库等。

（三）特色资源数据库

特色资源数据库主要包含工具书、专利、标准、职业教育特色资源总库等。

（1）工具书：包括中国工具书网络出版总库、汉语大词典、中国规范术语等。

（2）专利：包括中国专利全文数据库（知网版）、海外专利摘要数据库（知网版）等。

（3）标准：包括国家标准全文数据库、国内外标准题录数据库、中国行业标准全文数据库等。

（4）职业教育特色资源总库：包括国家职业标准、职业技能视频、职业技能图书、多媒体课件、多媒体素材等。

二、万方数据知识服务平台数据汇总

万方数据知识服务平台主要有创研平台、数字图书馆、科研诚信和应用市场

笔记

四个板块。

（一）创研平台
创研平台主要包括科惠、万方选题、万方分析、学科评估、知识脉络、标准管理。

（二）数字图书馆
数字图书馆主要包括学术期刊、学位论文、会议论文、科技报告、专利、标准、科技成果、法律法规。

（三）科研诚信
科研诚信主要包括科研诚信学习系统、个人用户文献检测、学术预审检测、硕博论文检测、大学生论文检测、职称论文检测。

（四）应用市场
应用市场主要是一些合作平台。

三、超星数据库数据汇总

超星，又名超星发现系统，比较偏重课程学习，主要包含超星期刊、超星读书、学习通、超星慕课、超星尔雅等板块。

（一）超星期刊
超星期刊涉及理学、工学、农学、社科、文化、教育、哲学、医学、经管等学科领域。

（二）超星读书
超星读书又分成超星书世界和汇雅电子图书两个库。超星书世界为文本格式，汇雅电子图书为图像格式。

（三）学习通
学习通是超星微服务平台，与很多大学合作完成网络授课平台。

（四）超星慕课
该平台提供各式课堂供选择，课程生动有趣，适合各种学习需求。

（五）超星尔雅
超星尔雅有综合素养、通用能力、成长基础、公共必修、创新创业、考研辅导等六大类课程。

知识拓展

维普期刊数据库数据汇总

维普中文期刊服务平台主要提供期刊服务，如中文科技期刊数据库、中文科技期刊评价报告等。

中文科技期刊数据库诞生于1989年，累计收录期刊15 000余种，现刊9 000余种，文献总量7 000余万篇。中文科技期刊数据库是我国数字图书馆建设的核心资源之一，是高校图书馆文献保障系统的重要组成部分，也是科研工作者进行科技查证和科技查新的必备数据库。维普网站和维普中文期刊服务平台分别如图7-5、图7-6所示。

图7-5
维普网站首页

图7-6
维普中文期刊服务平台首页

 任务评价

任务编号：WPS-7-1	实训任务：三大知识服务平台数据比较		日期：
姓名：	班级：		学号：

一、任务描述

通过信息检索知识的学习，上网进行信息搜索，将中国知网、万方数据知识服务平台、超星集团平台收录数据比较结果填写在表格中。

二、任务实施

1.利用浏览器查询中国知网、万方数据知识服务平台、超星集团服务平台数据。

2.将查询数据填写到下表中。

平台收录数据比较样例

收录平台	超星集团	中国知网	万方数据知识服务平台
创建时间	_____年	_____年	_____年
收录国内学术期刊数量以及核心期刊数量	学术期刊：___余种 核心期刊：___余种	学术期刊：___余种 核心期刊：___余种	学术期刊：___余种 核心期刊：___余种
特色资源			

三大知识服务平台数据比较

笔记

三、任务执行评价

序号	考核指标	所占分值	备注	得分
1	任务完成情况	30	是否在规定时间内完成并按时上交任务单	
2	成果质量	70	按标准完成，或富有创意、合理性评价	
	总分			

指导教师：

日期： 年 月 日

了解计算机网络

 任务导航

知识目标	1.了解计算机网络的定义、功能 2.熟悉计算机网络基本组成和结构
能力目标	1.理解计算机网络通信的协议 2.掌握计算机网络的应用技术
素养目标	1.增强网络安全意识 2.认识信息技术发展对日常工作的重要影响，提升网络安全防范能力 3.激发爱国之情，增强"网络强国"意识
任务重点	1.计算机网络的技术特点 2.计算机网络组网技术
任务难点	计算机网络组网技术

 任务描述

随着信息技术的飞速发展，计算机网络尤其是Internet的迅猛发展直接改变了人们的工作、学习和生活方式。特别是在党的二十大报告中，我国提出建设数字中国、发展数字经济、实施网络强国战略，互联网开始融入国民生产和社会生活的方方面面。小陈是刚毕业的大学生，到公司上班一周时间后，领导要求他负责公司的办公自动化网络维护工作。于是他想了解公司传送文件、出差报销、日常办公等自动化办公网络是如何构建的，只有熟悉了网络组成结构，掌握了网络相关技术，才能更好地服务公司，做好自己的网络维护工作。

笔记

▶ 任务实施

一、计算机网络的定义

目前，一些较为权威的观点认为，所谓计算机网络，就是指独立自治、相互连接的计算机集合。自治是指每台计算机的功能是完整的，可以独立工作，其中任何一台计算机都不能干预其他计算机的工作，任何两台计算机之间没有主从关系。相互连接是指计算机之间在物理上是互联的，在逻辑上能够彼此交换信息（这涉及通信协议）。

确切地讲，计算机网络就是用通信线路将分布在不同地理位置的具有独立工作能力的计算机连接起来，并配置相应的网络软件，以实现计算机之间的数据通信和资源共享。

二、计算机网络的主要功能

(一)资源共享

计算机联网可以实现共享网络资源。通过通信线路将分散、功能单一的计算机连接在一起，可以共享使用网络中任意一台计算机的硬件、软件资源，以提高资源的利用率。

(二)数据通信

计算机网络实现了让处于不同地理位置的计算机用户相互通信，进行信息交换，传送收发电子邮件、发布新闻消息及进行电子商务活动、视频点播、联机会议和远程教育等。

(三)分布式处理

分布式处理是指当网络中需要完成一项复杂的任务时，计算机网络可将其分解成多个子任务，由网络软件系统分配给多台计算机来协同完成任务，从而大大提高工作效率。

(四)提高系统的可靠性和可用性

当计算机网络中一台计算机出现故障时，可以使用另一台计算机；当网络中一条通信线路出现故障时，可以走另一条线路，从而提升网络的可靠性。

笔记

三、计算机网络的组成

（一）逻辑组成

从逻辑上看，计算机网络是由通信子网和资源子网组成的，如图7-7所示。

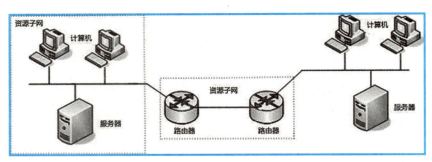

图7-7　计算机网络组成示意图

（二）系统结构组成

从系统结构组成看，计算机网络主要由网络硬件系统和网络软件系统组成。其中，网络硬件系统主要包括网络服务器、网络工作站、网络适配器、传输介质等，网络软件系统主要包括网络操作系统软件、网络通信协议、网络通信软件、网络应用软件等。

1.网络硬件系统及其连接设备类型

（1）服务器（server）：是运行操作系统的计算机，通过计算机网络共享可以为用户提供共享资源，通常分为文件服务器、数据库服务器和应用程序服务器。

（2）客户端（client）：是指与服务器相对应，可以访问服务器或其他计算机的共享资源的计算机，其可以接收其他计算机发送的数据。

（3）网卡（network interface card）：是一块被设计用来允许计算机在计算机网络上通信的计算机硬件。计算机网络中的每个系统或计算机都必须有一个网卡，主要作用是格式化数据、发送数据、在接收节点处接收数据。

（4）集线器（hub）：集线器作为一个设备，将网络中的所有计算机连接到彼此。来自客户端计算机的任何请求首先由集线器接收，然后集线器通过网络传输此请求，以便正确的服务器接收并响应它。客户端计算机共享网络带宽。

（5）交换机（switch）：交换机类似于集线器，可连接一个局域网或一台计算机。但它不是广播传入的数据请求，而是使用传入请求中的物理设备地址将请求传输到正确的服务器计算机。采用分组交换技术，客户端计算机可以独占网络带宽。

（6）路由器（router）：路由器连接多个计算机网络。用于连接局域网和广域网的，有判断网络地址和选择路径的功能。其主要工作是为经过路由器的报文寻找一条最佳路径，并将数据传输到目的站点。

（7）传输介质（transmission media）：是指将数据从一个设备传输到另一个设

备所需要的传输媒体,如双绞线、电缆、无线电波等。

2.网络软件系统

(1)网络操作系统:是指向网络中计算机提供服务的特殊操作系统,它增加了高效、可靠的网络通信能力,并提供多种网络服务功能。目前主流的网络操作系统有Windows、UNIX、LINUX等。

(2)网络通信协议:规定了网络中计算机和通信设备之间数据传输的格式和方式,使它们能够进行正确、可靠的数据传输。

(3)网络通信软件:可以使用户在不了解通信控制规程的情况下,控制应用程序与多个站点进行通信,并且能对大量的通信数据进行加工处理。

(4)网络应用软件:是指能够为网络用户提供各种服务的软件,以满足用户的应用需求。用户使用计算机网络进行聊天、发邮件,浏览网络中文字、图片、视频等相关信息,都必须使用相应的应用软件。

四、计算机网络分类

(一)按覆盖的地理范围分类

按网络覆盖的地理范围,计算机网络可分为局域网(LAN)、城域网(MAN)和广域网(WAN)三种类型。

(二)按网络的拓扑结构分类

网络拓扑结构是指计算机网络中各个计算机或设备形成的物理连接的方式。按网络的拓扑结构,计算机网络可分为总线型、星型、环型、树型和网状五种。

(三)按传输介质分类

网络传输介质是指在网络中信息传输的媒体,是网络通信的物质基础。按照传输介质,计算机网络可分为有线网、光纤网、无线网。

五、计算机网络体系结构

为了更好地使网络应用更为普及,实现资源共享,ISO组织(国际标准化组织)在1985年公布了开放式系统互联模型(open system interconnect,OSI),其目的就是规范所有公司使用这个模型组建网络。有了相同的规范,各公司网络就能实现互联互通。而所谓计算机网络体系结构是指计算机网络层次结构模型和各层协议的集合。

(一)OSI 参考模型

ISO组织提出的OSI参考模型分为7层,如图7-8所示,由高层至低层依次是应用层、表示层、会话层、传输层、网络层、数据链路层、物理层(硬件接口)。

网络体系结构的最底层是物理层和数据链路层,如通信线路及网卡就是承担直接相连的两台计算机之间无结构的比特流传输。物理层以上各层所交换的

笔记

笔记

信息有了一定的逻辑结构，越往上逻辑结构越复杂，越接近用户真正需要的形式。信息交换在底层由硬件完成，到了高层就由软件实现。

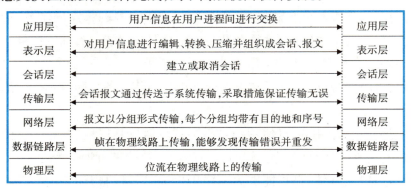

应用层	用户信息在用户进程间进行交换	应用层
表示层	对用户信息进行编辑、转换、压缩并组织成会话、报文	表示层
会话层	建立或取消会话	会话层
传输层	会话报文通过传送子系统传输，采取措施保证传输无误	传输层
网络层	报文以分组形式传输，每个分组均带有目的地和序号	网络层
数据链路层	帧在物理线路上传输，能够发现传输错误并重发	数据链路层
物理层	位流在物理线路上的传输	物理层

图7-8　OSI参考模型

（二）TCP/IP 参考模型

传输控制协议/网际协议（TCP/IP）参考模型是计算机网络始祖阿帕网（Arpanet）和其后继的因特网（Internet）使用的参考模型，如图7-9所示。TCP/IP 是一组用于实现网络互连的通信协议，Internet 网络体系结构以 TCP/IP 为核心。基于 TCP/IP 的参考模型，将协议分成四个层次，分别是网络访问层、网际互联层、传输层（主机到主机）和应用层。

图7-9
TCP/IP 参考模型

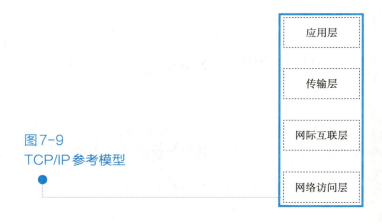

应用层
传输层
网际互联层
网络访问层

六、IP 地址及域名系统

（一）IP 地址

Internet 上的每台主机（host）都有一个唯一的 IP 地址。IP 协议就是使用这个地址在主机之间传递信息。当一台主机与另一台主机进行通信或访问对方的资源时，都必须先获得对方的 IP 地址。常见的 IP 地址分为 IPv4 与 IPv6 两大类。以 IPv4 为例，IP 地址的长度为 32 位（共有 2^{32} 个 IP 地址），分为 4 段，每段 8 位，用十进制数字表示，每段数字范围为 0～255，段与段之间用句点隔开，如：198.168.11.254。

(二)IP 地址的分配

TCP/IP 协议需要针对不同的网络进行不同的设置,且每个节点一般需要一个"IP 地址"、一个"子网掩码"、一个"默认网关"。可以通过动态主机配置协议(DHCP),给客户端自动分配一个 IP 地址。

互联网上的 IP 地址由国际组织 NIC 统一分配。Inter NIC 负责美国及其他地区,ENIC 负责欧洲地区,APNIC 负责亚太地区。

(三)IP 地址的类型

公有地址由 Inter NIC 负责,这些 IP 地址被分配给注册并向 Inter NIC 提出申请的组织机构,通过它可以直接访问因特网。

私有地址属于非注册地址,专门为组织机构内部所使用。内部私有地址共有 3 段,A 类 10.0.0.0 ~ 10.255.255.255,B 类 172.16.0.0 ~ 172.31.255.255,C 类 192.168.0.0 ~ 192.168.255.255。私有地址通常用于局域网。

(四)IP 地址的分类

IP 地址包括两个标识码(ID),即网络 ID 和主机 ID。同一个物理网络上的所有主机都使用同一个网络 ID,网络上的每一个主机都对应一个主机 ID。Internet 委员会定义了 5 种 IP 地址类型以适合不同容量的网络,即 A、B、C、D 和 E 类。

其中 A、B、C 三类,如表 7-1 所示,由 Inter NIC 在全球范围内统一分配。D、E 类为特殊地址。

表 7-1 IP 地址分类

类别	最大网络数	IP 地址范围	最大主机数	私有 IP 地址范围
A	126(2⁷-2)	0.0.0.0~127.255.255.255	16777214	10.0.0.0~10.255.255.255
B	16384(214)	128.0.0.0~191.255.255.255	65534	172.16.0.0~172.31.255.255
C	2097152(221)	192.0.0.0~223.255.255.255	254	192.168.0.0~192.168.255.255

D 类 IP 地址:在历史上被叫作多播地址(multicast address),即组播地址。在以太网中,多播地址命名了一组应该在这个网络中应用接收到一个分组的站点。多播地址的最高位必须是"1110",范围为 224.0.0.0 ~ 239.255.255.255。

特殊的网址:每一个字节都为 0 的地址("0.0.0.0")对应于当前主机。IP 地址中的每一个字节都为 1 的 IP 地址("255.255.255.255")是当前子网的广播地址;IP 地址中凡是以"11110"开头的 E 类 IP 地址都被保留下来用于将来和实验使用。IP 地址中不能以十进制"127"作为开头,该类地址中 127.0.0.1 ~ 127.255.255.255 用于回路测试,如 127.0.0.1 可以代表本机 IP 地址,用"http://127.0.0.1"就可以测试本机中配置的 Web 服务器;网络 ID 的第一个 8 位组也不能全设置为"0",全"0"表示本地网络。

笔记

笔记

（五）子网掩码

子网掩码是用来区分IP地址中的网络地址与主机地址的。子网掩码是一个32位地址,是与IP地址结合使用的一种技术。它的主要作用有两个,一是用于屏蔽IP地址的一部分以区别网络标识和主机标识,并说明该IP地址是在局域网上,还是在远程网上;二是用于将一个大的IP网络划分为若干小的子网络。使用子网络是为了减少IP的浪费,提高网络应用的效率。

默认情况下,A、B、C三类网络的子网掩码分别是255.0.0.0、255.255.0.0、255.255.255.0。

（六）域名系统

由于IP地址在使用过程中不方便记忆,人们又发明了一种与IP地址对应的字符来表示计算机在网络上的地址,这就是域名。Internet上每一个网站都有自己的域名,并且域名是独一无二的。例如,百度搜索引擎的域名为"www.baidu.com"。

域名信息存放于域名服务器中,由域名服务器提供IP地址与域名的转换,这个转换过程称为域名解析。当用户在浏览器中输入域名后,该域名被传送给域名服务器,由域名服务器进行域名解析,即将域名转换为对应的IP地址,然后找到相应的服务器,打开相应的网页。

域名系统(domain name system,DNS)是分层次的,一般由主机名、机构名、机构类别与高层域名组成。域名从左到右构造,表示的区域范围从小到大,也就是说,后面的名字所表示的区域包含前面的名字所表示的区域。

互联网上的顶级域名分为两大类:一类是国家和特殊地区类,另一类是基本类。常见的互联网顶级域名如表7-2所示。

表7-2 域名分类

国家和特殊地区类		基本类	
域类	顶级域名	域类	顶级域名
中国	.cn	商业机构	.com
俄罗斯	.ru	政府部门	.gov
澳大利亚	.au	美国军事组织	.mil
韩国	.kr	非营利组织	.org
英国	.uk	网络信息服务组织	.info
法国	.fr	教育机构	.edu
日本	.jp	国际组织	.int
中国香港地区	.hk	网络组织	.net
中国台湾地区	.tw	商业	.biz
中国澳门地区	.mo	会计、律师和医生	.pro

 知识拓展

笔记

IPv4和IPv6

现有的互联网是在IPv4协议的基础上运行的。随着互联网的快速发展，IPv4定义的有限地址空间将被耗尽，而地址空间的不足必将妨碍互联网的进一步发展。为了扩大地址空间，拟通过IPv6以重新定义地址空间。IPv4采用32位地址长度，只有大约43亿个地址，而IPv6采用128位地址长度，几乎可以不受限制地提供地址。在IPv6的设计过程中，除解决了地址短缺问题外，还考虑了在IPv4中解决不好的其他一些问题，主要有端到端IP连接、服务质量、安全性、多播、移动性、即插即用等。

 任务评价

任务编号：WPS-7-2	实训任务：通过互联网收发电子邮件		日期：	
姓名：	班级：		学号：	

一、任务描述

企业计算机网络建设好后，企业员工可以通过网络进行在线办公，实现文件传输、远程通信、收发电子邮件、上网搜索信息、查阅文献等。希望同学们使用网易邮箱或者QQ邮箱给老师发送一封电子邮件，咨询下学期开设的专业课程情况。

二、任务实施

1. 通过浏览器搜索网易邮箱地址，注册邮箱，索要老师的邮件地址，接着撰写邮件发送给老师。
2. 下载QQ并安装好，申请账号后，根据老师的QQ邮箱地址，发送一封邮件给老师。

三、任务执行评价

序号	考核指标	所占分值	备注	得分
1	任务完成情况	30	是否在规定时间内完成并按时上交任务单	
2	成果质量	70	按标准完成，或富有创意、合理性评价	
	总分			

指导教师：

日期：　　年　　月　　日

通过互联网收发
电子邮件

笔记

任务③

信息安全知识及应用

 任务导航

知识目标	1.了解信息安全的定义、属性 2.熟悉信息安全的基本应用
能力目标	1.理解信息安全的重要性 2.掌握信息安全技术应用
素养目标	1.增强信息安全意识 2.认识信息技术发展对日常工作的重要影响，提升信息安全防范能力 3.激发爱国之情，增强"网络强国"意识
任务重点	1.信息安全的技术特点 2.信息安全的防范措施及应用
任务难点	信息安全技术及防范

 任务描述

信息时代使人们在享受信息化带来便利的同时，也面临信息安全的诸多问题。没有网络信息安全就没有国家安全，网络信息安全已经成为全世界重点关注的问题。

小陈刚刚走上工作岗位不久，对个人信息泄露与被盗、网络被攻击、网站被黑客破坏以及出现电信诈骗、网络诈骗类案件的严重危害有所了解，认为有必要掌握信息安全知识，希望有能力保护人民群众的财产安全和合法权益，增强社会诚信与社会和谐稳定。

 任务实施

一、信息安全的定义

20世纪70年代以前，信息安全的主要研究内容是计算机系统中的数据泄露控制和通信系统中的数据保密问题。然而,今天计算机网络的发展使得这个当时非常自然的定义显得并不恰当。

首先,随着黑客、特洛伊木马及病毒的攻击不断升温,人们发现除了数据的机密性保护,数据的完整性保护以及信息系统对数据的可用性支持也非常重要。这种学术观点是从保密性、完整性和可用性的角度来衡量信息安全的。它不仅要求对数据的机密性和完整性的保护,而且要求计算机系统在保证数据不被破坏的条件下,在给定的时间和资源内提供数据的可用性服务。安全问题涉及更多的方面,也更为复杂。但这种安全概念仍然局限在"数据"的层面上。

其次,不断增长的网络应用中所包含的内容远远不能用"数据"一词来概括。例如,在用户之间进行身份识别的过程中,虽然形式上是通过数据的交换实现的,但是身份识别的目的是使得验证方"确信"其正在与声称的证明者在通信。识别目的达到后,交换过程中的数据就变得不再重要了。仅仅保护这些交换数据的安全是不充分的,原因是这里传递的是身份"信息"而不是身份"数据"。信息安全与数据安全相比有了更为广泛的含义。

理想的信息安全是要保护信息及承载信息的系统免受网络攻击的伤害。这种类型的保护经常是无法实现的或者是实现的代价太大。进一步的研究表明,信息或信息系统在受到攻击的情况下,只要有合适的检测方法能发现攻击,并做出恰当的响应(如发现网络攻击行为后,切断网络连接),或对攻击造成的灾难进行恢复(如对数据进行备份恢复)就足够了。检测、恢复是重要的补救措施。检测可以看作一种应急恢复的先行步骤,其后才进行数据和信息恢复。因此,信息安全的保护技术可分为保护、检测和恢复三类。

综上分析,可以认为信息安全是研究在特定的应用环境下,依据特定的安全策略,对信息及其系统实施保护、检测和恢复的科学。该定义明确了信息安全的保护对象、保护目标和方法。

二、信息安全的基本属性

常见的信息安全基本属性主要有机密性、完整性、可用性、抗抵赖性和可控性等,此外还有真实性、时效性、合规性、隐私性等。其中,网络信息系统 CIA 三性指机密性、完整性和可用性。

(一)机密性(confidentiality)

机密性是指网络信息不泄露给非授权的用户、实体或程序,能够防止非授权者获取信息。例如,网络信息系统上传递口令敏感信息,若一旦攻击者通过监听手段获取,就有可能导致网络设备失控,危及网络系统的整体安全。机密性是军事信息系统、电子政务信息系统、商业信息系统等的重点要求,一旦信息泄密,所造成的损失难以计算。

笔记

笔记

（二）完整性（integrity）

完整性是指网络信息或系统未经授权不能进行更改的特性。例如，电子邮件在存储或传输过程中保持不被删除、修改、伪造、插入等。完整性对于金融信息系统、工业控制系统非常重要，可谓"失之毫厘，差之千里"。

（三）可用性（availability）

可用性是指合法许可的用户能够及时获取网络信息或服务的特性。例如，网站能够给用户提供正常的网页访问服务，防止服务拒绝。对于国家关键信息基础设施而言，可用性至关重要，如电力信息系统、电信信息系统等要求保持业务连续性运行，尽可能避免中断服务。

（四）抗抵赖性

抗抵赖性是指防止网络信息系统相关用户否认其活动行为的特性。例如，通过网络审计和数字签名，可以记录和追溯访问者在网络系统中的活动。抗抵赖性也称非否认性（non-repudiation），不可否认的目的是防止参与方对其行为的否认。该安全特性常用于电子合同、数字签名、电子取证等应用中。

（五）可控性

可控性是指网络信息系统责任主体对其具有管理、支配能力的属性，能够根据授权规则对系统进行有效掌握和控制，使得管理者有效地控制系统的行为和信息的使用，符合系统运行目标。

（六）其他

网络信息系统除上述常见的几种安全特性外，还有真实性、时效性、合规性、公平性、可靠性、可生存性和隐私性等，这些安全特性适用于不同类型的网络信息系统，其要求程度也有所差异。

1.真实性

真实性是指网络空间信息与实际物理空间、社会空间的客观事实保持一致。例如，网络谣言信息不符合真实情况，违背了客观事实。

2.时效性

时效性是指网络空间信息、服务及系统能够满足时间约束要求。例如，汽车安全驾驶的智能控制系统要求信息具有实时性，信息在规定时间范围内才有效。

3.合规性

合规性是指网络信息、服务及系统符合法律法规政策、标准规范等要求。例如，网络内容须符合法律法规政策要求。

4.公平性

公平性是指网络信息系统相关主体处于同等地位处理相关任务，任何一方不占据优势的特性要求。例如，电子合同签订双方符合公平性要求，在同一时间签订合同。

5.可靠性

可靠性是指网络信息系统在规定条件及时间下,能够有效完成预定系统功能的特性。

6.可生存性

可生存性是指网络信息系统在安全受损的情形下,提供最小化、必要的服务功能,能够支撑业务继续运行的安全特性。

7.隐私性

隐私性是指有关个人的敏感信息不对外公开的安全属性,如个人的身份证号、住址、电话号码、工资收入、疾病状况、社交关系等。

三、信息安全等级保护

信息安全等级保护是指对国家秘密信息、法人和其他组织及公民的专有信息以及公开信息,包括存储、传输、处理这些信息的信息系统分等级实行安全保护,对信息系统中使用的信息安全产品实行等级管理,对信息系统中发生的信息安全事件分等级响应、处置。

(一)安全等级的划分

等级保护中的安全等级,主要是根据受侵害的客体和对客体的侵害程度来划分的。

等级保护工作可以分为五个阶段,分别是定级、备案、等级测评、安全整改、监督检查。其中,定级的流程可以分为五步,分别是确定定级对象、用户初步定级、组织专家评审、行业主管部门审核、公安机关备案审核。

(二)等级保护2.0

网络安全等级保护2.0的新特点如下:

(1)新增了针对云计算、移动互联网、物联网、工业控制系统及大数据等新技术和新应用领域的要求。

(2)采用"一个中心,三重防护"的总体技术设计思路。一个中心即安全管理中心,三重防护即安全计算环境、安全区域边界、安全通信网络。

(3)强化了密码技术和可信计算技术的使用,并且从第一级到第四级均在"安全通信网络""安全区域边界"和"安全计算环境"中增加了"可信验证"控制点。其中,第一级增加了通信设备、边界设备、计算可信设备的系统引导程序、系统程序的可信验证;第二级在第一级的基础上增加了通信设备、边界设备、计算可信设备的重要配置参数和通信引导程序的可信验证,并增加了将验证结果形成审计记录;第三级在第二级的基础上增加了关键执行环节进行动态可信验证,在检测到其可信性受到破坏后进行报警,并将验证结果形成审计记录送至安全管理中心;第四级增加了应用程序的所有执行环节对其执行环境进行可信验证。

(4)各级技术要求修订为"安全物理环境、安全通信网络、安全区域边界、安

笔记

全计算环境、安全管理中心"五个部分。各级管理要求修订为"安全管理制度、安全管理机构、安全管理人员、安全建设管理、安全运维管理"五个部分。

四、信息安全防范策略

（一）数据库管理安全防范

计算机网络数据库安全隐患经常是由人为因素造成的，对数据库安全造成了较大的不利影响。例如，由于人为操作不当，可能会使计算机网络数据库中遗留有害程序，这些程序影响着计算机系统的安全运行，甚至会给用户带来巨大的损失。现代计算机用户和管理者应能够依据不同风险因素采取有效防范控制措施，从意识上真正重视计算机网络数据库安全管理保护，加强计算机网络数据库的安全管理工作。

（二）增强安全防护意识

每个人在日常生活学习工作中都会经常用到各种用户登录信息情况，比如网银、QQ、微信、支付账号等，这些信息往往会成为不法分子的窃取目标，不法分子窃取用户的信息，盗取用户账号内的数据信息或者资金。因此，必须增强自身安全意识，拒绝下载不明软件，不点击不明网址，提高账号密码安全等级，杜绝多个账号使用同一密码等，提高自身安全防护能力。

（三）科学采用数据加密技术

对于计算机网络数据库安全管理而言，数据加密技术是一种有效的手段，能够最大限度地避免计算机系统遭到病毒侵害，从而保护计算机网络数据库信息安全，进而保障切身利益。当前，市场上应用最广的计算机数据加密技术主要有保密通信、防复制技术及计算机密钥等，这些加密技术各有利弊，对于保护信息数据具有重要的现实意义。

（四）提高硬件质量

影响计算机网络信息安全的因素不仅有软件质量，还有硬件质量。在考虑硬件系统安全性的基础上，还必须重视硬件的使用年限。硬件作为计算机的重要构成要件，随着使用时间的增加，其性能会逐渐降低，因此在日常使用中应加强维护与修理。

（五）改善自然环境

改善自然环境是指改善计算机的灰尘、湿度及温度等使用环境，保证计算机在干净的环境下工作，可有效避免计算机硬件老化。最好不要在温度过高和潮湿的环境中使用计算机，注意计算机的外部维护。

（六）安装防火墙和杀毒软件

防火墙能够有效控制计算机网络的访问权限，通过安装防火墙，可自动分析网络安全性，拦截非法网站的访问，过滤可能存在问题的消息，这可在一定程度上增强系统的抵御能力，提高网络系统的安全指数。同时，还需要安装杀毒软件,这类软件可以拦截和中断系统中存在的病毒,对于提高计算机网络安全大有益处。

笔记

五、计算机病毒与防护

(一)病毒的概念与特性

计算机病毒是一组具有自我复制、传播能力的程序代码。它常依附在计算机的文件中,如可执行文件或 Word 文档等。高级计算机病毒具有变种和进化能力。计算机病毒编制者将病毒插入正常程序或文档中,以达到破坏计算机功能、毁坏数据,从而影响计算机使用的目的。计算机病毒传染和发作表现的症状各不相同,取决于计算机病毒程序设计人员和感染的对象,其表现的主要症状如下:计算机屏幕显示异常、机器不能引导启动、磁盘存储容量异常减少、磁盘操作异常的读写、出现异常的声音、程序文件无法执行、文件长度和日期发生变化、系统死机频繁、系统不承认硬盘、中断向量表发生异常变化、内存可用空间异常变化或减少、系统运行速度性能下降、系统配置文件改变、系统参数改变。

计算机病毒具有以下四个基本特点:

(1)隐蔽性。计算机病毒附加在正常软件或文档中,如可执行程序、电子邮件、Word 文档等,一旦用户未察觉,病毒就触发执行,潜入到受害用户的计算机中。

(2)传染性。计算机病毒的传染性是指计算机病毒可以进行自我复制,并把复制的病毒附加到无病毒的程序中,或者替换磁盘引导区的记录,使得附加了病毒的程序或者磁盘变成新的病毒源,又能进行病毒复制,重复原先的传染过程。计算机病毒与其他程序最本质的区别在于计算机病毒能传染,而其他程序则不能。

(3)潜伏性。计算机病毒感染正常的计算机之后,一般不会立即发作,而是等到触发条件满足时,才执行病毒的恶意功能,从而产生破坏作用。

(4)破坏性。计算机病毒对系统的危害程度,取决于病毒设计者的设计意图。有的仅仅是恶作剧,有的是为了破坏系统数据。简而言之,病毒的破坏后果是不可知的。由于计算机病毒是恶意的一段程序,故凡是由常规程序操作使用的计算机资源,计算机病毒均有可能对其进行破坏。据统计,病毒发作后,造成的破坏主要有数据丢失、系统无法使用、浏览器配置被修改及网络无法使用、使用受限、受到远程控制等。据统计分析,浏览器配置被修改、数据丢失和网络无法使用最为常见。

(二)计算机病毒常见类型

1.引导型病毒

引导型病毒通过感染计算机系统的引导区从而控制系统,病毒将真实的引导区内容修改或替换,当病毒程序执行后,才启动操作系统。因此,感染引导型病毒的计算机系统看似正常运转,而实际上病毒已在系统中隐藏,等待时机传染和发作。

2.宏病毒

所谓宏病毒就是指利用宏语言来实现的计算机病毒。宏病毒的出现改变了病毒的载体模式,以前病毒的载体主要是可执行文件,而现在文档或数据也可作为宏病毒的载体。微软规定宏代码保存在文档或数据文件的内部,这样一来就给宏病毒传播提供了方便。用户打开一个被感染的文件并让宏程序执行,宏病毒将自身复制到全局模板,然后通过全局模板把宏病毒再传染给新打开的文件。

3.多态病毒

多态病毒每次感染新的对象后,通过更换加密算法,改变其存在形式。一些多态病毒具有超过二十亿种呈现形式,这就意味着反病毒软件常常难以检测到它,一般需要采用启发式分析方法来发现。多态病毒有三个主要组成部分:杂乱的病毒体、解密例程和变化引擎。在一个多态病毒中,变化引擎和病毒体都被加密。一旦用户执行被多态病毒感染过的程序,则解密例程首先获取计算机的控制权,然后将病毒体和变化引擎进行解密。接下来,解密例程把控制权转让给病毒,重新开始感染新的程序。此时,病毒进行自我复制以及变化引擎随机访问内存,病毒调用变化引擎,随机产生能够解开新病毒的解密例程。病毒加密产生新的病毒体和变化引擎,病毒将解密例程连同新加密的病毒和变化引擎一起放到程序中。这样一来,不仅病毒体被加密过,而且病毒的解密例程也随着感染不同而变化。因此,多态病毒没有固定的特征、没有固定的加密例程,从而能逃避基于静态特征的病毒扫描器的检测。

4.隐蔽病毒

隐蔽病毒试图将自身的存在形式进行隐藏,使得操作系统和反病毒软件不能发现。隐蔽病毒使用的技术有许多,主要包括隐藏文件的日期、时间的变化,隐藏文件大小的变化和病毒加密等。

（三）计算机病毒防范策略与技术

计算机病毒种类繁多,新的病毒还在不断产生,因此计算机病毒防范是一个动态的过程,应通过多种安全防护策略及技术才能有效地控制计算机病毒的破坏和传播。

目前,计算机病毒防范策略和技术主要包括四方面,一是查找计算机病毒源,二是阻断计算机病毒传播途径,三是主动查杀计算机病毒,四是做好计算机病毒应急响应和灾备。

1.查找计算机病毒源

对计算机文件及磁盘引导区进行计算机病毒检测,以发现异常情况,确证计算机病毒的存在,主要方法有比较法、搜索法、特征字识别法和分析法等。

2.阻断计算机病毒传播途径

由于计算机病毒的危害性是不可预见的,因此切断计算机病毒的传播途径是关键防护措施。具体方法有:

(1)用户具有计算机病毒防范安全意识和安全操作习惯。用户不要轻易运行未知可执行软件,特别是不要轻易打开电子邮件的附件。

(2)消除计算机病毒载体。关键的计算机,做到尽量专机专用;不要随便使用来历不明的存储介质,禁用不需要的计算机服务和功能,如脚本语言、光盘自启动等。

(3)安全区域隔离。重要生产区域网络系统与办公网络进行安全分区,防止计算机病毒扩散传播。

3.主动查杀计算机病毒

主要方法有:

(1)定期对计算机系统进行病毒检测。定期检查主引导区、引导扇区、中断向量表、文件属性(字节长度、文件生成时间等)、模板文件和注册表等。

(2)安装防计算机病毒软件,建立多级病毒防护体系。在网关、服务器和客户机器端都要安装合适的防计算机病毒软件,同时,做到及时更新病毒库。

4.做好计算机病毒应急响应和灾备

由于计算机病毒的技术不断变化以及人为因素,目前计算机病毒还是难以根治,因此,计算机病毒防护措施应做到即使计算机系统遭到病毒破坏后,也能有相应的安全措施来应对,尽可能避免计算机病毒造成的损害。这些应急响应技术和措施主要有以下几个方面:

(1)备份。定期备份是应对计算机病毒最有效的方法。对计算机病毒容易侵害的文件、数据和系统进行备份,如对主引导区、引导扇区、FAT表、根目录等重要数据做备份。特别是核心关键计算机系统,还应做到系统级备份。

(2)数据修复技术。对遭受计算机病毒破坏的磁盘、文件等进行修复。

(3)网络过滤技术。通过网络的安全配置,将遭受计算机病毒攻击的计算机或网段进行安全隔离。

(4)计算机病毒应急响应预案。制定遭受病毒攻击的计算机及网络方面的操作规程和应急处置方案。

(四)第三方安全工具——360安全卫士

下面以360安全卫士为例,介绍第三方安全工具的功能(可以上网免费下载安装)。360安全卫士页面如图7-10所示。

笔记

笔记

图7-10　360安全卫士页面

360安全卫士作为业界领先的安全杀毒产品,可精准查杀各类木马病毒,始终致力于守护用户的电脑安全。其具有以下几个主要功能模块。

1.全面检查电脑状况

从垃圾清理、电脑运行速度、系统异常、电脑安全风险多维度扫描电脑,快速评定电脑系统状况。一键修复电脑安全风险,定期体检可以有效保持电脑良好运行状态。

2.六大安全引擎

360云查杀引擎、360启发式引擎、QEX脚本查杀引擎、QVM Ⅱ人工智能引擎、小红伞本地引擎、反勒索引擎,接入360安全大脑全面提升检测能力,恶意程序样本库总样本量超200亿,对感染病毒或木马的文件进行精准修复,完全还原感染之前的状态,使系统运行更流畅,为用户提供坚定的安全守护。

3.一键清理垃圾

依托360安全大脑,全方位覆盖6类电脑垃圾,快速清理冗余垃圾、恶意插件、无效注册表等,极致提升系统性能,强力清除软件残留,节约磁盘空间。检测恶意、捆绑及不常用软件,一键卸载并清除软件残留,优化电脑使用体验。

4.漏洞修补

快速扫描系统和软件漏洞,一键修复免打扰,实时保护系统和软件运行安全。检测系统核心组件设置,驱动程序一键更新,及时获取系统升级信息,多重保障电脑使用体验。

5.多重管理功能

具有6大加速能力,全方位管理开机启动项、运行中的软件、网络服务和系统服务、右键插件及自启动图标插件、Windows 10应用自启动等,实时防护,提高电脑运行速度。科学管理电脑进程,创新性使用智能算法体系,更加科学地反映电脑的实时状态,帮助用户更好地管理电脑,提升系统性能。

6.软件管家

聚集7 800余款正版软件,极速一键下载安装,安全无捆绑,安装位置随心设;软件更新实时提醒,同步新版本功能,升级个性化管理。提供软件介绍、评分、评论、占用空间、使用频率等多维度软件信息;提示恶评软件、捆绑组件安装动态,智能识别,可一键卸载,拒绝残留。

笔记

▶ 知识拓展

防火墙技术

防火墙是一种保护计算机网络安全的技术性措施。所谓"防火墙",是指一种将内部网和公众访问网(如 Internet)分开的方法,它实际上是一种隔离技术。为了应对网络威胁,联网的机构或公司将自己的网络与公共的不可信任的网络进行隔离,根据网络的安全信任程度和需要保护的对象,划分若干安全区域,有公共外部网络(如 Internet)和内联网(如公司或组织的专用网络)。在安全区域划分的基础上,通过一种网络安全设备,控制安全区域间的通信,可以隔离有害通信,进而阻断网络攻击。

防火墙由专用硬件和软件系统组成,一般安装在不同的安全区域边界处,用于网络通信安全控制。如图 7-11 所示。

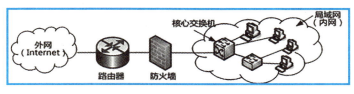

图7-11 防火墙部署示意图

▶ 任务评价

任务编号:WPS-7-3	实训任务:1.下载安装360安全卫士; 2.Windows防火墙设置		日期:
姓名:	班级:		学号:
一、任务描述 计算机安装好 Windows 10 操作系统后,为了加强网络安全,保护电脑系统不受病毒或外界攻击,必须采取相应的安全防范措施。此次任务是安装安全卫士和杀毒软件,配置防火墙。			
二、任务实施 1.通过浏览器搜索360安全卫士官网,下载360安全卫士并安装到PC端。下载安装 360杀毒软件。 2.在 Windows 10 控制面板的"系统与安全"选项中"启用 Windows Defender 防火墙"。			

下载安装360安全卫士

Windows防火墙设置

笔记

三、任务执行评价

序号	考核指标	所占分值	备注	得分
1	任务完成情况	30	是否在规定时间内完成并按时上交任务单	
2	成果质量	70	按标准完成，或富有创意、合理性评价	
	总分			

指导教师：

日期：　　年　　月　　日

任务④

信息伦理与职业行为自律

 任务导航

知识目标	1. 了解信息伦理的概念 2. 掌握培养信息伦理的途径和方法
能力目标	1. 理解法律法规中关于信息伦理的内容 2. 掌握信息伦理调查问卷设计
素养目标	1. 培养信息伦理 2. 在信息时代养成新型伦理关系 3. 激发爱国之情，增强遵纪守法的意识
任务重点	信息伦理的概念和要素
任务难点	信息伦理的培养途径和方法

 任务描述

　　明远公司的小张希望能在大学校园中对信息伦理和职业行为自律进行宣传和推广。最终，他选择了问卷调查的方式，从信息伦理和职业行为自律的角度对大学生的信息素养进行调查。调查内容以信息伦理为基础,结合信息素养,再配合行业行为自律,形成调查问卷。以事实为根据,以提高大学生的信息素养为目的,从事实出发,通过团队合作,完成本次调查,并形成调查报告。

 笔记

▶ 预备知识

一、信息伦理概述

信息时代发展到今天,互联网作为开放式信息传播和交流工具逐步渗透到我们学习和生活的各个领域,网络已经成为学习知识、交流思想以及休闲娱乐的重要平台。然而,网络是一把双刃剑,在带来方便的同时,浏览不良资讯、沉溺于网络游戏等也会影响身心健康。营造健康文明的网络环境,引导文明上网,远离网络垃圾,已经成为社会的共同呼吁和家长的强烈诉求。因此,信息伦理和职业行为自律便成为社会价值的一种体现,积极主动地承担社会角色,自觉维护国家、社会、集体的利益,具有正确的道德观、价值观、人生观,并且通过社会公共生活和公共秩序得以展现。

信息伦理又称信息道德,指涉及信息开发、信息传播、信息管理和利用等方面的伦理要求、伦理准则、伦理规约,以及在此基础上形成的新型伦理关系。

信息伦理是通过对信息社会活动中的善与恶进行衡量,从内心信念出发而形成的一种要求和约定。信息社会越发展,信息伦理的约束就越应该伴随发展,这既是每个信息社会成员的基本责任,也是从业者的职业行为自律。

二、法律法规中的信息伦理

我国颁布的《计算机信息网络国际联网安全保护管理办法》第五条指出,任何单位和个人不得利用国际联网制作、复制、查阅和传播下列信息:

(1)煽动抗拒、破坏宪法和法律、行政法规实施的;

(2)煽动颠覆国家政权,推翻社会主义制度的;

(3)煽动分裂国家,破坏国家统一的;

(4)煽动民族仇恨、民族歧视,破坏民族团结的;

(5)捏造或者歪曲事实,散布谣言,扰乱社会秩序的;

(6)宣扬封建迷信、淫秽、色情、赌博、暴力、凶杀、恐怖,教唆犯罪的;

(7)公然侮辱他人或者捏造事实诽谤他人的;

(8)损害国家机关信誉的;

(9)其他违反宪法和法律、行政法规的。

《计算机信息网络国际联网安全保护管理办法》第六条指出,任何单位和个人不得从事下列危害计算机信息网络安全的活动:

笔记

（1）未经允许，进入计算机信息网络或者使用计算机信息网络资源的；

（2）未经允许，对计算机信息网络功能进行删除、修改或增加的；

（3）未经允许，对计算机信息网络中存储、处理或者传输的数据和应用程序进行删除、修改或增加的；

（4）故意制作、传播计算机病毒等破坏性程序的；

（5）其他危害计算机信息网络安全的。

2016年12月27日，中共中央网络安全和信息化委员会办公室颁布《国家网络空间安全战略》。在这个战略文献里，首次将网络安全和国家安全进行了关联。由此可知，我们保护网络空间安全其实就是保护我们国家的安全。网络空间已经成为继海、陆、空、天之后的第五空间域，大力发展和维护网络空间的安全是符合保护国家安全这根主线的要求的。这在战略层面把网络安全提升到非常高的一个高度，也就是经常说的"没有网络安全就没有国家安全"。

2017年6月1日，国家颁布《中华人民共和国网络安全法》。这是网络安全行业的第一套法律法规，共7章79条，涉及个人信息安全的保护、关键基础设施的保护等，明确了网络空间主权，支持企业发展网络安全产业和培养网络安全人才。这部法律法规支撑了网络安全产业的未来发展，是产业发展的基石。

2019年12月1日，国家发布《信息安全技术——网络安全等级保护基本要求》，规定了网络安全等级保护的第一级到第四级保护对象的安全通用要求和安全扩展要求。其作为网络安全的执行标准，使网络安全得以落地和执行。

2021年3月11日，十三届全国人大四次会议表决通过了《中华人民共和国国民经济和社会发展第十四个五年规划和2035年远景目标纲要》，其中14次提到"网络安全"。其整体思想就是：发展网络强国，没有网络安全就没有国家安全；要发展数字中国，我们必须健全网络安全的政策法规，支持单位和企业发展网络安全产业。

三、信息伦理的培养

信息伦理的培养途径应该是立体、全方位的，信息伦理对信息真实性的辨别、价值观的分析都有非常严格的要求。信息社会中所有获得的信息在去伪存真后，信息伦理使我们能更准确地使用所得到的信息。信息伦理的培养，主要表现在以下几个方面。

（一）自觉、敏感的信息意识养成

信息意识其实就是接收信息时的反应能力。反应能力是对信息敏感度的体现，这种应变能力既有先天因素，也有后天培养。先天的反应能力是个人面对信息时的心理感受，当我们在生活实践、社会环境中积累了越来越多的经验以后，信息意识也会在潜移默化中得到增强。信息意识影响着价值观，价值观正确，才能获得信息中的善良、阳光和美好，才能科学、严谨、合理地面对信息轰炸。信息

意识决定着人们捕捉、判断和利用信息的自觉程度,而信息意识的强烈与否对信息价值的发掘和文献获取能力的提升起着关键的作用。

(二)开拓创新的信息关系的养成

身处信息时代,必须具备较强的信息能力,否则难以在信息社会中生存和发展,而创新能力是年轻人身上最优秀的闪光点。创新是创造的动力,打破旧事物,开拓新思想,才能推动社会进步。科学创新是信息创新的动力,求真和务实是科学的认知和出发点。创新永远都是一个民族进步的阶梯,作为新时代的大学生,应努力培养信息能力,提升自己的创新精神,利用信息网络自主学习,如此才能更好地适应社会。社会分工越来越细,知识更新越来越快,工作变换越来越频繁,这些都变成了信息社会对我们的考验。学习能力、环境适应能力、快速熟悉及掌握新领域能力等,都会转化为信息能力,形成个人信息素养。

(三)约束行为的信息道德养成

信息道德是信息社会的行为规范。既然是道德准则,就在信息社会中约束着人们对信息的获取和传播,左右着信息素养的发展方向。信息道德的具体表现包括遵守法律法规、抵制发布不良信息、尊重他人知识产权、约束自己的言行等。

信息道德也包括信息的筛选力。面对互联网的信息轰炸、垃圾信息的陷阱等,都需要凭借理智的大脑、长远的目光、自我约束的能力进行高效的信息筛选。信息社会让我们学会对各种信息进行判断和选择,接受和传播正能量、积极向上的信息,摒弃颓废和虚假信息。自觉保护他人的知识产权、隐私权等,时刻用道德准则规范自己的言行。

身处信息社会,互联网高度普及,信息应该成为我们的工具和手段,而不是被信息左右。道德观、价值观也是时时刻刻被信息洗礼,只有坚定自己的思想,对信息保持敬畏和严谨的态度,才能适应信息社会,提升信息技能。

四、调查问卷设计和编写

设计调查问卷的基本思路主要包括以下几点:

(1)调查问卷的主题。

(2)被调查人的基本信息。

(3)需要调查的基本问题。

(4)调查问卷的具体内容。

一份优秀的调查问卷,设计者绝对是有备而来的。认真设计调查问卷,后期才能够获得丰富、真实的数据,对数据信息的分析结论才有说服力。

编写调查问卷有两种方式,一种是直接编写方式,另一种是使用网络编写软件完成编写。直接编写需要查阅大量资料以后再进行编写,比较耗费时间。利用网络编写软件进行编写比较简单、方便,如可使用"问卷星"来完成编写。

笔记

笔记

"问卷星"（网址：www.wjx.cn）在问卷调查模板中提供了问卷调查、在线考试、在线投票、报名表单、接龙、在线测评共 6 个版块模板供选择，如图 7-12 所示。

图 7-12　问卷星问卷调查模板

可以在主题词条搜索相关主题。接下来就开始使用"问卷星"来完成调查问卷吧。

 任务实施

一、确定调查问卷主题

本次调查问卷的主题是"信息伦理与职业行为自律"。信息社会发展、科技进步使人们有了更立体的沟通和交流方式，每个人的思维和交往也随着科技进步而变得愈发丰富和多样化。一方面，网络互联、物物互联已经成为生活中不可缺少的部分，行业之间、地域之间也越来越追求多层次融合，专业之间的界限越来越模糊，牵一发而动全身的可能性越来越大。另一方面，人与人之间的面对面交流显得越来越不重要，看上去社会关系趋于松散，但是每个社会成员对社会的"影响力"却与过去的时代有着本质的不同。因此，每个信息社会成员都需要明确自身的"信息伦理与职业行为自律"。

二、设计被调查人基本信息

设计调查问卷时，一般都会注意收集参与者的基本信息。基本信息的主要作用是在分析调查数据时，对数据面向某种群体的分析更准确。本次调查对象主要是大学生群体，设计调查问卷时对基本信息可以这样设计：

（1）性别：①男；②女。

（2）年级：①大一；②大二；③大三；④大四。

（3）专业：①大数据技术；②物联网应用技术；③虚拟现实应用技术；④软件技术……

三、设定问卷中需要调查的基本问题

根据本次调查的主题，一定要先把问题设计好，这样才能得到一份准确、真实的调查问卷。下列问题可供参考：

（1）每天使用计算机或者手机上网的时间。

（2）对于网络信息的需求。

（3）是否知道网络中论文、期刊类型的网站。

（4）对互联网新闻报道的态度。

（5）对自己专业领域的网站知道多少。

（6）是否会在网络中检索文献、资料、期刊、论文。

（7）是否了解网络电子书数据库。

（8）英语水平。

（9）大学生社会责任感评价。

（10）网络中知识产权保护问题。

（11）网络中的反面声音。

四、完成调查问卷

通过"问卷星"来完成调查问卷的设置，具体操作步骤如下：

（1）新用户注册。

（2）创建新问卷。输入主题创建调查问卷，如图7-13所示。也可以选择调查问卷模板，开始创建调查问卷。

图7-13　创建问卷星调查问卷

（3）选择批量添加题目，可以从题库添加，在题库里面进行关键词搜索。按照自己设计的问题进行设计。可以参考原有问题，选择以后就能整合成自己的

笔记

题库。

（4）在后台管理中查看自己的调查问卷外观，也可以对问卷中的题目进行编辑修改。

（5）这样一份调查问卷就设置好了，接下来可以进行问卷发布了。点击"发布问卷"，把问卷发布在互联网中，如图7-14所示。邀请同学和周围的朋友一起进行问卷调查。手机扫描二维码也可以完成问卷调查。参与调查的人越多，数据分析的结果就会越准确。

图7-14　问卷发布

越来越多的人员参加了问卷调查以后，就会获得更多数据，问卷星后台也会对数据进行总结和分析。再结合设定的问卷调查的目的，一份高水平的问卷调查结果也就出来了。

 知识拓展

《计算机伦理与职业行为准则》由美国计算机协会（Association for Computing Machinery）于1992年10月通过并采用。其主要内容为：

（1）"基本的道德规则"。包括：为社会和人类的美好生活作出贡献；避免伤害他人；做到诚实可信；恪守公正并在行为上无歧视；敬重包括版权和专利在内的财产权；对智力财产赋予必要的信用；尊重其他人的隐私；保守机密。

（2）"特殊的职业责任"。包括：努力在职业工作的程序与产品中实现最高的质量、最高的效益和高度的尊严；获得和保持职业技能；了解和尊重现有的与职业工作有关的法律；接受和提出恰当的职业评价；对计算机系统和它们包括可能引起的危机等方面作出综合的理解和彻底的评估；重视合同、协议和指定的责任。

▶ 任务评价

任务编号:WPS-7-4	实训任务:信息伦理和职业行为自律问卷调查	日期:
姓名:	班级:	学号:

一、任务描述
为了培养良好的信息伦理关系,请对本校大学生开展信息伦理和职业行为自律问卷调查,并撰写调查报告。

二、任务实施
使用问卷星对本校大学生进行一次关于大学生信息伦理和职业行为自律的调查,形成调查报告。

三、任务执行评价

序号	考核指标	所占分值	备注	得分
1	任务完成情况	30	是否在规定时间内完成并按时上交任务单	
2	成果质量	70	按标准完成,或富有创意、合理性评价	
	总分			

指导教师:

日期: 年 月 日

项目小结

　　本项目从实际应用的角度出发,通过"信息素养概述"任务,了解了信息素养的基本知识;通过计算机网络知识的任务学习,了解了计算机网络的主要功能、组成以及互联网发展的相关知识;通过信息安全知识的学习,增强了"网络强国"意识;通过信息伦理与职业行为自律任务的学习,学会了信息伦理的培养。

　　通过本项目的学习,希望能掌握信息素养基本知识、计算机网络的应用,明白网络信息安全的重要性,培养基本信息伦理和职业行为自律,更好地服务社会。

信息伦理和职业
行为自律问卷
调查

笔记

项目评价

一、选择题

1.信息的处理过程一般是(　　　　)。

   A.信息的获取、收集、加工、传递、使用

   B.信息的收集、加工、存储、传递、使用

   C.信息的收集、加工、存储、接收、使用

   D.信息的收集、获取、存储、加工、使用

2.信息是一种(　　　　)。

   A.物质　　　　　　　　　　　　B.能量

   C.资源　　　　　　　　　　　　D.能源

3.下列行为中最恰当的是(　　　　)。

   A.鼓励学生在文印店复印习题册来节约学习成本

   B.使用破译版的软件制作开源软件并出售

   C.将整合他人的资源和课件申请版权保护

   D.发现商家出售自己的授课视频,可以申请维权

4.下列对计算机软件的认识,正确的是(　　　　)。

   A.计算机软件受法律保护是多余的

   B.正版软件太贵,软件能复制就不必购买

   C.使用盗版软件合法

   D.老师自己制作的课件和视频享有知识产权,不可随意复制

5.在使用复杂度不高的口令时,容易产生弱口令的安全脆弱性,被攻击者利用,从而破解用户账户。下列设置的口令中,(　　　　)具有最好的口令复杂度。

   A.morrison　　　　　　　　　　B.Wm.$\$*F2m5@$

   C.27776394　　　　　　　　　　D.wangjing1977

6.攻击者通过对目标主机进行端口扫描,可以直接获得(　　　　)。

   A.目标主机的口令　　　　　　　B.给目标主机种植木马

   C.目标主机使用的操作系统　　　D.目标主机开放的端口服务

7.下列对信息的理解,错误的是(　　　　)。

   A.在一定程度上,人类社会的发展速度取决于人们感知信息、利用信息的广度和深度

   B.信息无时不在、无处不在,信息是我们行动决策的重要依据

   C.电视机、电话机、声波、光波是信息

D.人类可以借助信息资源对自然界中有限的物质资源和能量资源进行有
效的获取和利用

8.计算机病毒不具有( )特点。

 A.隐蔽性 B.破坏性

 C.传染性 D.不可自我复制性

9.下列属于信息道德与信息安全失范行为的是( )。

 A.网恋 B.朋友圈恶作剧

 C.网络诈骗 D.网上购物

10.随意下载、使用、传播他人软件或资料属于哪种信息道德失范行为?
( )。

 A.侵犯他人知识产权 B.侵犯他人隐私

 C.黑客行为 D.信息非法传播

二、填空题

1.网络攻击的危害行为有四个基本类型,分别是 ＿＿＿＿＿＿＿＿ 、
＿＿＿＿＿＿＿＿ 、＿＿＿＿＿＿＿ 和 ＿＿＿＿＿＿＿＿ 。

2.2017年 ＿＿＿＿＿＿＿＿＿ 的正式实施,标志着网络安全等级保护2.0的
正式启动。

3.计算机病毒具有 ＿＿＿＿＿ 、＿＿＿＿＿ 、＿＿＿＿＿ 和 ＿＿＿＿＿ 四个基本
特点。

4.计算机网络防火墙的主要作用是隔离 ＿＿＿＿＿＿ 和 ＿＿＿＿＿＿ ,防止内网
资源被非法访问以及外来非法用户访问内网。

5.目前使用的IP地址版本是IPv4,其二进制位数是 ＿＿＿＿＿＿ 位。

三、简答题

1.结合所学知识谈谈对信息安全的认识。

2.如何防范网络诈骗?

笔记